危险化学品企业
班组长安全培训教材

太原化学工业集团有限公司职工大学　组织编写

毛宝琪　主编

中国石化出版社

·北京·

内 容 提 要

本书根据危险化学品企业班组安全管理的特点，结合企业生产工作实际编写，包含危险化学品企业班组安全基础知识、危险化学品企业班组现场安全管理实务和危险化学品企业班组长能力拓展三部分。在每章设有“本章学习要点”和“复习思考题”，既便于教师把握教学重点，又便于学员学习和备考。

本书内容力求深入浅出、通俗易懂，具有较强的针对性和实用性，突出了企业班组长实际需要的知识内容，可作为危险化学品企业班组长安全知识学习的培训教材，也可供危险化学品企业管理人员学习参考。

图书在版编目(CIP)数据

危险化学品企业班组长安全培训教材 / 太原化学工业集团有限公司职工大学组织编写 .—北京：中国石化出版社，2024. 1(2024. 4 重印)
ISBN 978-7-5114-7305-9

Ⅰ. ①危… Ⅱ. ①太… Ⅲ. ①化工产品-危险品-安全生产-安全培训-教材 Ⅳ. ①TQ086. 5

中国国家版本馆 CIP 数据核字(2023)第 235499 号

中国石化出版社出版发行

地址:北京市东城区安定门外大街 58 号
邮编:100011 电话:(010)57512500
发行部电话:(010)57512575
http://www. sinopec-press. com
E-mail:press@ sinopec. com
北京科信印刷有限公司印刷
全国各地新华书店经销

*

787 毫米×1092 毫米 16 开本 14 印张 319 千字
2024 年 1 月第 1 版 2024 年 4 月第 3 次印刷
定价:56. 00 元

《危险化学品企业班组长安全培训教材》

编 委 会

主　　任　赵英杰

主　　编　毛宝琪

副 主 编　郭贵龙　张　慧

编写人员　魏迎冬　郭耀华　刘林爱　韩利红　李文玲
　　　　　　韩小娟　何　洁　安学琴　郑　姗

主　　审　郑立红

前　言

根据应急管理部、人力资源和社会保障部、教育部、财政部、国家煤矿安全监察局《关于高危行业领域安全技能提升行动计划的实施意见》(应急〔2019〕107号)等文件精神，要求危险化学品企业班组长全部轮训一遍，班组长必须全部经过培训合格后上岗。

为了提升危险化学品生产企业班组长的安全培训和教育工作，帮助班组长不断掌握和提高安全生产知识和技能，防止和减少生产安全事故，山西省应急管理厅特安排太原化学工业集团有限公司职工大学组织编写了《危险化学品企业班组长安全培训教材》。

本书根据危险化学品企业班组安全管理的特点，结合企业生产工作实际，主要分为三部分进行介绍。第一部分，危险化学品企业班组安全基础知识，包括班组长与安全生产、班组长应具备的安全生产法律法规知识、班组安全管理、班组反“三违”与职工安全行为养成的要求。第二部分，危险化学品企业班组现场安全管理实务，包括作业现场安全管理措施、班组岗位安全管理要求、班组作业现场安全管理工作、作业现场危险有害因素辨识与风险控制、危险化学品事故的现场处置与急救。第三部分，危险化学品企业班组长能力拓展，包括管理能力和建设能力。

本书内容力求深入浅出、通俗易懂、涉及面宽，突出企业班组长的实际需要，具有较强的针对性和实用性，可作为危险化学品企业班组长安全知识教育的培训教材，也可供危险化学品企业管理人员学习参考。

由于编写时间紧，编写人员实际工作经验和知识面受限等原因，本书可能存在疏漏和不妥之处，敬请指正。

目 录

第一部分 危险化学品企业班组安全基础知识

第二部分　危险化学品企业班组现场安全管理实务

第三部分　危险化学品企业班组长能力拓展

第一部分

危险化学品企业班组安全基础知识

危险化学品生产过程存在许多不安全因素和职业性危害，具有易燃、易爆、易中毒和腐蚀性强等特点，容易发生火灾爆炸、中毒等事故，比其他行业有着更大的危险性。故危险化学品企业的班组长，作为安全生产一线的兵头将尾，更应具备相关的安全基础知识，掌握安全生产法律法规知识和班组安全管理制度内容，以保障班组全员的安全生产。

第一章　班组长与安全生产

本章学习要点

1. 掌握危险化学品安全生产特点；
2. 熟悉危险化学品的主要危害；
3. 掌握班组长在安全生产中的主要作用；
4. 掌握班组长的职责及权限。

第一节　认识危险化学品企业

一、危险化学品安全生产特点与主要危害

随着经济的快速发展，化学产品的需求种类和数量与日俱增，这些化学产品大部分是危险化学品，包括爆炸物、易燃气体、易燃气溶胶、氧化性气体、压力下气体、易燃液体、易燃固体、自反应物质或混合物、自燃液体、自燃固体、自燃物质和混合物、遇水放出易燃气体的物质或混合物、氧化性液体、氧化性固体、有机过氧化物、金属腐蚀剂等。

危险化学品生产过程存在着许多不安全因素和职业性危害，具有易燃、易爆、易中毒和腐蚀性强等特点，容易发生火灾爆炸、中毒等事故，一旦发生类似事故，将会给国家财产及人民安全造成巨大损失，如2019年江苏响水天嘉宜化工有限公司特别重大爆炸事故。因此，化工行业比其他行业有着更大的危险性。

（一）危险化学品安全生产特点

1. 危险化学品生产工艺特点

（1）原料、半成品、副产品、产品及废弃物大多数具有潜在危险性

危险化学品生产过程中的原料、中间体和产品种类繁多，绝大多数是易燃易爆、有毒有害、腐蚀性等危险化学品。

例如，聚氯乙烯树脂生产使用的原料乙烯及中间产品氯乙烯等都是易燃易爆物质，在空气中达到一定的浓度，遇火源即会发生火灾、爆炸事故；氯气、二氯乙烷、氯乙烯还具有较强的毒性，氯乙烯还具有致癌作用，氯气和氯化氢在有水分存在下有强烈腐蚀性。

危险化学品的这些潜在危险性决定了在生产过程中对其使用、储存、装卸、运输等都提出了特殊的要求，稍有不慎就会酿成事故。

（2）生产流程长、工艺过程复杂，工艺条件苛刻

危险化学品生产从原料到产品，一般都需要经过许多生产工序和复杂的加工单元，通过多次反应或分离才能完成。国家重点监管的危险化工工艺有氧化、合成氨、加氢等18种。这些危险化工工艺在生产过程中大多采用高温、高压、深冷、真空等苛刻的工艺条件。这种

工艺条件就对设备的安全性能及员工的操作技能提出更高的要求。

例如，化学肥料中的硝酸铵生产，从氨生产的造气、脱硫、转化、氮氢气体的压缩、脱碳、净化、氨的合成、液氨的储存；再用液氨气化为氨气，再经氨气的氧化、酸的吸收制得稀硝酸；再利用稀硝酸与氨气中和制得硝酸铵溶液，再将溶液经过三级蒸发、造粒、冷却、包装，才能完成整个生产过程，得到产品硝酸铵。而在这个生产过程中，氨生产中造气炉的原料用煤焦，炉内温度高达1100℃，氨合成的压力有的达到32MPa。有的氨生产需要的空气分离装置温度要低到-190℃。

由此可知，危险化学品生产的工艺参数前后变化很大。工艺条件的复杂多变，再加上许多介质具有强烈腐蚀性，在温度应力、交变应力等作用下，受压容器常常因此而遭到破坏。有些反应过程要求的工艺条件很苛刻，像用丙烯和空气直接氧化生产丙烯酸的反应，各种物料比就处于爆炸范围附近，且反应温度超过中间产物丙烯醛的自燃点，控制上稍有偏差就有发生爆炸的危险。

（3）生产规模大型化

现代化工生产装置规模越来越大，以求降低单位产品的投资和成本，提高经济效益。从安全角度来看，生产规模的扩大必然会带来生产潜在危险性的增加。生产从原料输入到产品输出具有高度的连续性，前后单元息息相关，相互制约。由于装置规模大，使用的设备种类和数量都相当多，一旦哪个环节出现问题，极易引起事故。

（4）生产过程具有环境危害

生产过程中产生的“三废”（废水、废气、废渣）多，污染严重，对环境和生产人员都具有危害性，已成为水污染、大气污染、土壤污染的主要根源。在管理上，应注意环境保护，落实防污染措施。

2. *危险化学品事故特点*

危险化学品事故是指由一种或数种危险化学品或其能量意外释放造成的人身伤亡、财产损失或环境污染事故。危险化学品事故的特点主要有：

（1）易发性

危险化学品的易燃性、反应性和毒性决定了安全事故的频繁发生，其危险特性决定了其生产过程中如果防范措施不到位极易发生爆炸、火灾、急性中毒（窒息）、慢性中毒（职业病）、化学灼伤、噪声和粉尘（职业病）等。即在危险化学品的生产、使用、经营、储存、运输及废弃物处置6个环节中都可能发生事故。

（2）突发性

危险化学品事故往往是在没有先兆的情况下突然发生的，并不需要一段时间的酝酿。

2015年8月12日23时34分左右，天津瑞海公司危险品仓库突然发生火灾爆炸事故，造成165人遇难，而当时有很多人正在睡梦中，事故的突然发生夺走了他们的生命。

（3）复杂性

危险化学品生产工艺流程复杂，涉及反应类型繁多，而且有些化工生产有许多副反应生成，机理尚不完全清楚，有些则是在危险边缘如爆炸极限附近进行生产的。生产过程中影响各种参数的干扰因素很多，设定的参数很容易发生偏移，一旦偏移就可能造成严重的事故；由于人的素质或人机工程设计欠佳，也会造成安全事故，如看错仪表、开错阀门等，而且影响人的操作水平的因素也很复杂，如性格、心理素质、专业知识水平等。

2018 年 11 月 28 日 0 时 41 分，河北盛华化工聚氯乙烯车间的氯乙烯气柜升降部分出现卡顿，导致氯乙烯泄漏，随即压缩机入口压力降低。操作人员并没有及时发现气柜卡顿，仍然按照常规操作方式加大压缩机回流，使得进入气柜的气量加大，加之阀门调大过快，氯乙烯冲破环形水封，气柜内约 2000m^3 氯乙烯泄漏，沿风向往厂区外扩散，遇明火发生爆燃事故。

（4）连续性

由于生产、储存装置的大型化、系列化，往往发生事故还会引起连锁反应，引发次生事故。

如 2015 年 8 月 12 日，天津瑞海公司危险品仓库发生第一次爆炸在 23 时 34 分 06 秒，近震震级约 2.3 级，发生爆炸的是集装箱内的易燃易爆物品，随后爆炸点上空被火光染红，现场附近火焰四溅；到 23 时 34 分 37 秒，溅起的火焰引起周边易燃易爆物发生第二次更剧烈的爆炸，近震震级约 2.9 级。

（5）扩散性

危险化学品一旦发生事故会迅速扩散，波及范围广。

2019 年 3 月 21 日 14 时 48 分许，江苏天嘉宜化工发生特别重大爆炸事故。爆炸中心 300m 范围内的绝大多数化工生产装置、建构筑物被摧毁，造成重大人员伤亡。事故引发周边 8 处起火，周边的 15 家企业受损严重。其中严重受损区域约为 14km^2，中度受损区域约为 48km^2。

（6）处置难度大

危险化学品事故的类型包括爆炸、中毒、火灾等。首先，危险化学品的爆炸、火灾的机理与一般的爆炸、火灾事故不同，且常常伴随有毒物质的泄漏，因此，需要救援人员对火灾的起因和泄漏的有毒物质有熟悉的掌握。其次，危险化学品种类繁多，不同物质的毒性及其反应机理大不相同，这就需要救援人员具备相当的专业水平，才能保证救援的顺利进行。

如上述事故中，8 月 12 日 23 时 34 分左右，瑞海公司危险品仓库发生爆炸，该仓库储存的危险化学品种类较多，适用于不同的灭火剂，因此处置难度大，截至 13 日早 8 点，距离爆炸已经有 8 个多小时，大火仍未完全扑灭。最后只能采取沙土掩埋灭火，但需要很长时间，事故现场形成 6 处大火点及数十个小火点。到 14 日 16 时 40 分，现场明火才被扑灭。

（7）损失严重

由于危险化学品具有易燃、易爆、有毒等特点，一旦发生事故会造成不可估量的损失。

如 3·21 天嘉宜化工发生的特别重大爆炸事故，造成 78 人死亡、76 人重伤，640 人住院治疗，直接经济损失 198635.07 万元；8·12 天津瑞海公司爆炸事故，爆炸总能量约为 450t TNT 当量，造成 165 人遇难、8 人失踪，798 人受伤，304 幢建筑物、12428 辆商品汽车、7533 个集装箱受损。

基于以上特点，化工生产危险性很大。安全问题是危险化学品生产的首要问题。如果没有安全保障，危险化学品的生产、经营、储存、运输、使用就无法进行。也正因为如此，所以，国家就要对危险化学品的生产、使用、经营、储存、运输以及废弃物处置等 6 个环节进行严格的管理。

（二）危险化学品的主要危害

1. 火灾爆炸

危险化学品生产企业具有厂房设计复杂、工艺危险性大，明火作业较多、生产原料和产品具有易燃易爆等特点，因此极易发生火灾爆炸事故，也是危险化学品生产企业安全事故的重要危害源头之一。

发生火灾爆炸事故主要来自两个方面：一是生产及储存过程中物料的火灾爆炸危险性，包括爆炸品、压缩气体和液化气体、易燃液体、易燃固体、自燃物品、遇湿易燃物品等；二是工艺过程中火灾爆炸的危险性，包括工艺流程复杂、设备数量及种类多、岗位操作的不可靠性等。

2. 电气危害

电气危害是职业安全工作中主要防范的管理对象之一。电力作为能源，广泛应用于企业生产系统和生活中，然而，在用电的同时，如果对电能可能产生的危害认识不足，控制和管理不当，防护措施不力，在电能的传递和转换过程中，将会发生异常情况，造成电气事故。按能量形式和来源可以将电气危害分为触电事故、静电危害、雷电灾害、射频辐射危害、电路故障等五类。

(1) 触电事故

触电事故是由电流的能量造成的，触电是电流对人体的伤害，可以分为电伤和电击。

(2) 静电危害

在危险化学品生产场所中，静电危害无处不在。发生静电后有可能造成火灾爆炸事故、电击伤人事故及影响正常生产的事故。静电的主要危害有以下几方面：

① 爆炸和火灾是静电最大的危害。静电能量虽然不大，但因其电压很高而容易发生放电，出现静电火花。在化工企业，很多的作业场所都有可燃液体、气体、蒸气爆炸性混合物或粉尘纤维爆炸性混合物，很容易引起火灾或爆炸。

② 其次是电击，在生产过程中产生的静电能量很小，所引起的电击不会直接使人致命，但人体可能会因电击引起坠落、摔倒等二次事故，或者使作业人员精神紧张，妨碍工作。

③ 再次是静电妨碍生产，某些生产过程中，如不消除静电，会妨碍生产或降低产品质量。例如，过滤、筛分和输送过程中，静电会使粉体吸附于设备上。静电还可能引起电子元件误动作，使某些电子计算机类设备工作失常。

(3) 雷电灾害

雷电放电具有电流大、电压高等特点，能量释放出来可能产生极大的破坏力。雷击除可能毁坏设施和设备外，还可能直接伤及人畜，以及引起 4 火灾和爆炸。

(4) 射频辐射危害

射频辐射危害即电磁场伤害。人体在高频电磁场作用下吸收辐射能量，使人的中枢神经系统、心血管系统等部位受到不同程度的伤害。射频辐射危害还表现为感应放电。

(5) 电路故障

电路故障是由电能传递、分配、转换失去控制造成的。断线、短路、接地、漏电、误合闸、误掉闸、电气设备或电气元件损坏等都属于电路故障。电气线路或电气故障可能影响到人身安全。

3. 承压特种设备安全事故

危险化学品生产企业几乎每一个工艺过程都离不开承压特种设备。锅炉、压力容器和压力管道等作为承压和有爆炸危险性的特种设备，其所盛的工作介质具有高温、高压、易燃、易爆、有毒或腐蚀等特性。如果设计、安装、使用、安全管理不当，很容易发生事故，一旦发生爆炸，不仅本身设备受到损坏，而且还会影响周围建筑物、设备的损坏和人员伤亡，严重的还会影响其他企业的生产。

4. 工业尘毒危害

在危险化学品的生产、使用、经营、储存、运输以及废弃物处置过程中，其原料、中间产物或成品，大多是有毒有害的物质。这些物质会以粉尘、蒸气、烟雾或者气体的形式散发出来，侵入人体，造成不同程度的伤害，发展成为职业中毒或者职业病。

5. 运输安全事故

危险化学品由于自身的危险性，在运输途中若发生交通事故或泄漏事故，不仅仅是车毁人亡，而且会引发燃烧、爆炸、腐蚀、毒害等严重的灾害事故，危及公共安全和人民群众的生命财产安全，导致环境污染。危险化学品在运输过程中发生事故的类型很多，根据产生事故的原因可以将其分为如下几种：

（1）“跑”“冒”“滴”“漏”事故

危险化学品特别是液体、压缩气体、液化气体需要借助压力容器来运载，安全阀、爆破片、压力表、液面计以及液位、压力、温度的检测报警器，这些安全附件长期在颠簸的载体上工作，有可能松动、失灵或者检测不准，从而发生跑料、冒料、滴料、漏料，导致事故发生。

（2）交通事故

危险化学品运输事故绝大部分是由于交通事故引起，由于人的不安全行为和物（机）的不安全状态，直接导致撞车或翻车，使所载的货物发生剧烈碰撞，产生相变或是化学反应，从而发生燃爆，或是使槽车及其附属的配件发生破裂而引发泄漏，导致燃爆或者人员中毒、窒息、灼伤等灾害事故。

（3）意外事故

危险化学品运输中，意外原因引起事故，如槽车通过地下通道，由于地下通道高度不够，槽车被卡住；槽车及其附件遭受重物打击击穿，发生泄漏；运载爆炸品由于堆垛过高、没堆实，自然坍落引起燃爆；自燃物品自燃；遇湿易燃物品在雨天、雪天、雾天受潮引起自燃。

二、危险化学品企业及车间的组织机构形式

化工企业车间组织机构形式一般是直线职能制，车间设职能组，按规定在各自业务范围内向下级下达命令。目前大型化工企业车间组织多数采用这种组织模式。如图 1-1、图 1-2 所示。

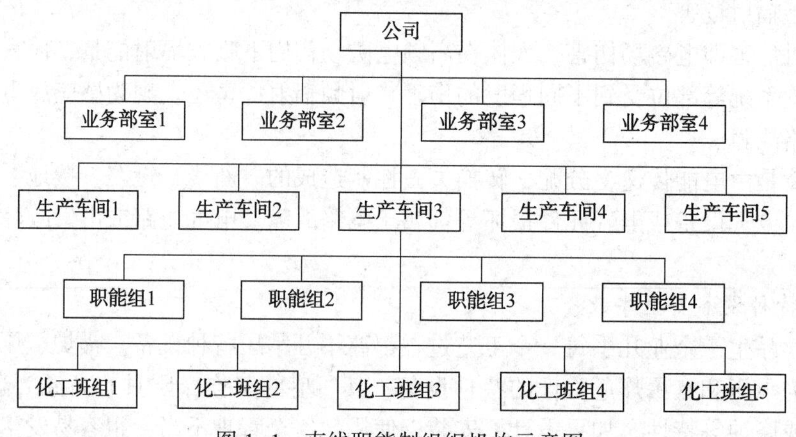

图 1-1　直线职能制组织机构示意图

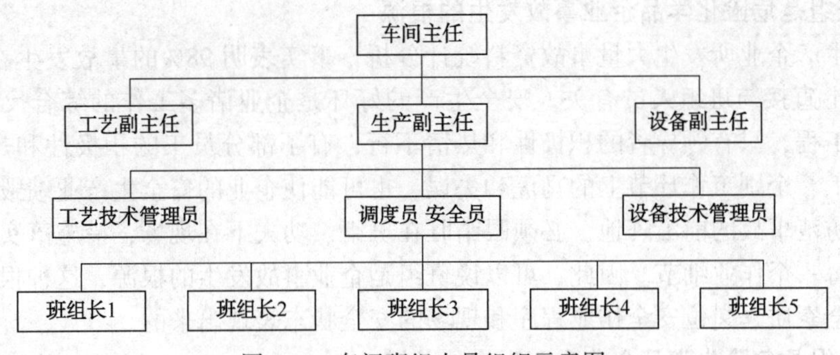

图 1-2 车间班组人员组织示意图

直线职能制又称直线参谋职能制。直线职能制是指在组织内部，既设置纵向的直线指挥系统，又设置横向的职能管理系统，以直线指挥系统为主体建立两维的管理组织，属于权力集中于高层的组织结构。每个部门或系统由企业最高层领导直接进行管理。直线管理人员对下级发布命令、指令，职能管理人员对下级进行业务指导，无权直接下达命令。由于企业的性质和规模不同，特大型(大集团型)、中型(集团)、中小型、小型化工企业的管理层次和组织架构不同；单一化工产品装置和多种(多套)化工产品装置的管理模式也不同。因此，不同的化工企业应根据企业的实际情况设立不同的管理组织架构，但车间及班组的组织形式应该基本相同。企业的车间班组应根据生产性质和管理要求的不同，设立不同的职能管理和生产、维(检)修等专业班组，明确各个班组的职责任务，明确班组长的职责权力，为搞好企业生产经营奠定良好的基层工作基础。如潞安化工集团阳煤丰喜化工临猗分公司，公司设综合管理部、计划财务部、生产管理部、安全环保部、技术中心、供销管理部等业务部室。各分厂设运行管理部、由分厂领导分管生产、技术、设备、安全等工作，运行管理部仅设工艺组、设备组、安环组，分厂直管动力车间、空分车间、气化车间、净化车间、合成车间、尿素车间、三胺车间、电气仪表车间等，各车间设四个化工倒班班组，组织结构简单明了，有利于生产组织管理。

第二节 危险化学品企业班组及班组长的作用

一、班组在安全生产中的作用

班组是企业的“细胞”，是企业组织生产经营活动的基本单位，是企业最基层的生产管理组织，所有法规、制度都要落实到班组、体现在现场，现场的设备设施都要由班组员工正确操作和维护。因此，实现班组规范化管理、标准化建设，是夯实企业安全基础，创建本质安全型企业，推进企业安全发展的关键环节。班组对企业的作用具体表现在如下几个方面。

(一) 班组是危险化学品企业安全生产的基石

班组是安全生产的执行层，抓好班组安全建设，夯实安全生产基础，使事故预防的能力体现在基层，是企业确立的长期安全生产工作战略。决定一个企业安全生产状况的因素，既涉及技术因素、环境因素，更需依靠人的因素。因此，企业应该制定“夯实安全生产基础，注重班组安全建设，保障生产效益不断提升”的安全目标，确立“依靠员工、面向岗位、重在班组、现场落实”的安全工作思路。

（二）班组是危险化学品企业事故发生的根源

通过对生产企业所发生大量事故资料统计分析，事实表明98%的事故发生在生产班组，其中80%以上直接与班组人员有关。安全生产的好坏是企业诸多工作的综合反映，是一项复杂的系统工程，只有领导者的积极性和热情不行，有了部分员工的积极性和热情也不行，因为个别员工、个别工作环节上的马虎和失误，也可能使企业的安全生产业绩毁于一旦。所以，班组是防范事故的前沿阵地，必须眼睛盯在班组、功夫下在现场，措施落实在岗位和具体操作员的每一个作业细节。因此，可以说班组是企业事故发生的根源，这种根源是通过班组员工的安全素质、岗位安全作业程序和现场的安全状态表现出来的。

（三）班组是危险化学品企业安全生产的关键

安全生产首先需要“一切依靠人”，同时，也更是“一切为了人”。安全生产的目的和意义都是为了人，企业的目标虽是为了谋求最大的效益，但如果没有人的生命安全保障，效益和价值就失去了意义。班组是执行安全规程和各项规章制度的主体，是贯彻和实施各项安全要求和措施的实体，更是杜绝违章操作和重大人身伤亡事故的本体。班组是安全生产的前沿阵地，班组长和班组成员是阵地上的组织员和战斗员。生产过程中无数次事故教训表明，事故发生的主因是现场、是班组。因此，班组安全决定企业安全生产的命运，班组生产过程和作业过程的安全是一切安全生产工作的关键。

二、班组长在安全生产中的作用

班组是企业的基层组织，是加强企业管理，搞好安全生产的基础。班组安全管理水平的好坏直接影响到企业的安全管理水平。而班组长作为基层管理者，他们与员工同处生产第一线，企业的规章制度、生产任务、员工考核、思想工作等都要靠班组长来组织落实。所以，要充分认识班组长在安全生产中的作用。

（一）班组长直接影响着生产决策的实施

因为决策再好，如果执行不得力，决策也很难落实，所以，班组长影响着执行度实施、影响着企业目标利润的最终实现。班组长是企业中相当多而又重要的一支队伍，班组长综合素质的高低直接决定着企业的政策能否顺利实施，因此，班组长是否尽职尽责至关重要。

（二）班组长作为“兵头将尾”是基层组织的领头人

班组长在企业班组生产指挥中处于核心地位，既是企业生产和管理的各种要素相互联系贯通的“枢纽”，在企业中起到承上启下的作用，又负有落实上级指令的责任。

（三）班组长是生产的直接组织者和直接劳动者

班组长既应该是业务上的多面手，是基层班组的指挥者和班组工作建设的组织者，又应该是技术骨干，在班组队伍中发挥“模范带头”作用，为班组成员树立榜样，有效带动班组安全顺利完成生产任务。

第三节　危险化学品企业班组长的任职条件

一、基本条件

原则上具有高中及以上文化程度；从事一线生产作业岗位或一线生产管理（技术）岗位

工作三年及以上；熟悉掌握本岗位的安全规程、操作规程、作业规程；具有较高的本岗位职业技能；身体健康，精力充沛。

二、思想素质

关心企业发展，热爱本职工作，思想政治素质好、工作责任意识强，具有良好的职业道德，人品端正、公平正直、坚持原则、不怕吃苦、以身作则，有良好的群众基础。

三、业务素质

全面了解和掌握本班组工作范围内的各个岗位、各个工种的安全技术质量要求、生产任务、设备状况、人员技术水平等；有本班组关键岗位实际工作经验，技术过硬，有较高技术水平和业务能力，能够熟练操作设备设施；掌握岗位相关的安全知识和防护技能，安全意识强，熟悉本班组范围内事故状态应急处理方法和程序；了解、掌握本岗位产品(作业)成本构成以及原材料、能源消耗定额，能够准确统计核算、分析本班组物料消耗，精细控制本班组的成本费用。

四、组织管理

具有一定的指挥能力和组织协调能力，工作有思路、有目标，有能力指挥协调班组成员日常工作；有管理意识，善于激发班组成员工作积极性，带领班组成员保质保量完成班组工作任务，并协调好相关单位(工序)的关系；善于做员工的思想政治工作。

五、创新能力

具有开拓创新精神和持续学习的能力；善于总结工作中的各种经验教训；能够创新班组管理，带领班组完成上级下达的合理化建议指标，积极开展技术革新和技术改造，为工厂的管理创新和技术创新提供意见和建议，促进科技成果的转化和应用。

六、执行能力

有大局意识和全局观念，各项工作积极主动，服从组织领导，执行力强。

第四节　危险化学品企业班组长的职责与权限

“兵头将尾”的班组长是班组安全生产的第一责任人，和生产一线人员一起工作，一起面对生产中的各种安全问题，对工人操作和现场安全生产情况最了解，与班组成员的切身利益、安全责任利害关系也最为密切。由此可见，落实安全责任关键是取决于员工自己的责任意识，以及班组长落实安全责任是否扎实有效。当班组长的工作责任落实到位，生产一线的安全生产局面就会有质的变化。

一、班组长的职责

(一) 班组长的管理职能

班组长的管理职能如图 1-3 所示，其主要包括：

（1）计划。做好计划，包括年度计划、月计划、每天的计划，做到有条不紊。

（2）组织。组织生产，在组织生产中应注意如何用好班组的全体成员，如何坚持严格的班组规章制度。

（3）协调。协调好员工之间的关系，以提高员工的主观能动性和工作积极性。

（4）控制。控制生产的进度、目标。

（5）监督。监督生产的全过程，对生产结果进行评估。

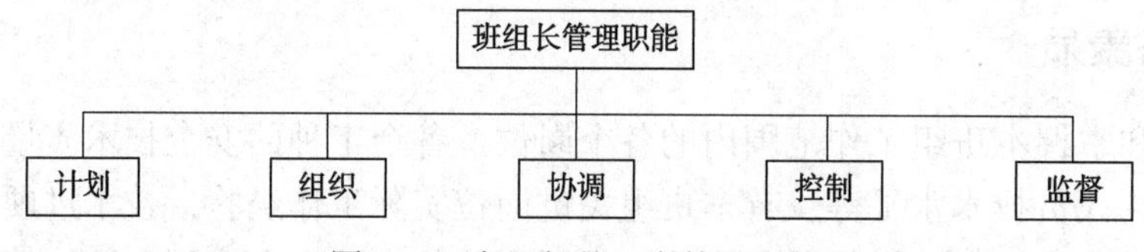

图 1-3　班组长的五大管理职能

（二）班组长的管理对象

班组长的管理对象主要包括：

（1）人。对人的管理，也就是对员工的管理。

（2）财。对财进行管理，比如成本核算，资金流向。

（3）物。对物品的管理，也就是对生产的管理，其中物品主要是指生产资料。

（4）信息。对信息的管理，包括生产进度方面的信息，上级给下级下达的指示，下级向上级反馈的意见等。

（5）时间。管理好时间就是管理好事情，管理者应对每天的工作按其轻重缓急和主次的不同来划分，进行时间管理。一名好的班组长在时间上是有条不紊的。

（三）班组长的安全生产职责

在生产过程中要明确落实班组长的安全生产责任，这是企业岗位责任制的一个重要组成部分，更是企业安全生产的最重要的组织保证措施，是安全生产工作的核心所在。班组长的安全生产责任具体有：

（1）宣传贯彻安全生产方针、政策。

在生产过程中，班组长要认真宣传贯彻上级有关安全生产的指示，严格执行“安全第一，预防为主，综合治理”的方针，模范遵守并指导监督员工认真执行安全工作规程和工艺质量标准，对本班组人身、设备、运行、检修工作的安全全面负责。当安全与质量、安全与进度、安全与生产、安全与效益发生矛盾时，首先要服从于安全。

（2）开好班前、班后会，落实“五同时”，认真进行“两交两查”。

认真开好班前、班后会，认真贯彻安全生产“五同时”（在制订计划、布置、检查、总结、评比工作的同时，要对安全工作进行计划、布置、检查、总结、评比）。对每项工作都应该做到事先“两交”（即交任务、质量、进度，交安全措施和文明生产要求）和事后“两查”（查任务完成情况，查安全文明生产情况）工作。班组长在布置生产任务时，必须指出可能影响安全的因素，并提出预防措施和要求。

（3）编制安全目标及实施计划。

组织编制年度班组安全管理目标及实施计划，对年度“两措”（反事故措施计划、安全技术措施计划）要落实专人负责。认真分析本班组的习惯性违章行为，制定针对性防范措施，每月组织对照检查，并严格考核。

(4) 搞好安全日活动，抓好安全评价、预防和预测工作。

每周组织好安全日活动，做到活动有内容、有记录、有实效。每月组织班内人员对设备、系统、设施进行安全评价、技术分析、预防预测工作。

(5) 检查作业场所及责任区，落实安全措施。

组织班内人员认真进行设备巡回检查、现场设施检查，积极做好消除设备、人身隐患工作。要经常巡查工作现场，制止违章作业和违反工艺标准的行为。有重大隐患、缺陷要及时汇报，积极排除。

(6) 对异常以上事件要认真抓好“四不放过”。

班组发生异常及各类不安全事件，要按规定向领导汇报并保护现场。要及时对事故进行调查分析，由有关人员分别写出不安全事件的发生经过、原因以及本人处理等情况。对不安全事件要按“四不放过”原则做到原因清楚、责任明确、对策落实。

(7) 抓好现场设备、设施、工器具管理工作。

管好、用好安全工器具，做到专人负责，加强维修，定期检查试验，不合格的要及时更换，并做好记录。要督促员工正确使用劳动保护用品，保障人身和设备安全。

(8) 搞好传、帮、带，提升班组成员安全意识。

搞好传、帮、带工作对班组安全建设尤为重要。

① 对本班组的生产特点、作业环境、最易发生事故的区域、设备运行状况、消防设施等进行介绍；

② 明确劳动保护、文明生产以及安全操作规程、岗位责任制和劳动纪律的要求；

③ 对本班组发生过的安全事故进行剖析，采取预防措施。

(9) 重视安全生产标准化和双重预防机制体系的落实。

二、班组长的权力和权限

按照权责对等原则，在明确班组长职责的同时应赋予其相应的权力。

(一) 班组长的权力

1. 奖励权

如果部下能按照规章制度进行操作，而且取得了成绩，班组长有权进行物质或精神方面的奖励，目的是激励取得成绩的员工争取做得更好；另一个更重要的作用是充分发挥他的模范带头作用，以便有效地带动班组的全体成员都能积极主动地工作，把本职工作做得更好。班组长的这种权力就是奖励权，这种做法称为正激励，有人将其形容为“哄着朝前走”。

2. 惩罚权

员工违规操作，造成了一些失误，或没有服从组织纪律的安排，那么就要惩罚他，严重的可以将其停职，甚至开除，轻微的可以在班组会上口头批评一次，或单独对其进行批评，目的是让其按照既定的目标、遵循规章制度来完成任务。这种权力称为惩罚权，这种做法称为负激励，有人将其形容为“打着朝前走”。

3. 法定权

厂规和制度中赋予班组长的其他权力，统称为法定权。例如信息处理权就属于法定权，上级的文件可以根据情况有的向下传达，有的暂缓传达，甚至不传达；下级反映的情况，如果班组长能处理，就不必上报。此外，流程改造权、设备更新权，也都属于法定权。

4. 人格影响力

除了职位权力之外，还有一个作用很大的因素——非权力因素，影响着班组长的权力。非权力因素包括专长权和威望权(个人影响力)。所谓专长权是指懂技术，会管理而带来的一种权力。个人影响力是现代领导科学中尤为强调的一种领导能力，它并非强制性的权力，而是指管理者靠个人的人格魅力影响员工的工作。

(二) 班组长的权限

班组长的权限，是指在实际工作中拥有的管理权力范围，班组长的权限概括起来有以下八项。

1. 指挥和管理权

班组长的指挥管理权具体体现在：有权安排计划、分解指标；有权布置工作，分配任务；有权调度生产；有权内部协调，发出指令。

班组长要正确行使生产指挥与管理权，就必须遵循生产的客观规律，服从企业指挥系统的统一指挥，落实车间主任的生产指令，尊重员工的首创精神，抓好上下工序之间的衔接，把握产前、产中和产后三个环节，确保人机最佳组合，生产负荷饱和，节奏均衡紧凑。

2. 劳动组织调配权

班组长有权对班组内部的劳动进行调配，实行优化组合；有权批准权限范围内的假期，安排值班倒休；有权执行劳动纪律，维护正常生产秩序。

3. 完善制度权

班组长完善制度权的主要内容有：贯彻企业和车间有关专业管理和民主管理的实施细则；落实经济责任制的实施细则；执行各工种的岗位责任制和安全生产责任制；实行本班组所规定的某些制度。

班组长制定贯彻企业规章制度实施细则和本班组的制度，实际上是带有补充、完善、具体化的性质。把企业和车间所制订制度的原则要求同本班组的实际情况紧密结合起来，既不与统一的制度相抵触，另立章法，也不要照搬照抄，要力求标准明确、程序清楚、责任落实、做到事事有人管，人人有专责，管理有章可循，考核有据可依。在制定制度时，必须经班组全体成员充分讨论通过，使各项制度建立在科学、民主的基础上。制度一经通过，就必须严格贯彻执行。在执行制度的全过程中，要坚持在制度面前人人平等的原则。

4. 拒绝违章指挥和停止违章作业权

班组长对违章指挥，有权依据国家的法规和政府有关部门的规定提出意见，直至拒绝；当发现设备运转不正常、工艺文件不齐全以及主要设备和原材料无使用说明书或合格证时，有权暂停设备运转；员工违章操作时，应加以制止，如操作者不听劝阻，班组长有权令其停止工作，直到危害消除。

5. 员工奖惩建议权

班组长有权向上级提出对本班组员工的奖惩建议。包括晋升工资、颁发奖品、奖金，授予先进荣誉称号以及提出经济处罚和行政处分建议。

6. 奖金分配权

班组长有权制定班组内部奖金分配方案，对班组成员的劳动成果进行定时和定性考核，并按规定分配班级奖金，奖勤罚懒。

7. 举荐权

班组长根据员工的德、才、效，有权向企业举才，推荐本班组优秀员工深造、晋级或提拔到合适的岗位。

8. 维护员工合法权益权

在班组生产、生活、工作中，班组长要依法维护在劳动合同、劳动保护、安全生产、工资待遇、生活福利、发明创造、劳动休息、民主监督、民主管理等方面的员工合法权益、对侵犯员工合法权益的人和事，有权在弄清事实、辨清是非的基础上，依据有关政策法律规定，向上级主管提出意见和建议，对侵犯员工合法权益屡究不改，甚至打击报复者，要依法抵制。

根据班组长的上述“八权”，实质上是指挥生产经营、管好班组、维护员工合法权益之权，这也是权、责、利三者的有机结合。班组长的权力源泉，归根结底，是企业和员工赋予的。因此，必须用这“八权”全心全意为企业和员工服务，而不应有什么私心杂念。班组长的权威越高，则非权力的影响必然越大，班组长和班组员工的凝聚力就越强，搞好班组建设也就越有保证。

复习思考题

1. 危险化学品生产工艺的特点主要有哪些？
2. 危险化学品的主要危害有哪些？
3. 班组长在安全生产中的作用有哪些？
4. 简述班组长在安全生产中的职责。

第二章　班组长应具备的安全生产法律法规知识

本章学习要点

1. 熟悉危险化学品安全生产主要法律法规及相关标准；
2. 掌握危险化学品企业职工安全生产的权利和义务；
3. 熟悉安全生产违法行为的法律责任。

第一节　危险化学品安全生产法律法规

一、安全生产法律

（一）《安全生产法》

2021 年 6 月 10 日，中华人民共和国第十三届全国人民代表大会常务委员会第二十九次会议已通过《全国人民代表大会常务委员会关于修改〈中华人民共和国安全生产法〉的决定》，现予公布，自 2021 年 9 月 1 日起施行。

（1）安全生产工作坚持中国共产党的领导。

安全生产工作应当以人为本，坚持人民至上、生命至上，把保护人民生命安全摆在首位，树牢安全发展理念，坚持安全第一、预防为主、综合治理的方针，从源头上防范化解重大安全风险。

安全生产工作实行管行业必须管安全、管业务必须管安全、管生产经营必须管安全，强化和落实生产经营单位主体责任与政府监管责任，建立生产经营单位负责、职工参与、政府监管、行业自律和社会监督的机制。

（2）生产经营单位必须遵守本法和其他有关安全生产的法律法规，加强安全生产管理，建立健全全员安全生产责任制和安全生产规章制度，加大对安全生产资金、物资、技术、人员的投入保障力度，改善安全生产条件，加强安全生产标准化、信息化建设，构建安全风险分级管控和隐患排查治理双重预防机制，健全风险防范化解机制，提高安全生产水平，确保安全生产。

（3）生产经营单位的主要负责人是本单位安全生产第一责任人，对本单位的安全生产工作全面负责。其他负责人对职责范围内的安全生产工作负责。

（4）工会依法对安全生产工作进行监督。

（5）生产经营单位必须执行依法制定的保障安全生产的国家标准或者行业标准。

（6）国家实行生产安全事故责任追究制度，依照本法和有关法律、法规的规定，追究生产安全事故责任单位和责任人员的法律责任。

（7）生产经营单位的全员安全生产责任制应当明确各岗位的责任人员、责任范围和考核标准等内容。

生产经营单位应当建立相应的机制，加强对全员安全生产责任制落实情况的监督考核，保证全员安全生产责任制的落实。

(8) 生产经营单位应当对从业人员进行安全生产教育和培训，保证从业人员具备必要的安全生产知识，熟悉有关的安全生产规章制度和安全操作规程，掌握本岗位的安全操作技能，了解事故应急处理措施，知悉自身在安全生产方面的权利和义务。未经安全生产教育和培训合格的从业人员，不得上岗作业。

生产经营单位使用被派遣劳动者的，应当将被派遣劳动者纳入本单位从业人员统一管理，对被派遣劳动者进行岗位安全操作规程和安全操作技能的教育和培训。劳务派遣单位应当对被派遣劳动者进行必要的安全生产教育和培训。

(9) 生产经营单位采用新工艺、新技术、新材料或者使用新设备，必须了解、掌握其安全技术特性，采取有效的安全防护措施，并对从业人员进行专门的安全生产教育和培训。

(10) 生产经营单位的特种作业人员必须按照国家有关规定经专门的安全作业培训，取得相应资格，方可上岗作业。

(11) 生产经营单位应当在有较大危险因素的生产经营场所和有关设施、设备上，设置明显的安全警示标志。

(12) 安全设备的设计、制造、安装、使用、检测、维修、改造和报废，应当符合国家标准或者行业标准。

生产经营单位必须对安全设备进行经常性维护、保养，并定期检测，保证正常运转。维护、保养、检测应当做好记录，并由有关人员签字。

生产经营单位不得关闭、破坏直接关系生产安全的监控、报警、防护、救生设备、设施，或者篡改、隐瞒、销毁其相关数据、信息。

(13) 国家对严重危及生产安全的工艺、设备实行淘汰制度，生产经营单位不得使用应当淘汰的危及生产安全的工艺、设备。

(14) 生产经营单位应当建立安全风险分级管控制度，按照安全风险分级采取相应的管控措施。

生产经营单位应当建立健全并落实生产安全事故隐患排查治理制度，采取技术、管理措施，及时发现并消除事故隐患。

(15) 生产、经营、储存、使用危险物品的车间、商店、仓库不得与员工宿舍在同一座建筑物内，并应当与员工宿舍保持安全距离。

生产经营场所和员工宿舍应当设有符合紧急疏散要求、标志明显、保持畅通的出口、疏散通道。禁止占用、锁闭、封堵生产经营场所或者员工宿舍的出口、疏散通道。

(16) 生产经营单位应当教育和督促从业人员严格执行本单位的安全生产规章制度和安全操作规程；并向从业人员如实告知作业场所和工作岗位存在的危险因素、防范措施以及事故应急措施。

生产经营单位应当关注从业人员的身体、心理状况和行为习惯，加强对从业人员的心理疏导、精神慰藉，严格落实岗位安全生产责任，防范从业人员行为异常导致事故发生。

(17) 生产经营单位必须为从业人员提供符合国家标准或者行业标准的劳动防护用品，并监督、教育从业人员按照使用规则佩戴、使用。

（18）生产经营单位应当安排用于配备劳动防护用品、进行安全生产培训的经费。

（19）生产经营单位必须依法参加工伤保险，为从业人员缴纳保险费。

属于国家规定的高危行业、领域的生产经营单位，应当投保安全生产责任保险。

（20）任何单位或者个人对事故隐患或者安全生产违法行为，均有权向负有安全生产监督管理职责的部门报告或者举报。

（21）生产经营单位发生生产安全事故后，事故现场有关人员应当立即报告本单位负责人。

任何单位和个人都应当支持、配合事故抢救，并提供一切便利条件。

（22）任何单位和个人不得阻挠和干涉对事故的依法调查处理。

（23）生产经营单位的从业人员不落实岗位安全责任，不服从管理，违反安全生产规章制度或者操作规程的，由生产经营单位给予批评教育，依照有关规章制度给予处分；构成犯罪的，依照刑法有关规定追究刑事责任。

（二）《职业病防治法》

2001 年 10 月 27 日第九届全国人民代表大会常务委员会第二十四次会议通过。根据 2011 年 12 月 31 日第十一届全国人民代表大会常务委员会第二十四次会议《关于修改〈中华人民共和国职业病防治法〉的决定》第一次修正；根据 2016 年 7 月 2 日第十二届全国人民代表大会常务委员会第二十一次会议《关于修改〈中华人民共和国节约能源法〉等六部法律的决定》第二次修正。

根据 2017 年 11 月 4 日第十二届全国人民代表大会常务委员会第三十次会议《关于修改〈中华人民共和国会计法〉等十一部法律的决定》第三次修正；根据 2018 年 12 月 29 日第十三届全国人民代表大会常务委员会第七次会议《关于修改〈中华人民共和国劳动法〉等七部法律的决定》第四次修正。

职业病是指企业、事业单位和个体经济组织的劳动者在职业活动中，因接触粉尘、放射性物质和其他有毒、有害因素而引起的疾病。《职业病防治法》规定职业病防治工作坚持预防为主、防治结合的方针，建立用人单位负责、行政机关监管、行业自律、职工参与和社会监督的机制，实行分类管理、综合治理。

《职业病防治法》明确规定了用人单位的职责，包括：

（1）用人单位应当为劳动者创造符合国家职业教育卫生标准和卫生要求的工作环境和条件，并采取措施保障劳动者获得职业卫生保护。

（2）用人单位应当建立、健全职业病防治责任制，加强对职业病防治的管理，提高职业病防治水平，对本单位产生的职业病危害承担责任。

（3）用人单位应当依照法律、法规要求，严格遵守国家职业卫生标准，落实职业病预防措施，从源头上控制和消除职业病危害。

（4）对可能发生急性职业病损伤的有毒、有害工作场所，用人单位应当设置报警装置，配置现场急救用品、冲洗设备、应急撤离通道和必要的泄险区。

（5）用人单位应当实施由专人负责的职业病危害因素日常监测，并确保监测系统处于正常运行状态。

同时，也明确了劳动者享有的职业卫生保护权利。这些权利有：

（1）获得职业卫生教育、培训；

（2）获得职业健康检查、职业病诊疗、康复等职业病防治服务；

（3）了解工作场所产生或可能产生的职业病危害因素、危害后果和应当采取的职业病防护措施；

（4）要求用人单位提供符合防治职业要求的职业病防护设施和个人使用的职业病防护用品，改善工作条件；

（5）对违反职业病防治法律、法规以及危及生命健康的行为提出批评、检举和控告；

（6）拒绝违章指挥和强令进行没有职业病防护措施的作业；

（7）参与用人单位职业卫生工作的民主管理，对职业病防治工作提出意见和建议。

（三）《消防法》

1998年4月29日第九届全国人民代表大会常务委员会第二次会议通过，2008年10月28日第十一届全国人民代表大会常务委员会第五次会议修订，根据2019年4月23日第十三届全国人民代表大会常务委员会第十次会议《关于修改〈中华人民共和国建筑法〉等八部法律的决定》第一次修正，根据2021年4月29日第十三届全国人民代表大会常务委员会第二十八次会议《关于修改〈中华人民共和国道路交通安全法〉等八部法律的决定》第二次修正。

（1）消防工作贯彻预防为主、防消结合的方针，按照政府统一领导、部门依法监管、单位全面负责、公民积极参与的原则，实行消防安全责任制，建立健全社会化的消防工作网络。

（2）任何单位和个人都有维护消防安全、保护消防设施、预防火灾、报告火警的义务。任何单位和成年人都有参加有组织的灭火工作的义务。

（3）机关、团体、企业、事业等单位应当履行下列消防安全职责：

① 落实消防安全责任制，制定本单位的消防安全制度、消防安全操作规程、制定灭火和应急疏散预案；

② 按照国家标准、行业标准配置消防设施、器材，设置消防安全标志，并定期组织检验、维修，确保完好有效；

③ 对建筑消防设施每年至少进行一次检测，确保完好有效，检测记录应当完整准确，存档备查；

④ 保障疏散通道、安全出口、消防车通道畅通，保证防火防烟分区、防火间距符合消防技术标准；

⑤ 组织防火检查，及时消除火灾隐患；

⑥ 组织进行有针对性的消防演练；

⑦ 法律、法规规定的其他消防安全职责。

单位的主要负责人是本单位的消防安全责任人。

（4）县级以上地方人民政府消防救援机构应当将发生火灾可能性较大以及发生火灾可能造成重大的人身伤亡或者财产损失的单位，确定为本行政区域内的消防安全重点单位，并由应急管理部门报本级人民政府备案。

消防安全重点单位除应当履行上述规定的职责外，还应当履行下列消防安全职责：

① 确定消防安全管理人，组织实施本单位的消防安全管理工作；

② 建立消防档案，确定消防安全重点部位，设置防火标志，实行严格管理；

③ 实行每日防火巡查，并建立巡查记录；

④ 对职工进行岗前消防安全培训，定期组织消防安全培训和消防演练。

(5) 生产、储存、经营易燃易爆危险品的场所不得与居住场所设置在同一建筑物内，并应当与居住场所保持安全距离。生产、储存、经营其他物品的场所与居住场所设置在同一建筑物内的，应当符合国家工程建设消防技术标准。

(6) 生产、储存、装卸易燃易爆危险品的工厂、仓库和专用车站、码头的设置，应当符合消防技术标准。易燃易爆气体和液体的充装站、供应站、调压站，应当设置在符合安全要求的位置，并符合防火防爆要求。

(7) 任何人发现火灾都应当立即报警。任何单位、个人都应当无偿为报警提供便利，不得阻拦报警。严禁谎报火警。

(8) 任何单位发生火灾，必须立即组织力量扑救。邻近单位应当给予支援。

消防队接到火警，必须立即赶赴火灾现场，救助遇险人员，排除险情，扑灭火灾。

(9) 违反本法规定，构成犯罪的，依法追究刑事责任。

(四)《劳动法》

1994 年 7 月 5 日第八届全国人民代表大会常务委员会第八次会议通过，1994 年 7 月 5 日中华人民共和国主席令第二十八号公布，自 1995 年 1 月 1 日起施行。2009 年 8 月 27 日经第十一届全国人民代表大会常务委员会第十次会议通过，《全国人民代表大会常务委员会关于修改部分法律的决定》修订，自公布之日起施行。根据 2018 年 12 月 29 日第十三届全国人民代表大会常务委员会第七次会议《关于修改〈中华人民共和国劳动法〉等七部法律的决定》第二次修正。

(1) 劳动者享有平等就业和选择职业的权利、取得劳动报酬的权利、休息休假的权利、获得劳动安全卫生保护的权利、接受职业技能培训的权利、享受社会保险和福利的权利、提请劳动争议处理的权利以及法律规定的其他劳动权利。

(2) 劳动者应当完成劳动任务，提高职业技能，执行劳动安全卫生规程，遵守劳动纪律和职业道德。

(3) 用人单位应当依法建立和完善规章制度，保障劳动者享有劳动权利和履行劳动义务。

(4) 建立劳动关系应当订立劳动合同。

订立和变更劳动合同，应当遵循平等自愿、协商一致的原则，不得违反法律、行政法规的规定。劳动合同依法订立即具有法律约束力，当事人必须履行劳动合同规定的义务。下列劳动合同无效：

① 违反法律、行政法规的劳动合同；

② 采取欺诈、威胁等手段订立的劳动合同。

无效的劳动合同，从订立的时候起，就没有法律约束力。确认劳动合同部分无效的，如果不影响其余部分的效力，其余部分仍然有效。

劳动合同的无效，由劳动争议仲裁委员会或者人民法院确认。

劳动合同应当以书面形式订立，并具备以下条款：

① 劳动合同期限；

② 工作内容；

③ 劳动保护和劳动条件；

④ 劳动报酬；

⑤ 劳动纪律；

⑥ 劳动合同终止的条件；

⑦ 违反劳动合同的责任。

劳动合同除前款规定的必备条款外，当事人可以协商约定其他内容。

(5) 劳动者有下列情形之一的，用人单位可以解除劳动合同：

① 在试用期间被证明不符合录用条件的；

② 严重违反劳动纪律或者用人单位规章制度的；

③ 严重失职、营私舞弊，对用人单位利益造成重大损害的；

④ 被依法追究刑事责任的。

此外，该法还针对劳动合同解除和集体合同应注意的事项对合同订立双方进行了规定。

(6) 针对工作时间和休息休假，该法的规定为：

工作时间上，国家实行劳动者每日工作时间不超过 8h、平均每周工作时间不超过 44h 的工时制度。对实行计件工作的劳动者，用人单位应当根据工时制度合理确定其劳动定额和计件报酬标准。

休息休假上，用人单位应当保证劳动者每周至少休息 1 日。

单位在下列节日期间应当依法安排劳动者休假：元旦，春节，国际劳动节，国庆节，法律、法规规定的其他休假节日。

用人单位由于生产经营需要，经与工会和劳动者协商后可以延长工作时间，一般每日不得超过 1h；因特殊原因需要延长工作时间的在保障劳动者身体健康的条件下延长工作时间每日不得超过 3h，但是每月不得超过 36h。

此外，该法中还对延长劳动时间而不受上述规定限制的情形、用人单位应当支付高于劳动者正常工作时间工资的情形、带薪年休假制度进行了规定。

(7) 针对劳动者工资，该法规定：

工资分配应当遵循按劳分配原则，实行同工同酬。

国家实行最低工资保障制度。确定和调整最低工资标准应当综合参考下列因素：

① 劳动者本人及平均赡养人口的最低生活费用；

② 社会平均工资水平；

③ 劳动生产率；

④ 就业状况；

⑤ 地区之间经济发展水平的差异。

(8) 劳动者在下列情形下，依法享受社会保险待遇：

① 退休；

② 患病；

③ 因工伤残或者患职业病；

④ 失业；

⑤ 生育。

劳动者死亡后，其遗属依法享受遗属津贴。

(9) 针对法律责任，该法进行了以下规定：

用人单位有下列侵害劳动者合法权益情形之一的，由劳动行政部门责令支付劳动者的工资报酬、经济补偿，并可以责令支付赔偿金：

① 克扣或者无故拖欠劳动者工资的；

② 拒不支付劳动者延长工作时间工资报酬的；

③ 低于当地最低工资标准支付劳动者工资的；

④ 解除劳动合同后，未依照本法规定给予劳动者经济补偿的。

二、安全生产行政法规

（一）《危险化学品安全管理条例》

2002 年 1 月 26 日中华人民共和国国务院令第 344 号公布，2011 年 2 月 16 日国务院第 144 次常务会议修订通过，根据 2013 年 12 月 7 日《国务院关于修改部分行政法规的决定》修订。

制定本条例是为了加强危险化学品的安全管理，预防和减少危险化学品事故，保障人民群众生命财产安全，保护环境。本条例所称危险化学品，是指具有毒害、腐蚀、爆炸、燃烧、助燃等性质，对人体、设施、环境具有危害的剧毒化学品和其他化学品。该条例相关内容如下：

（1）生产、储存、使用、经营、运输危险化学品的单位（以下统称危险化学品单位）的主要负责人对本单位的危险化学品安全管理工作全面负责。

（2）危险化学品单位应当具备法律、行政法规规定和国家标准、行业标准要求的安全条件，建立、健全安全管理规章制度和岗位安全责任制度，对从业人员进行安全教育、法制教育和岗位技术培训。从业人员应当接受教育和培训，考核合格后上岗作业；对有资格要求的岗位，应当配备依法取得相应资格的人员。

（3）任何单位和个人不得生产、经营、使用国家禁止生产、经营、使用的危险化学品。

（4）国家对危险化学品的使用有限制性规定的，任何单位和个人不得违反限制性规定使用危险化学品。

（5）任何单位和个人对违反本条例规定的行为，有权向负有危险化学品安全监督管理职责的部门举报。

（6）新建、改建、扩建生产、储存危险化学品的建设项目（以下简称建设项目），应当由安监部门进行安全条件审查。

（7）生产、储存危险化学品的单位，应当对其铺设的危险化学品管道设置明显标志，并对危险化学品管道定期检查、检测。

（8）危险化学品生产企业进行生产前，应当依照《安全生产许可证条例》的规定，取得危险化学品安全生产许可证。

（9）危险化学品生产企业应当提供与其生产的危险化学品相符的化学品安全技术说明书，并在危险化学品包装（包括外包装件）上粘贴或者拴挂与包装内危险化学品相符的化学品安全标签。化学品安全技术说明书和化学品安全标签所载明的内容应当符合国家标准的要求。

（10）危险化学品生产企业发现其生产的危险化学品有新的危险特性的，应当立即公告，并及时修订其化学品安全技术说明书和化学品安全标签。

(11) 对重复使用的危险化学品包装物、容器，使用单位在重复使用前应当进行检查；发现存在安全隐患的，应当维修或者更换。使用单位应当对检查情况作出记录，记录的保存期限不得少于 2 年。

(12) 生产、储存危险化学品的单位，应当根据其生产、储存的危险化学品的种类和危险特性，在作业场所设置相应的监测、监控、通风、防晒、调温、防火、灭火、防爆、泄压、防毒、中和、防潮、防雷、防静电、防腐、防泄漏以及防护围堤或者隔离操作等安全设施、设备，并按照国家标准、行业标准或者国家有关规定对安全设施、设备进行经常性维护、保养，保证安全设施、设备的正常使用。

(13) 生产、储存危险化学品的单位，应当在其作业场所和安全设施、设备上设置明显的安全警示标志。

生产、储存危险化学品的单位，应当在其作业场所设置通信、报警装置，并保证处于适用状态。

(14) 危险化学品应当储存在专用仓库、专用场地或者专用储存室(以下统称专用仓库)内，并由专人负责管理；剧毒化学品以及储存数量构成重大危险源的其他危险化学品，应当在专用仓库内单独存放，并实行双人收发、双人保管制度。

危险化学品的储存方式、方法以及储存数量应当符合国家标准或者国家有关规定。

(15) 储存危险化学品的单位应当建立危险化学品出入库核查、登记制度。

对剧毒化学品以及储存数量构成重大危险源的其他危险化学品，储存单位应当将其储存数量、储存地点以及管理人员的情况，报所在地县级人民政府安全生产监督管理部门(在港区内储存的，报港口行政管理部门)和公安机关备案。

(16) 危险化学品生产企业、经营企业销售剧毒化学品、易制爆危险化学品，应当如实记录购买单位的名称、地址、经办人的姓名、身份证号码以及所购买的剧毒化学品、易制爆危险化学品的品种、数量、用途。销售记录以及经办人的身份证明复印件、相关许可证件复印件或者证明文件的保存期限不得少于 1 年。

(17) 危险化学品道路运输企业、水路运输企业应当配备专职安全管理人员。

(18) 危险化学品道路运输企业、水路运输企业的驾驶人员、船员、装卸管理人员、押运人员、申报人员、集装箱装箱现场检查员应当经交通部门考核合格，取得从业资格。

(19) 国家实行危险化学品登记制度，为危险化学品安全管理以及危险化学品事故预防和应急救援提供技术、信息支持。

(二)《易制毒化学品管理条例》

2005 年 8 月 26 日国务院令第 445 号公布，根据 2014 年 7 月 29 日《国务院关于修改部分行政法规的决定》第一次修改；根据 2016 年 2 月 6 日《国务院关于修改部分行政法规的决定》第二次修改；根据 2018 年 9 月 18 日国务院令第 703 号《国务院关于修改部分行政法规的决定》修正。

(1) 国家对易制毒化学品的生产、经营、购买、运输和进口、出口实行分类管理和许可制度。

(2) 易制毒化学品分为三类。第一类是可以用于制毒的主要原料，第二类、第三类是可以用于制毒的化学配剂。

(3) 制毒化学品的生产、经营、购买、运输和进口、出口，除应当遵守本条例的规定外，属于药品和危险化学品的，还应当遵守法律、其他行政法规对药品和危险化学品的有关规定。

（4）禁止走私或者非法生产、经营、购买、转让、运输易制毒化学品。

（5）禁止使用现金或者实物进行易制毒化学品交易。但是，个人合法购买第一类中的药品类易制毒化学品药品制剂和第三类易制毒化学品的除外。

（6）生产、经营、购买、运输和进口、出口易制毒化学品的单位，应当建立单位内部易制毒化学品管理制度。

（三）《使用有毒物品作业场所劳动保护条例》

《使用有毒物品作业场所劳动保护条例》是为保证作业场所安全使用有毒物品，预防、控制和消除职业中毒危害，保护劳动者的生命安全、身体健康及其相关权益，根据职业病防治法和其他有关法律、行政法规的规定制定。经2002年4月30日国务院第57次常务会议通过，由国务院于2002年5月12日发布并实施。

（1）按照有毒物品产生的职业中毒危害程度，有毒物品分为一般有毒物品和高毒物品。国家对作业场所使用高毒物品实行特殊管理。

（2）从事使用有毒物品作业的用人单位（以下简称用人单位）应当使用符合国家标准的有毒物品，不得在作业场所使用国家明令禁止使用的有毒物品或者使用不符合国家标准的有毒物品。

用人单位应当尽可能使用无毒物品；需要使用有毒物品的，应当优先选择使用低毒物品。

（3）用人单位应当依照本条例和其他有关法律、行政法规的规定，采取有效的防护措施，预防职业中毒事故的发生，依法参加工伤保险，保障劳动者的生命安全和身体健康。

（4）禁止使用童工。

用人单位不得安排未成年人和孕期、哺乳期的女职工从事使用有毒物品的作业。

（5）用人单位的设立，应当符合有关法律、行政法规规定的设立条件，并依法办理有关手续，取得营业执照。

用人单位使用有毒物品作业的场所，除应当符合职业病防治法规定的职业卫生要求外，还必须符合下列要求：

① 作业场所与生活场所分开，作业场所不得住人；

② 有害作业与无害作业分开，高毒作业场所与其他作业场所隔离；

③ 设置有效的通风装置；可能突然泄漏大量有毒物品或者易造成急性中毒的作业场所，设置自动报警装置和事故通风设施；

④ 高毒作业场所设置应急撤离通道和必要的泄险区。

用人单位及其作业场所符合前两款规定的，由卫生行政部门发给职业卫生安全许可证，方可从事使用有毒物品的作业。

（6）使用有毒物品作业场所应当设置黄色区域警示线、警示标识和中文警示说明。警示说明应当载明产生职业中毒危害的种类、后果、预防以及应急救治措施等内容。

高毒作业场所应当设置红色区域警示线、警示标识和中文警示说明，并设置通信报警设备。

（7）从事使用高毒物品作业的用人单位，应当配备应急救援人员和必要的应急救援器材、设备，制定事故应急救援预案，并根据实际情况变化对应急救援预案适时进行修订，定期组织演练。事故应急救援预案和演练记录应当报当地卫生行政部门、安全生产监督管理部门和公安部门备案。

(8) 用人单位应当与劳动者订立劳动合同，将工作过程中可能产生的职业中毒危害及其后果、职业中毒危害防护措施和待遇等如实告知劳动者，并在劳动合同中写明，不得隐瞒或者欺骗。

(9) 劳动者在已订立劳动合同期间因工作岗位或者工作内容变更，从事劳动合同中未告知的存在职业中毒危害的作业时，用人单位应当依照前款规定，如实告知劳动者，并协商变更原劳动合同有关条款。

(10) 用人单位应当依照职业病防治法的有关规定，采取有效的职业卫生防护管理措施，加强劳动过程中的防护与管理。

(11) 用人单位应当对劳动者进行上岗前的职业卫生培训和在岗期间的定期职业卫生培训，普及有关职业卫生知识，督促劳动者遵守有关法律、法规和操作规程，指导劳动者正确使用职业中毒危害防护设备和个人使用的职业中毒危害防护用品。

(12) 劳动者经培训考核合格，方可上岗作业。

(四)《生产安全事故应急条例》

中华人民共和国国务院令(第 708 号)《生产安全事故应急条例》于 2018 年 12 月 5 日国务院第 33 次常务会议通过，现予公布，自 2019 年 4 月 1 日起施行。

(1) 生产经营单位应当加强生产安全事故应急工作，建立、健全生产安全事故应急工作责任制，其主要负责人对本单位的生产安全事故应急工作全面负责。

生产经营单位应当针对本单位可能发生的生产安全事故的特点和危害，进行风险辨识和评估，制定相应的生产安全事故应急救援预案，并向本单位从业人员公布。

(2) 生产安全事故应急救援预案应当符合有关法律、法规、规章和标准的规定，具有科学性、针对性和可操作性，明确规定应急组织体系、职责分工以及应急救援程序和措施。

(3) 有下列情形之一的，生产安全事故应急救援预案制定单位应当及时修订相关预案：

① 制定预案所依据的法律、法规、规章、标准发生重大变化；

② 应急指挥机构及其职责发生调整；

③ 安全生产面临的风险发生重大变化；

④ 重要应急资源发生重大变化；

⑤ 在预案演练或者应急救援中发现需要修订预案的重大问题；

⑥ 其他应当修订的情形。

(4) 生产经营单位应当针对本单位可能发生的生产安全事故的特点和危害，进行风险辨识和评估，制定相应的生产安全事故应急救援预案，并向本单位从业人员公布。

(5) 生产安全事故应急救援预案应当符合有关法律、法规、规章和标准的规定，具有科学性、针对性和可操作性，明确规定应急组织体系、职责分工以及应急救援程序和措施。

(6) 易燃易爆物品、危险化学品等危险物品的生产、经营、储存、运输单位，矿山、金属冶炼、城市轨道交通运营、建筑施工单位，以及宾馆、商场、娱乐场所、旅游景区等人员密集场所经营单位，应当建立应急救援队伍；其中，小型企业或者微型企业等规模较小的生产经营单位，可以不建立应急救援队伍，但应当指定兼职的应急救援人员，并且可以与邻近的应急救援队伍签订应急救援协议。

(7) 易燃易爆物品、危险化学品等危险物品的生产、经营、储存、运输单位，矿山、金属冶炼、城市轨道交通运营、建筑施工单位，以及宾馆、商场、娱乐场所、旅游景区等人员密集场所经营单位，应当根据本单位可能发生的生产安全事故的特点和危害，配备必要的灭火、排水、通风以及危险物品稀释、掩埋、收集等应急救援器材、设备和物资，并进行经常性维护、保养，保证正常运转。

(8) 危险物品的生产、经营、储存、运输单位应当建立应急值班制度，配备应急值班人员，规模较大、危险性较高的易燃易爆物品、危险化学品等危险物品的生产、经营、储存、运输单位应当成立应急处置技术组，实行 24h 应急值班。

(9) 生产经营单位应当对从业人员进行应急教育和培训，保证从业人员具备必要的应急知识，掌握风险防范技能和事故应急措施。生产经营单位可以通过生产安全事故应急救援信息系统办理生产安全事故应急救援预案备案手续，报送应急救援预案演练情况和应急救援队伍建设情况；但依法需要保密的除外。

(10) 发生生产安全事故后，生产经营单位应当立即启动生产安全事故应急救援预案，采取下列一项或者多项应急救援措施，并按照国家有关规定报告事故情况：

① 迅速控制危险源，组织抢救遇险人员；

② 根据事故危害程度，组织现场人员撤离或者采取可能的应急措施后撤离；

③ 及时通知可能受到事故影响的单位和人员；

④ 采取必要措施，防止事故危害扩大和次生、衍生灾害发生；

⑤ 根据需要请求邻近的应急救援队伍参加救援，并向参加救援的应急救援队伍提供相关技术资料、信息和处置方法；

⑥ 维护事故现场秩序，保护事故现场和相关证据；

⑦ 法律、法规规定的其他应急救援措施。

（五）《工伤保险条例》

《工伤保险条例》于 2003 年 4 月 16 日国务院第 5 次常务会议讨论通过，以国务院令第 375 号公布，根据 2010 年 12 月 20 日《国务院关于修改〈工伤保险条例〉的决定》进行修订，自 2011 年 1 月 1 日起施行。

(1) 中华人民共和国境内的企业、事业单位、社会团体、民办非企业单位、基金会、律师事务所、会计师事务所等组织和有雇工的个体工商户(以下称用人单位)应当依照本条例规定参加工伤保险，为本单位全部职工或者雇工(以下称职工)缴纳工伤保险费。所有单位职工均有依照本条例的规定享受工伤保险待遇的权利。

(2) 用人单位应当按时缴纳工伤保险费。职工个人不缴纳工伤保险费。

(3) 职工有下列情形之一的，应当认定为工伤：

① 在工作时间和工作场所内，因工作原因受到事故伤害的；

② 工作时间前后在工作场所内，从事与工作有关的预备性或者收尾性工作受到事故伤害的；

③ 在工作时间和工作场所内，因履行工作职责受到暴力等意外伤害的；

④ 患职业病的；

⑤ 因工外出期间，由于工作原因受到伤害或者发生事故下落不明的；

⑥ 在上下班途中，受到非本人主要责任的交通事故或者城市轨道交通、客运轮渡、火

车事故伤害的；

⑦ 法律、行政法规规定应当认定为工伤的其他情形。

(4) 职工有下列情形之一的，视同工伤：

① 在工作时间和工作岗位，突发疾病死亡或者在48h之内经抢救无效死亡的；

② 在抢险救灾等维护国家利益、公共利益活动中受到伤害的；

③ 职工原在军队服役，因战、因公负伤致残，已取得革命伤残军人证，到用人单位后旧伤复发的。

职工有前款第①项、第②项情形的，按照本条例的有关规定享受工伤保险待遇；职工有前款第③项情形的，按照本条例的有关规定享受除一次性伤残补助金以外的工伤保险待遇。

(5) 职工符合本条例第3条、第4条的规定，但是有下列情形之一的，不得认定为工伤或者视同工伤：

① 故意犯罪的；

② 醉酒或者吸毒的；

③ 自残或者自杀的。

(6) 职工发生工伤，经治疗伤情相对稳定后存在残疾、影响劳动能力的，应当进行劳动能力鉴定。

(7) 自劳动能力鉴定结论作出之日起1年后，工伤职工或者其近亲属、所在单位或者经办机构认为伤残情况发生变化的，可以申请劳动能力复查鉴定。

(8) 职工因工作遭受事故伤害或者患职业病进行治疗，享受工伤医疗待遇。职工治疗工伤应当在签订服务协议的医疗机构就医，情况紧急时可以先到就近的医疗机构急救。

(9) 职工因工作遭受事故伤害或者患职业病需要暂停工作接受工伤医疗的，在停工留薪期内，原工资福利待遇不变，由所在单位按月支付。

(10) 职工因工死亡，其近亲属按照下列规定从工伤保险基金领取丧葬补助金、供养亲属抚恤金和一次性工亡补助金：

① 丧葬补助金为6个月的统筹地区上年度职工月平均工资。

② 供养亲属抚恤金按照职工本人工资的一定比例发给由因工死亡职工生前提供主要生活来源、无劳动能力的亲属。标准为：配偶每月40%，其他亲属每人每月30%，孤寡老人或者孤儿每人每月在上述标准的基础上增加10%。核定的各供养亲属的抚恤金之和不应高于因工死亡职工生前的工资。供养亲属的具体范围由国务院社会保险行政部门规定。

③ 一次性工亡补助金标准为上一年度全国城镇居民人均可支配收入的20倍。

(11) 用人单位、工伤职工或者其近亲属骗取工伤保险待遇，医疗机构、辅助器具配置机构骗取工伤保险基金支出的，由社会保险行政部门责令退还，处骗取金额2倍以上5倍以下的罚款；情节严重，构成犯罪的，依法追究刑事责任。

(六)《特种设备安全监察条例》

2009年1月14日国务院第46次常务会议通过，2009年1月24日中华人民共和国国务院令第549号公布，自2009年5月1日起施行。

(1) 特种设备是指涉及生命安全、危险性较大的锅炉、压力容器(含气瓶，下同)、压力管道、电梯、起重机械、客运索道、大型游乐设施和场(厂)内专用机动车辆。

(2) 特种设备生产、使用单位应当建立健全特种设备安全、节能管理制度和岗位安全、节能责任制度。

(3) 特种设备使用单位，应当严格执行本条例和有关安全生产的法律、行政法规的规定，保证特种设备的安全使用。

(4) 特种设备使用单位应当对在用特种设备进行经常性日常维护保养，并定期自行检查。

(5) 锅炉、压力容器、起重机械的作业人员及其相关管理人员(以下统称特种设备作业人员)，应当按照国家有关规定经特种设备安全监督管理部门考核合格，取得国家统一格式的特种作业人员证书，方可从事相应的作业或者管理工作。

(6) 特种设备使用单位应当对特种设备作业人员进行特种设备安全、节能教育和培训，保证特种设备作业人员具备必要的特种设备安全、节能知识。

特种设备作业人员在作业中应当严格执行特种设备的操作规程和有关的安全规章制度。

(7) 特种设备作业人员在作业过程中发现事故隐患或者其他不安全因素，应当立即向现场安全管理人员和单位有关负责人报告。

(七)《生产安全事故报告和调查处理条例》

《生产安全事故报告和调查处理条例》于 2007 年 4 月 9 日以国务院第 493 号令的形式公布，自 2007 年 6 月 1 日起施行。

(1) 事故报告应当及时、准确、完整，任何单位和个人对事故不得迟报、漏报、谎报或者瞒报。

(2) 事故发生后，事故现场有关人员应当立即向本单位负责人报告；单位负责人接到报告后，应当于 1h 内向事故发生地县级以上人民政府安全生产监督管理部门和负有安全生产监督管理职责的有关部门报告。

情况紧急时，事故现场有关人员可以直接向事故发生地县级以上人民政府安全生产监督管理部门和负有安全生产监督管理职责的有关部门报告。

(3) 报告的内容应包括：事故发生单位概况，事故发生的时间、地点及事故现场情况，事故的简要经过，事故已经造成或者可能造成的伤亡人数，已经采取的措施，其他应当报告的情况等。

(4) 事故报告后出现新情况的，应当及时补报。

(5) 事故调查组有权向有关单位和个人了解与事故有关的情况，并要求其提供相关文件、资料，有关单位和个人不得拒绝。

事故发生单位的负责人和有关人员在事故调查期间不得擅离职守，并应当随时接受事故调查组的询问，如实提供有关情况。

三、安全生产部门规章

部门规章是国务院各部门、各委员会、审计署等根据宪法、法律和行政法规的规定和国务院的决定，在本部门的权限范围内制定和发布的调整本部门范围内的行政管理关系的，并不得与宪法、法律和行政法规相抵触的规范性文件。我国颁布的危险化学品特种作业人员应掌握安全生产部门规章如下：

(一)《生产安全事故应急预案管理办法》

2016 年 6 月 3 日国家安全生产监督管理总局令第 88 号公布，根据 2019 年 7 月 11 日应急管理部令第2号《应急管理部关于修改〈生产安全事故应急预案管理办法〉的决定》修正，现予公布，自2019年9月1日起施行。

(1) 应急预案的管理实行属地为主、分级负责、分类指导、综合协调、动态管理的原则。

(2) 生产经营单位主要负责人负责组织编制和实施本单位的应急预案，并对应急预案的真实性和实用性负责；各分管负责人应当按照职责分工落实应急预案规定的职责。

(3) 生产经营单位应急预案分为综合应急预案、专项应急预案和现场处置方案。

综合应急预案，是指生产经营单位为应对各种生产安全事故而制定的综合性工作方案，是本单位应对生产安全事故的总体工作程序、措施和应急预案体系的总纲。

专项应急预案，是指生产经营单位为应对某一种或者多种类型生产安全事故，或者针对重要生产设施、重大危险源、重大活动防止生产安全事故而制定的专项性工作方案。

现场处置方案，是指生产经营单位根据不同生产安全事故类型，针对具体场所、装置或者设施所制定的应急处置措施。

(4) 应急预案的编制应当遵循以人为本、依法依规、符合实际、注重实效的原则，以应急处置为核心，明确应急职责、规范应急程序、细化保障措施。

(5) 应急预案的编制应当符合下列基本要求：

① 有关法律、法规、规章和标准的规定；

② 本地区、本部门、本单位的安全生产实际情况；

③ 本地区、本部门、本单位的危险性分析情况；

④ 应急组织和人员的职责分工明确，并有具体的落实措施；

⑤ 有明确、具体的应急程序和处置措施，并与其应急能力相适应；

⑥ 有明确的应急保障措施，满足本地区、本部门、本单位的应急工作需要；

⑦ 应急预案基本要素齐全、完整，应急预案附件提供的信息准确；

⑧ 应急预案内容与相关应急预案相互衔接。

(6) 编制应急预案前，编制单位应当进行事故风险辨识、评估和应急资源调查。

(7) 编制应急预案应当成立编制工作小组，由本单位有关负责人任组长，吸收与应急预案有关的职能部门和单位的人员，以及有现场处置经验的人员参加。

(8) 编制应急预案前，编制单位应当进行事故风险辨识、评估和应急资源调查。

(9) 生产经营单位应当根据有关法律、法规、规章和相关标准，结合本单位组织管理体系、生产规模和可能发生的事故特点，与相关预案保持衔接，确立本单位的应急预案体系，编制相应的应急预案，并体现自救互救和先期处置等特点。

(10) 对于危险性较大的场所、装置或者设施，生产经营单位应当编制现场处置方案。

现场处置方案应当规定应急工作职责、应急处置措施和注意事项等内容。

事故风险单一、危险性小的生产经营单位，可以只编制现场处置方案。

(11) 应急处置卡应当规定重点岗位、人员的应急处置程序和措施，以及相关联络人员和联系方式，便于从业人员携带。

(12) 矿山、金属冶炼企业和易燃易爆物品、危险化学品的生产、经营(带储存设施的，下同)、储存、运输企业，以及使用危险化学品达到国家规定数量的化工企业、烟花爆竹生产、批发经营企业和中型规模以上的其他生产经营单位，应当对本单位编制的应急预案进行评审，并形成书面评审纪要。

(13) 生产经营单位的应急预案经评审或者论证后，由本单位主要负责人签署，向本单位从业人员公布，并及时发放到本单位有关部门、岗位和相关应急救援队伍。

(14) 生产经营单位应当组织开展本单位的应急预案、应急知识、自救互救和避险逃生技能的培训活动，使有关人员了解应急预案内容，熟悉应急职责、应急处置程序和措施。

应急培训的时间、地点、内容、师资、参加人员和考核结果等情况应当如实记入本单位的安全生产教育和培训档案。

(15) 有下列情形之一的，应急预案应当及时修订并归档：

① 依据的法律、法规、规章、标准及上位预案中的有关规定发生重大变化的；

② 应急指挥机构及其职责发生调整的；

③ 安全生产面临的风险发生重大变化的；

④ 重要应急资源发生重大变化的；

⑤ 在应急演练和事故应急救援中发现需要修订预案的重大问题的；

⑥ 编制单位认为应当修订的其他情况。

(二)《用人单位劳动防护用品管理规范》

国家安全监管总局办公厅 2018 年 1 月 15 日发布修改后的《用人单位劳动防护用品管理规范》，自印发之日起施行。

(1) 劳动防护用品是由用人单位提供的，保障劳动者安全与健康的辅助性、预防性措施，不得以劳动防护用品替代工程防护设施和其他技术、管理措施。

(2) 用人单位应当为劳动者提供符合国家标准或者行业标准的劳动防护用品。使用进口的劳动防护用品，其防护性能不得低于我国相关标准。

(3) 劳动者在作业过程中，应当按照规章制度和劳动防护用品使用规则，正确佩戴和使用劳动防护用品。

(4) 用人单位应当在可能发生急性职业损伤的有毒、有害工作场所配备应急劳动防护用品，放置于现场邻近位置并有醒目标识。

用人单位应当为巡检等流动性作业的劳动者配备随身携带的个人应急防护用品。

(5) 用人单位应当定期对劳动防护用品的使用情况进行检查，确保劳动者正确使用。

(6) 劳动防护用品应当按照要求妥善保存，及时更换，保证其在有效期内。

公用的劳动防护用品应当由车间或班组统一保管，定期维护。

(7) 用人单位应当对应急劳动防护用品进行经常性的维护、检修，定期检测劳动防护用品的性能和效果，保证其完好有效。

(三)《危险化学品重大危险源监督管理暂行规定》

《危险化学品重大危险源监督管理暂行规定》于 2011 年 7 月 22 日以国家安全生产监督管理总局令第 40 号公布，自 2011 年 12 月 1 日起施行。国家安全生产监督管理总局令第 79 号对《危险化学品重大危险源监督管理暂行规定》作出修改，已经国家安全生产监督管理总局局长办公会议审议通过，现予公布，自 2015 年 7 月 1 日起施行。

该规定加强危险化学品重大危险源的安全监督管理，防止和减少危险化学品事故的发生，保障人民群众生命财产安全。相关规定如下：

(1) 危险化学品单位是本单位重大危险源安全管理的责任主体，其主要负责人对本单位的重大危险源安全管理工作负责，并保证重大危险源安全生产所必需的安全投入。

（2）依照法律、行政法规的规定，危险化学品单位需要进行安全评价的，重大危险源安全评估可以与本单位的安全评价一起进行，以安全评价报告代替安全评估报告，也可以单独进行重大危险源安全评估。

（3）超过个人和社会可容许风险限值标准的，危险化学品单位应当采取相应的降低风险措施。

（4）危险化学品单位应当按照国家有关规定，定期对重大危险源的安全设施和安全监测监控系统进行检测、检验，并进行经常性维护、保养，保证重大危险源的安全设施和安全监测监控系统有效、可靠运行。维护、保养、检测应当作好记录，并由有关人员签字。

（5）危险化学品单位应当对重大危险源的管理和操作岗位人员进行安全操作技能培训，使其了解重大危险源的危险特性，熟悉重大危险源安全管理规章制度和安全操作规程，掌握本岗位的安全操作技能和应急措施。

（6）危险化学品单位应当依法制定重大危险源事故应急预案，建立应急救援组织或者配备应急救援人员，配备必要的防护装备及应急救援器材、设备、物资，并保障其完好和方便使用；配合地方人民政府安全生产监督管理部门制定所在地区涉及本单位的危险化学品事故应急预案。

（7）危险化学品单位应当制定重大危险源事故应急预案演练计划，并按照下列要求进行事故应急预案演练：

① 对重大危险源专项应急预案，每年至少进行一次；

② 对重大危险源现场处置方案，每半年至少进行一次。

应急预案演练结束后，危险化学品单位应当对应急预案演练效果进行评估，撰写应急预案演练评估报告，分析存在的问题，对应急预案提出修订意见，并及时修订完善。

（四）《特种作业人员安全技术培训考核管理规定》

2010 年 5 月 24 日国家安全生产监督管理总局令第 30 号公布，自 2010 年 7 月 1 日起施行；根据 2013 年 8 月 29 日国家安全生产监督管理总局令第 63 号第一次修正，2015 年 5 月 29 日国家安全生产监督管理总局令第 80 号第二次修正。特种作业人员应了解以下内容：

（1）特种作业，是指容易发生事故，对操作者本人、他人的安全健康及设备、设施的安全可能造成重大危害的作业。特种作业的范围由特种作业目录规定。特种作业人员，是指直接从事特种作业的从业人员。

（2）危险化学品特种作业人员应当符合下列条件：

① 年满 18 周岁，且不超过国家法定退休年龄；

② 经社区或者县级以上医疗机构体检健康合格，并无妨碍从事相应特种作业的器质性心脏病、癫痫病、美尼尔氏症、眩晕症、癔病、震颤麻痹症、精神病、痴呆症以及其他疾病和生理缺陷；

③ 具有高中或者相当于高中及以上文化程度；

④ 具备必要的安全技术知识与技能；

⑤ 相应特种作业规定的其他条件。

（3）特种作业人员必须经专门的安全技术培训并考核合格，取得《中华人民共和国特种作业操作证》后，方可上岗作业。

（4）对特种作业人员的安全技术培训，具备安全培训条件的生产经营单位应当以自主培训为主，也可以委托具备安全培训条件的机构进行培训。不具备安全培训条件的生产经营单位，应当委托具备安全培训条件的机构进行培训。

（5）特种作业人员应当接受与其所从事的特种作业相应的安全技术理论培训和实际操作培训。

已经取得职业高中、技工学校及中专以上学历的毕业生从事与其所学专业相应的特种作业，持学历证明经考核发证机关同意，可以免予相关专业的培训。

（五）《生产安全事故信息报告和处置办法》

《生产安全事故信息报告和处置办法》于2009年6月16日由国家安全生产监督管理总局以第21号令的形式公布，自2009年7月1日起实施，该办法规定：

（1）事故信息的报告应当及时、准确和完整，信息的处置应当遵循快速高效、协同配合、分级负责的原则。

（2）生产经营单位发生生产安全事故或者较大涉险事故，其单位负责人接到事故信息报告后应当于1h内报告事故发生地县级安全生产监督管理部门。发生较大以上生产安全事故的，事故发生单位在依照上述规定报告的同时，应当在1h内报告省级安全生产监督管理部门。发生重大、特别重大生产安全事故的，事故发生单位在依照上述两条规定报告的同时，可以立即报告国家安全生产监督管理总局。

（3）报告事故信息，应当包括下列内容：

① 事故发生单位的名称、地址、性质、产能等基本情况；

② 事故发生的时间、地点以及事故现场情况；

③ 事故的简要经过（包括应急救援情况）；

④ 事故已经造成或者可能造成的伤亡人数（包括下落不明、涉险的人数）和初步估计的直接经济损失；

⑤ 已经采取的措施；

⑥ 其他应当报告的情况。

（4）使用电话快报，应当包括下列内容：

① 事故发生单位的名称、地址、性质；

② 事故发生的时间、地点；

③ 事故已经造成或者可能造成的伤亡人数（包括下落不明、涉险的人数）。

（六）《工作场所职业卫生管理规定》

《工作场所职业卫生管理规定》已经2020年12月4日第2次委务会议审议通过，现予公布，自2021年2月1日起施行。

为了加强职业卫生管理工作，强化用人单位职业病防治的主体责任，预防、控制职业病危害，保障劳动者健康和相关权益，根据《中华人民共和国职业病防治法》等法律、行政法规，制定本规定。

对用人单位的相关要求如下：

（1）用人单位应当加强职业病防治工作，为劳动者提供符合法律、法规、规章、国家职业卫生标准和卫生要求的工作环境和条件，并采取有效措施保障劳动者的职业健康。

（2）职业病危害严重的用人单位，应当设置或者指定职业卫生管理机构或者组织，配备专职职业卫生管理人员。其他存在职业病危害的用人单位，劳动者超过一百人的，应当设置或者指定职业卫生管理机构或者组织，配备专职职业卫生管理人员；劳动者在一百人以下的，应当配备专职或者兼职的职业卫生管理人员，负责本单位的职业病防治工作。

(3) 用人单位的主要负责人和职业卫生管理人员应当具备与本单位所从事的生产经营活动相适应的职业卫生知识和管理能力，并接受职业卫生培训。

(4) 用人单位应当对劳动者进行上岗前的职业卫生培训和在岗期间的定期职业卫生培训，普及职业卫生知识，督促劳动者遵守职业病防治的法律、法规、规章、国家职业卫生标准和操作规程。

用人单位应当对职业病危害严重的岗位的劳动者，进行专门的职业卫生培训，经培训合格后方可上岗作业。

因变更工艺、技术、设备、材料，或者岗位调整导致劳动者接触的职业病危害因素发生变化的，用人单位应当重新对劳动者进行上岗前的职业卫生培训。

(5) 产生职业病危害的用人单位，应当在醒目位置设置公告栏，公布有关职业病防治的规章制度、操作规程、职业病危害事故应急救援措施和工作场所职业病危害因素检测结果。

存在或者产生职业病危害的工作场所、作业岗位、设备、设施，应当按照《工作场所职业病危害警示标识》(GBZ 158)的规定，在醒目位置设置图形、警示线、警示语句等警示标识和中文警示说明。警示说明应当载明产生职业病危害的种类、后果、预防和应急处置措施等内容。

(6) 用人单位应当为劳动者提供符合国家职业卫生标准的职业病防护用品，并督促、指导劳动者按照使用规则正确佩戴、使用，不得发放钱物替代发放职业病防护用品。

用人单位应当对职业病防护用品进行经常性的维护、保养，确保防护用品有效，不得使用不符合国家职业卫生标准或者已经失效的职业病防护用品。

(7) 用人单位应当对职业病防护设备、应急救援设施进行经常性的维护、检修和保养，定期检测其性能和效果，确保其处于正常状态，不得擅自拆除或者停止使用。

(8) 任何用人单位不得使用国家明令禁止使用的可能产生职业病危害的设备或者材料。

(9) 用人单位与劳动者订立劳动合同时，应当将工作过程中可能产生的职业病危害及其后果、职业病防护措施和待遇等如实告知劳动者，并在劳动合同中写明，不得隐瞒或者欺骗。

劳动者在履行劳动合同期间因工作岗位或者工作内容变更，从事与所订立劳动合同中未告知的存在职业病危害的作业时，用人单位应当依照前款规定，向劳动者履行如实告知的义务，并协商变更原劳动合同相关条款。

用人单位违反本条规定的，劳动者有权拒绝从事存在职业病危害的作业，用人单位不得因此解除与劳动者所订立的劳动合同。

(10) 用人单位应当按照《用人单位职业健康监护监督管理办法》的规定，为劳动者建立职业健康监护档案，并按照规定的期限妥善保存。

职业健康监护档案应当包括劳动者的职业史、职业病危害接触史、职业健康检查结果、处理结果和职业病诊疗等有关个人健康资料。

劳动者离开用人单位时，有权索取本人职业健康监护档案复印件，用人单位应当如实、无偿提供，并在所提供的复印件上签章。

(11) 用人单位不得安排未成年人从事接触职业病危害的作业，不得安排有职业禁忌的劳动者从事其所禁忌的作业，不得安排孕期、哺乳期女职工从事对本人和胎儿、婴儿有危害的作业。

(七)《生产经营单位安全培训规定》

《国家安全监管总局关于修改〈生产经营单位安全培训规定〉等11件规章的决定》于2013年8月19日国家安全生产监督管理总局局长办公会议审议通过，自公布之日起施行。根据2015年5月29日国家安全生产监督管理总局令第80号第二次修正，自2015年7月1日起施行。《生产经营单位安全培训规定》修改后的主要内容包括：

(1) 生产经营单位应当进行安全培训的从业人员包括主要负责人、安全生产管理人员、特种作业人员和其他从业人员。生产经营单位从业人员应当接受安全培训，熟悉有关安全生产规章制度和安全操作规程，具备必要的安全生产知识，掌握本岗位的安全操作技能，增强预防事故、控制职业危害和应急处理的能力。未经安全生产培训合格的从业人员，不得上岗作业。

(2) 生产经营单位应当建立安全培训管理制度，保障从业人员安全培训所需经费，对从业人员进行与其所从事岗位相应的安全教育培训；从业人员调整工作岗位或者采用新工艺、新技术、新设备、新材料的，应当对其进行专门的安全教育和培训。未经安全教育和培训合格的从业人员，不得上岗作业。

生产经营单位使用被派遣劳动者的，应当将被派遣劳动者纳入本单位从业人员统一管理，对被派遣劳动者进行岗位安全操作规程和安全操作技能的教育和培训。劳务派遣单位应当对被派遣劳动者进行必要的安全生产教育和培训。

生产经营单位接收中等职业学校、高等学校学生实习的，应当对实习学生进行相应的安全生产教育和培训，提供必要的劳动防护用品。学校应当协助生产经营单位对实习学生进行安全生产教育和培训。

(3) 生产经营单位主要负责人和安全生产管理人员应当接受安全培训，具备与所从事的生产经营活动相适应的安全生产知识和管理能力。

煤矿、非煤矿山、危险化学品、烟花爆竹等生产经营单位主要负责人和安全生产管理人员，必须接受专门的安全培训，经安全生产监管监察部门对其安全生产知识和管理能力考核合格，取得安全资格证书后，方可任职。

(八)《危险化学品企业安全风险隐患排查治理导则》

(1) 企业应建立健全安全风险隐患排查治理工作机制，建立安全风险隐患排查治理制度并严格执行，全体员工应按照安全生产责任制要求参与安全风险隐患排查治理工作。

(2) 安全风险隐患排查形式包括日常排查、综合性排查、专业性排查、季节性排查、重点时段及节假日前排查、事故类比排查、复产复工前排查和外聘专家诊断式排查等。

(3) 开展安全风险隐患排查的频次应满足：

① 装置操作人员现场巡检间隔不得大于2h，涉及“两重点一重大”的生产、储存装置和部位的操作人员现场巡检间隔不得大于1h；

② 基层车间(装置)直接管理人员(工艺、设备技术人员)、电气、仪表人员每天至少两次对装置现场进行相关专业检查；

③ 基层车间应结合班组安全活动，至少每周组织一次安全风险隐患排查；基层单位

(厂)应结合岗位责任制检查，至少每月组织一次安全风险隐患排查；

④ 企业应根据季节性特征及本单位的生产实际，每季度开展一次有针对性的季节性安全风险隐患排查；重大活动、重点时段及节假日前必须进行安全风险隐患排查；

⑤ 企业至少每半年组织一次，基层单位至少每季度组织一次综合性排查和专业排查，两者可结合进行；

⑥ 当同类企业发生安全事故时，应举一反三，及时进行事故类比安全风险隐患专项排查。

(4) 企业依法依规制定完善全员安全生产责任制情况；根据企业岗位的性质、特点和具体工作内容，明确各层级所有岗位从业人员的安全生产责任，体现安全生产“人人有责”的情况。

(5) 全方位、全过程辨识生产工艺、设备设施、作业活动、作业环境、人员行为、管理体系等方面存在的安全风险情况，主要包括：

① 对涉及“两重点一重大”生产、储存装置定期运用 HAZOP 方法开展安全风险辨识；

② 对设备设施、作业活动、作业环境进行安全风险辨识；

③ 管理机构、人员构成、生产装置等发生重大变化或发生安全事故时，及时进行安全风险辨识；

④ 对控制安全风险的工程、技术、管理措施及其失效可能引起的后果进行风险辨识；

⑤ 对厂区内人员密集场所进行安全风险排查；

⑥ 对存在安全风险外溢的可能性进行分析及预警。

(6) 变更管理制度的执行情况，主要包括：

① 变更申请、审批、实施、验收各环节的执行，变更前安全风险分析；

② 变更带来的对生产要求的变化、安全生产信息的更新及对相关人员的培训；

③ 变更管理档案的建立。

第二节 职工安全生产权利和义务

一、职工安全生产的权利

(1) 生产经营单位的职工有权了解其作业场所和工作岗位存在的危险因素、防范措施及事故应急措施，有权对本单位的安全生产工作提出建议。

(2) 职工有权对本单位安全生产工作中存在的问题提出批评、检举、控告；有权拒绝违章指挥和强令冒险作业。

生产经营单位不得因职工对本单位安全生产工作提出批评、检举、控告或者拒绝违章指挥、强令冒险作业而降低其工资、福利等待遇或者解除与其订立的劳动合同。

(3) 职工发现直接危及人身安全的紧急情况时，有权停止作业或者在采取可能的应急措施后撤离作业场所。

生产经营单位不得因职工在前款紧急情况下停止作业或者采取紧急撤离措施而降低其工资、福利等待遇或者解除与其订立的劳动合同。

(4) 生产经营单位发生生产安全事故后，应当及时采取措施救治有关人员。因生产安全事故受到损害的职工，除依法享有工伤保险外，依照有关民事法律尚有获得赔偿的权利的，有权向本单位提出赔偿要求。

二、企业职工安全生产的义务

(1) 从业人员在作业过程中，应当严格落实岗位安全责任，遵守本单位的安全生产规章制度和操作规程，服从管理，正确佩戴和使用劳动防护用品。

(2) 职工应当接受安全生产教育和培训，掌握本职工作所需的安全生产知识，提高安全生产技能，增强事故预防和应急处理能力。

(3) 职工发现事故隐患或者其他不安全因素，应当立即向现场安全生产管理人员或者本单位负责人报告；接到报告的人员应当及时予以处理。生产经营单位发生生产安全事故后，应当及时采取措施救治有关人员。

(4) 工会有权对建设项目的安全设施与主体工程同时设计、同时施工、同时投入生产和使用进行监督，提出意见。

第三节　安全生产违法行为的法律责任

一、安全生产违法行为的法律责任

法律责任是指法律所规定的、违法行为人因违法所应承担的制裁性法律后果，也就是对违法者的制裁。我们实行依法治国的方针，就是要做到有法必依、执法必严、违法必究。违法必究是必须追究违法者的法律责任。法律责任包括民事责任、刑事责任和行政责任三种。

(一) 民事责任

民事责任是指民事主体在民事活动中，因实施了民事违法行为，根据民法所承担的对其不利的民事法律后果或者基于法律特别规定而应承担的民事法律责任。依据《民法》，如果当事人的违法行为侵害了劳动者或其他人的合法权益，造成了损害，应当依法承担民事责任。

(二) 刑事责任

刑事责任是指具有刑事责任能力的人实施了刑事法律规范所禁止的行为所必须承担的刑事法律后果。《刑法》《安全生产法》《职业病防治法》等都规定了追究刑事责任的违法行为及行为人。

《刑法修正案(十一)》关于强令工人违章冒险作业，情节特别恶劣的，处五年以上有期徒刑。

刑法规定：

(1) 在生产、作业中违反有关安全管理的规定，因而发生重大伤亡事故或者造成其他严重后果的，处三年以下有期徒刑或者拘役；情节特别恶劣的，处三年以上七年以下有期徒刑。

(2) 强令他人违章冒险作业，或者明知存在重大事故隐患而不排除，仍冒险组织作业，因而发生重大伤亡事故或者造成其他严重后果的，处五年以下有期徒刑或者拘役；情节特别恶劣的，处五年以上有期徒刑。

（3）在生产、作业中违反有关安全管理的规定，有下列情形之一，具有发生重大伤亡事故或者其他严重后果的现实危险的，处一年以下有期徒刑、拘役或者管制：

① 关闭、破坏直接关系生产安全的监控、报警、防护、救生设备、设施，或者篡改、隐瞒、销毁其相关数据、信息的；

② 因存在重大事故隐患被依法责令停产停业、停止施工、停止使用有关设备、设施、场所或者立即采取排除危险的整改措施，而拒不执行的；

③ 涉及安全生产的事项未经依法批准或者许可，擅自从事矿山开采、金属冶炼、建筑施工，以及危险物品生产、经营、储存等高度危险的生产作业活动的。

（4）安全生产设施或者安全生产条件不符合国家规定，因而发生重大伤亡事故或者造成其他严重后果的，对直接负责的主管人员和其他直接责任人员，处三年以下有期徒刑或者拘役；情节特别恶劣的，处三年以上七年以下有期徒刑。

（5）违反消防管理法规，经消防监督机构通知采取改正措施而拒绝执行，造成严重后果的，对直接责任人员，处三年以下有期徒刑或者拘役；后果特别严重的，处三年以上七年以下有期徒刑。

（6）在安全事故发生后，负有报告职责的人员不报或者谎报事故情况，贻误事故抢救，情节严重的，处三年以下有期徒刑或者拘役；情节特别严重的，处三年以上七年以下有期徒刑。

刑事责任是最严厉的法律责任，它主要包括管制、拘役、有期徒刑、无期徒刑、死刑五种主刑和罚金、剥夺政治权利、没收财产三种附加刑。

《安全生产法》规定：生产经营单位的从业人员不服从管理，违反安全生产规章制度或者操作规程的，由生产经营单位给予批评教育，依照有关规章制度给予处分；构成犯罪的，依照刑法有关规定追究刑事责任。

（三）行政责任

行政责任又称行政制裁，是指由国家行政机关认定的、违反行政法律法规，不履行行政上的义务所应承担的法律后果。根据违法的程度和实施行政制裁的主体与制裁对象的不同，行政责任又分行政处分和行政处罚两大类。行政处分的种类有：警告、记过、记大过、降级、降职、撤职、留用察看和开除等。行政处罚的具体形式有：警告、通报、罚款、没收非法财产、责令改正、责令停产整顿、责令停产、吊销执照或许可证等。危险化学品相关的法律法规对相应行为处罚作出了规定。《危险化学品安全管理条例》规定：发生危险化学品事故，有关地方人民政府及其有关部门不立即组织实施救援，或者不采取必要的应急处置措施减少事故损失，防止事故蔓延、扩大的，对直接负责的主管人员和其他直接责任人员依法给予处分；构成犯罪的，依法追究刑事责任。

二、安全生产事故责任的认定

安全生产事故责任的认定，根据事故调查所确认的事实和《安全生产法》相关规定，分清事故责任。

（1）直接责任者：指其行为与事故的发生有直接关系的人员。

（2）主要责任者：指对事故的发生起主要作用的人员。

有下列情况之一时，应由肇事者或有关人员负直接责任或主要责任：

① 违章指挥或违章作业、冒险作业造成事故的；

② 违反安全生产责任制和操作规程，造成伤亡事故的；

③ 违反劳动纪律、擅自开动机械设备或擅自更改、拆除、毁坏、挪用安全装置和设备，造成事故的。

(3) 领导责任者：指对事故的发生负有领导责任的人员。

有下列情况之一时，有关领导应负领导责任：

① 由于安全生产责任制、安全生产规章和操作规程不健全，职工无章可循，造成伤亡事故的；

② 未按规定对职工进行安全教育和技术培训，或职工未经考试合格上岗操作造成伤亡事故的；

③ 机械设备超过检修期限或超负荷运行，或因设备有缺陷又不采取措施，造成伤亡事故的；

④ 作业环境不安全，又未采取措施，造成伤亡事故的；

⑤ 新建、改建、扩建工程项目的尘毒治理和安全设施不与主体工程同时设计、同时施工、同时投入生产和使用，造成伤亡事故的。

复习思考题

1. 简述我国危险化学品安全生产的主要法律法规。
2. 简述职工在安全生产中的权利和义务。
3. 简述危险化学品安全生产违法行为的法律责任。

第三章 班组安全管理

本章学习要点

1. 了解班组安全管理的原则；
2. 掌握班组安全管理制度；
3. 熟悉班组安全管理的基本内容；
4. 掌握班组日常安全管理方法。

第一节 班组安全管理原则

班组是企业生产活动的第一场所，安全管理工作只有紧紧围绕生产班组来进行，才能有效地控制和减少事故的发生。班组安全管理是为了保障每位员工在劳动过程中的健康与安全，保护班组所用的设备、装置、工器具等不受意外损失而采取的综合性措施，主要包括建立健全以岗位责任制为核心的班组安全生产规章制度、安全生产技术规范等。班组是企业生产活动的第一场所，安全管理工作只有紧紧围绕生产班组来进行，才能有效地控制和减少事故的发生。对班组的安全管理，要根据班组具有范围小、人员少、生产比较单一、班组成员对生产现场十分了解、有共同语言的特点，实行有效的管理。班组安全管理中应坚持以下三个原则。

一、目的性原则

班组安全管理是为了防止和减少伤亡事故与职业危害，保障职工的生命安全和身体健康，保证生产的正常进行。班组安全管理工作应根据工作现场状况和作业人员情况的变化，将安全管理的过程和措施与班组实际相结合，以便实行动态管理。

二、民主性原则

通过在班组内实行民主管理，充分调动每位职工的积极性，使每个人都能够肩负起自己应承担的安全生产责任，并能发挥聪明才智，主动参与到班组的安全生产管理中，为班组的安全建设献计献策。

民主性原则还体现为以人为本，注重人力资源的开发和利用。第一，按照班组的组织结构和岗位设置，为各岗位配备符合要求的人员，实现人才的合理配置，获得最佳效能；第二，要变控制式、命令式的管理方式为理解式和参与式管理，为班组成员营造一个可以发挥创造力的环境；第三，要发掘每一个班组成员的潜力，使其能更好地完成工作，在班组不断发展的同时，也使职工个人也得到发展。

三、规范性原则

班组安全管理的规范化，主要是建立规范化的安全管理运行机制，制订和完善各种安全生产管理制度、安全技术规范、安全操作规程和各项动作标准。在此基础上，实现安全生产标准化、现场标准化和管理标准化。

第二节　班组安全管理制度

一、安全生产责任制度

安全生产责任制是根据我国的安全生产方针(“安全第一，预防为主，综合治理”)和安全生产法律法规建立的各级领导、职能部门、工程技术人员、岗位操作人员等在劳动生产过程中对安全生产层层负责的制度。安全生产责任制是企业岗位责任制的一个重要组成部分，是企业中最基本的一项安全制度，也是企业安全生产、劳动保护管理制度的核心。表 3-1 为各部门职责情况。

表 3-1　部门职责

序号	部　门	职　责
1	各级行政领导	各级生产单位的主要负责人全面负责本单位的安全生产工作，副职协助主要负责人做好本单位安全生产工作
2	安全生产管理部门及安全生产管理人员	协助本(级)单位安全生产负责人组织、推进和落实各项安全生产工作
3	职能部门	都要在做好自己的本职工作的同时，也要对安全生产工作负责
4	班组长	班组是生产单位的最基层组织，是落实各项安全工作的关键。从某种意义上说，班组长又是关键中的关键。班组长要站在对班组和职工负责的高度，认真地履行自己的安全职责，保证本班组的安全生产
5	岗位工人	遵守各项安全生产规章制度，严格遵守安全操作规程；认真接受安全生产教育培训，提高自身的安全素质；发现事故隐患和职业危害因素，及时报告。保护自己的同时，又保护别人

二、安全教育管理制度

安全教育必须贯彻“全员、全面、全过程、全天候”的原则，要有针对性、科学性，做到制度化、经常化、多样化。

1. 危险化学品生产单位主要负责人和安全管理人员的培训

考核按照《安全生产法》的规定要求，涉及危险化学品单位的主要负责人和安全生产管理人员(简称主要负责人和安全管理人员)，必须进行安全资格培训，经安全生产监督管理部门或法律法规规定的有关主管部门考核合格，并取得安全资格证书后方可任职。为此有关主管部门分别拟定了危险化学品生产单位主要负责人和安全生产管理人员的《安全培训大纲》和《考核标准》。明确主要负责人和安全管理人员的培训考核采用国家推荐的培训教材，集中培训考核的办法。

安全培训包括相关法律法规、安全管理、安全技术理论和实际安全管理技能培训。主要内容为：

(1) 危险化学品安全管理法律法规；

(2) 危险化学品安全管理基础知识；

(3) 安全技术理论；

(4) 重大危险源与危险化学品事故应急救援；

(5) 职业危害及其预防等。

每年再培训主要内容为：

(1) 有关危险化学品安全生产新的法律法规、规章、规程、标准等；

(2) 有关危险化学品生产的新技术、新材料、新工艺、新设备及其安全技术与管理要求；

(3) 国内外危险化学品生产单位安全生产管理经验；

(4) 典型危险化学品事故案例及其分析等。

这两类人员的安全培训时间不得少于48学时，每年再培训时间不得少于16学时。

2. 生产单位各职能部门和各级生产单位负责人及管理人员、生产班组长的教育培训考核

生产单位各职能部门和各级生产单位负责人及管理人员、生产班组长，由生产单位组织实施安全教育培训，经考核合格后，方可上岗任职。主要内容包括：

(1) 安全生产法律法规；

(2) 劳动安全、职业卫生知识与技能；

(3) 本单位的危险、有害因素及其防范措施；

(4) 各个岗位的安全生产职责；

(5) 事故抢救与应急救援措施；

(6) 典型事故案例等。

培训要求及培训时间等由本单位制定。

3. 职工的安全教育培训

(1) 新职工的安全教育培训。所有新职工(包括所有用工形式职工及实习人员)上岗前必须进行三级(厂级、车间级、班组级)安全教育培训，经考核合格后，方可上岗。

① 厂级安全教育。由生产单位安全部门会同人事部门组织实施，主要内容为：有关安全生产法律法规；通用安全技术和职业卫生基本知识；本单位概况及安全生产情况介绍；本行业及本单位安全生产规章制度和劳动纪律、工作纪律、工艺纪律、操作纪律等；典型事故案例及其教训等。职工经考核合格后，才能分配到车间。

② 车间级安全教育培训。由车间负责人组织实施，其主要内容为：本车间概况和安全生产、职业卫生状况；本车间主要危险有害因素及其防范措施；本车间安全生产规章制度及安全操作规程；典型事故案例及事故应急处理措施等。职工经考核合格后，才能分配到班组。

③ 班组级安全教育。由班组长组织实施，其主要内容为：本岗位安全操作规程；本岗位生产设备、安全设施、劳动防护用品的使用方法及安全注意事项；典型事故案例及事故应急处理措施等。职工经考核合格后，方可上岗。

一般新职工入厂安全教育培训时间不得少于24学时；危险化学品生产单位的新职工入

厂安全教育培训时间不得少于48学时。

(2) 职工调整工作岗位或者离岗1年以上重新上岗时，应进行车间级、班组级安全生产教育培训。

单位实施新工艺、新技术或者使用新设备、新材料时，应对相关职工进行有针对性的安全生产教育培训。

(3) 特种作业人员的安全技术培训考核。由于特种作业人员操作危险性较大，容易发生事故，因此，对他们的安全教育培训有较为严格的要求：特种作业人员必须接受与本工种相适应的、专门的安全技术培训，经安全理论考核和实际操作技能考核合格，取得特种作业操作证后方可上岗作业。未经培训或者培训不合格者，不得上岗作业。

对职工的安全教育培训不能一劳永逸，生产单位在安全教育管理制度中应对经常性的安全教育培训做出规定要求。

此外，安全教育管理制度中还应对外来人员入厂安全教育培训做出规定。

三、安全检查管理制度

安全检查管理制度是生产单位安全管理的重要手段之一。要坚持领导与群众相结合、普遍检查与专业检查相结合、检查与整改相结合的原则，做到制度化、经常化。

安全检查的主要内容是查领导、查思想、查制度、查纪律(包括劳动纪律、工作纪律、施工纪律等)、查管理、查隐患、查整改等。单位安全检查的形式见表3-2。

表3-2 安全检查的形式

序号	项 目	内 容
1	综合性安全检查	基本内容是对岗位安全生产责任制的大检查。这种检查属于定期检查，检查频次由单位自行确定，例如，公司级1次/月；车间级1次/半月等。 这种检查由单位负责人组织，由领导、管理人员和岗位工人(一般由工会代表)相结合
2	专业性安全检查	主要是根据需要，定期或者不定期地对本单位的关键生产装置、关键部位、关键设备、设施，以及特种设备、特种作业、安全设施、危险物品、消防器材、防尘防毒设施等，分别进行有针对性的检查
3	季节性安全检查	根据季节特点对安全生产工作的影响，由安全管理部门组织专业技术人员和相关人员进行。如雨季防雷、防洪；夏季防暑降温；冬季防火、防寒为主要内容的安全检查等
4	日常安全检查	是指由各级领导、职能部门管理人员及技术人员经常性的现场安全检查，重点是各项安全制度，如岗位安全责任制巡回检查制和交接班制的执行情况
5	不定期安全检查	是指在一些容易发生事故的生产阶段进行的安全检查。如停产检修前、检修中、检修完成开车前，以及新建、改建、扩建装置试车前，必须组织有效的安全检查

四、事故管理制度

为了及时报告、调查处理和统计事故，进一步采取预防措施防止同类事故再次发生，生产单位必须根据国家有关法律法规并结合本单位实际情况，制定“事故管理制度”。其主要内容包括：

1. 事故分类和性质(严重程度)分级

根据生产安全事故造成的人员伤亡或者直接经济损失，事故一般分为以下等级：

（1）特别重大事故，是指造成30人以上死亡，或者100人以上重伤（包括急性工业中毒，下同），或者1亿元以上直接经济损失的事故；

（2）重大事故，是指造成10人以上30人以下死亡，或者50人以上100人以下重伤，或者5000万元以上1亿元以下直接经济损失的事故；

（3）较大事故，是指造成3人以上10人以下死亡，或者10人以上50人以下重伤，或者1000万元以上5000万元以下直接经济损失的事故；

（4）一般事故，是指造成3人以下死亡，或者10人以下重伤，或者1000万元以下直接经济损失的事故。

2. 事故报告

事故发生后，事故现场有关人员应当立即向本单位负责人报告；单位负责人接到报告后，应当于1小时内向事故发生地县级以上人民政府安全生产监督管理部门和负有安全生产监督管理职责的有关部门报告。

情况紧急时，事故现场有关人员可以直接向事故发生地县级以上人民政府安全生产监督管理部门和负有安全生产监督管理职责的有关部门报告。

事故报告包括下列内容：

（1）事故发生单位概况；

（2）事故发生的时间、地点以及事故现场情况；

（3）事故的简要经过；

（4）事故已经造成或者可能造成的伤亡人数（包括下落不明的人数）和初步估计的直接经济损失；

（5）已经采取的措施；

（6）其他应当报告的情况。

3. 事故调查

略。

4. 事故处理

略。

5. 事故统计分析

发生生产安全事故后，生产单位必须吸取经验教训，采取“四不放过”原则：

（1）事故原因没有查清不放过。单位学习事故通报时，没有针对相关人员的行为及设备、环境的安全状况进行分析，对照本单位安全管理、技术管理、制度落实方面是否存在问题，分析不清不放过。

（2）事故责任者没有严肃处理不放过。不进行一次假如发生这样的事故，对照事故调查处理的法律法规和公司安全生产奖惩制度，哪些岗位、哪些人员应该受到什么样的处理的大讨论不放过。

（3）职工没有受到教育不放过。没有本着举一反三的原则，该吸取教训受到教育的人没有吸取教训、受到教育不放过。

（4）防范措施没有落实不放过。针对本单位实际情况，结合事故单位的防范措施，没有制定本单位的防范措施，并将措施责任到人、落实到位不放过。

五、安全动火管理制度

这是除上述四项一般生产经营单位的最基本管理制度以外，对于危险化学品生产单位最重要的安全管理制度。这类单位由于危险化学物品集中，其中绝大多数为易燃易爆物品，很容易引起火灾爆炸事故——这是危险品生产单位最主要的事故类别。因此，制定“安全动火管理制度”，严格控制点火源非常重要。下面简要介绍安全动火管理制度的主要内容。

1. 危险品生产单位动火管理范围

(1) 气焊、电焊、铅焊、锡焊、塑料焊；

(2) 喷灯、火炉、液化气炉、电炉；

(3) 烧烤煨管、熬沥青或锤击(产生火花)物件；

(4) 明火取暖或明火照明；

(5) 生产装置和罐区临时用电，包括使用电钻、砂轮、风镐等；

(6) 机动车辆(包括电瓶车)进入生产装置区和罐区；

(7) 在生产装置区和罐区内使用雷管、炸药等进行爆破；

(8) 对未经安全处理或未开孔洞的密封容器动火。

2. 动火分级管理

固定动火区外的动火作业一般分为二级动火、一级动火和特级动火三个级别，遇节假日、公休日、夜间或其他特殊情况，动火作业应升级管理。

(1) 特级动火作业：在火灾爆炸危险场所处于运行状态下的生产装置设备、管道、储罐、容器等部位上进行的动火作业(包括带压不置换动火作业)。存有易燃易爆介质的重大危险源罐区防火堤内的动火作业。

(2) 一级动火作业：在火灾爆炸危险场所进行的除特级动火作业以外的动火作业，管廊上的动火作业按一级动火作业管理。

(3) 二级动火作业：除特级动火作业和一级动火作业以外的动火作业。

生产装置或系统全部停车，装置经清洗、置换、分析合格并采取安全隔离措施后，根据其火灾、爆炸危险性大小，经危险化学品企业生产负责人或安全管理人批准，动火作业可按二级动火作业管理。

3. 动火审批权限

无论哪级动火都要经过申报、审批。动火负责人经过对动火现场的检查，制定防火措施，填写动火票证，才能申报；审批负责人也要经过对动火现场认真检查，制定可靠的防火措施，才能审批。

(1) 特级动火作业的《作业证》由主管厂长或总工程师审批。

(2) 一级动火作业的《作业证》由安全管理部门审批。

(3) 二级动火作业的《作业证》由动火点所在车间主管负责人审批。

(4) 固定动火区。由动火单位提出申请，经厂安全管理部门会同消防部门审查批准。

特级动火作业和一级动火作业的《作业证》有效期不超过8h。二级动火作业的《作业证》有效期不超过72h，每日动火前应进行动火分析。动火作业超过有效期限，应重新办理《作业证》。

4. 动火作业分析及合格标准

（1）动火作业前应进行气体分析，要求如下：

① 气体分析的检测点要有代表性，在较大的设备内动火，应对上、中、下(左、中、右)各部位进行检测分析；

② 在管道、储罐、塔器等设备外壁上动火，应在动火点 10m 范围内进行气体分析，同时还应检测设备内气体含量；在设备及管道外环境动火，应在动火点 10m 范围内进行气体分析；

③ 气体分析取样时间与动火作业开始时间间隔不应超过 30min；

④ 特级、一级动火作业中断时间超过 30min、二级动火作业中断时间超过 60min，应重新进行气体分析；每日动火前均应进行气体分析；特级动火作业期间应连续进行监测。

（2）动火分析合格判定指标为：

① 当被测气体或蒸气的爆炸下限大于或等于 4%时，其被测浓度应不大于 0.5%(体积分数)；

② 当被测气体或蒸气的爆炸下限小于 4%时，其被测浓度应不大于 0.2%(体积分数)。

5. 安全动火的基本要求

（1）动火作业应有专人监火，作业前应清除动火现场及周围的易燃物品，或采取其他有效安全防火措施，并配备消防器材，满足作业现场应急需求。

（2）凡在盛有或盛装过助燃或易燃易爆危险化学品的设备、管道等生产、储存设施及本文件规定的火灾爆炸危险场所中生产设备上的动火作业，应将上述设备设施与生产系统彻底断开或隔离，不应以水封或仅关闭阀门代替盲板作为隔断措施。

（3）拆除管线进行动火作业时，应先查明其内部介质危险特性、工艺条件及其走向，并根据所要拆除管线的情况制定安全防护措施。

（4）动火点周围或其下方如有可燃物、电缆桥架、孔洞、窨井、地沟、水封设施、污水井等，应检查分析并采取清理或封盖等措施；对于动火点周围 15m 范围内有可能泄漏易燃、可燃物料的设备设施，应采取隔离措施；对于受热分解可产生易燃、易爆、有毒、有害物质的场所，应进行风险分析并采取清理或封盖等防护措施。

（5）在有可燃物构件和使用可燃物作防腐内衬的设备内部进行动火作业时，应采取防火隔绝措施。

（6）在作业过程中可能释放出易燃、易爆、有毒、有害物质的设备上或设备内部动火时，动火前应进行风险分析，并采取有效的防范措施，必要时应连续检测气体浓度，发现气体浓度超限报警时，应立即停止作业；在较长的物料管线上动火，动火前应在彻底隔绝区域内分段采样分析。

（7）在油气罐区防火堤内进行动火作业时，不应同时进行切水、取样作业。

（8）动火期间，距动火点 30m 内不应排放可燃气体；距动火点 15m 内不应排放可燃液体；在动火点 10m 范围内、动火点上方及下方不应同时进行可燃溶剂清洗或喷漆作业；在动火点 10m 范围内不应进行可燃性粉尘清扫作业。

（9）在厂内铁路沿线 25m 以内动火作业时，如遇装有危险化学品的火车通过或停留时，应立即停止作业。

（10）特级动火作业应采集全过程作业影像，且作业现场使用的摄录设备应为防爆型。

（11）使用电焊机作业时，电焊机与动火点的间距不应超过10m，不能满足要求时应将电焊机作为动火点进行管理。

（12）使用气焊、气割动火作业时，乙炔瓶应直立放置，不应卧放使用；氧气瓶与乙炔瓶的间距不应小于5m，二者与动火点间距不应小于10m，并应采取防晒和防倾倒措施；乙炔瓶应安装防回火装置。

（13）作业完毕后应清理现场，确认无残留火种后方可离开。

（14）遇五级风以上(含五级风)天气，禁止露天动火作业；因生产确需动火，动火作业应升级管理。

（15）涉及可燃性粉尘环境的动火作业应满足《粉尘防爆安全规程》(GB 15577—2018)要求。

6. 特级动火作业要求

特级动火作业除了应符合上述第5条的规定外，特级动火作业还应符合以下规定：

（1）应预先制定作业方案，落实安全防火防爆及应急措施；

（2）在设备或管道上进行特级动火作业时，设备或管道内应保持微正压；

（3）存在受热分解爆炸、自爆物料的管道和设备设施上不应进行动火作业；

（4）生产装置运行不稳定时，不应进行带压不置换动火作业。

7. 固定动火区管理

固定动火区的设定应由危险化学品企业审批后确定，设置明显标志；应每年至少对固定动火区进行一次风险辨识，周围环境发生变化时，危险化学品企业应及时辨识、重新划定。

固定动火区的设置应满足以下安全条件要求：

（1）不应设置在火灾爆炸危险场所；

（2）应设置在火灾爆炸危险场所全年最小频率风向的下风或侧风方向，并与相邻企业火灾爆炸危险场所满足防火间距要求；

（3）距火灾爆炸危险场所的厂房、库房、罐区、设备、装置、窨井、排水沟、水封设施等不应小于30m；

（4）室内固定动火区应以实体防火墙与其他部分隔开，门窗外开，室外道路畅通；

（5）位于生产装置区的固定动火区应设置带有声光报警功能的固定式可燃气体检测报警器；

（6）固定动火区内不应存放可燃物及其他杂物，应制定并落实完善的防火安全措施，明确防火责任人。

第三节　班组安全管理

班组安全生产管理要依据安全生产方针直接为搞好安全生产创造条件，要根据班组的实际情况，提出相应的安全生产管理措施，要定期总结班组安全生产管理的经验教训。具体包括下面的内容。

一、安全生产管理

班组安全生产管理是指通过改善劳动条件，在防止伤亡事故和职业病等方面采取一系列措施，以保护劳动者在生产过程中的安全与健康的组织管理工作的总称。其主要内容有：

(1) 建立、健全相应的安全生产管理机构和安全生产责任制；
(2) 制定和执行安全操作规程；
(3) 编制并组织实施安全技术措施计划；
(4) 进行安全教育；
(5) 组织安全生产检查；
(6) 做好伤亡事故的处理报告工作；
(7) 做好发放防护用品和保健食品的管理工作；
(8) 做好防尘、防毒、防暑降温、防寒保暖等劳动保护工作；
(9) 保护劳动者的适当休息，限制加班加点，实行劳逸结合；
(10) 对女工实行特殊劳动保护。

二、安全技术

班组的安全技术工作是为了防止和消除生产工作中的各种不安全因素可能引起的伤亡事故，保障员工的人身安全所采取的技术措施，它是安全生产工作的基本组成部分。其主要内容有：

(1) 贯彻执行国家颁布的各项安全技术规程；
(2) 在各种设备和设施上安装安全装置；
(3) 对设备和设施进行安全检查、维护和检修；
(4) 对员工进行安全技术教育；
(5) 新建、扩建、改建企业必须贯彻"三同时"的原则等。

三、职业健康

职业健康是指对生产过程中产生的有害员工身体健康的各种因素所采取的一系列治理措施和卫生保健工作。其主要内容有：

(1) 对生产中的高温、粉尘、噪声、振动、有害气体和物质等在技术上采取措施加以治理；
(2) 改善通风、照明、防暑降温、防寒防冻等设施；
(3) 搞好环境卫生和绿化工作；
(4) 定期对员工进行健康检查和职业病防治观察；
(5) 对员工进行卫生防疫、医疗预防、妇幼保健等。

四、班组日常管理

(一) 班组班前会

班前会是指班组长结合工作环境、设备状况、班组人员情况，合理安排开展工作的会议。班前会在班组安全文化建设中有非常重要的地位，班组长要牢固树立"以人为本"的管理思想和理念，从构建和谐社会，树立和落实安全生产科学发展观的高度，充分认识开好班前会的重要性和必要性，并以此作为转变安全生产监督方式，创新安全生产监督手段、提高安全生产监督效果的重要途径，做到安全和生产的和谐统一，达到预防事故的目的，为促进企业又好又快发展作出贡献。

1. 班组班前会的内容和方式

（1）班前会的内容

在班前会上，班组长要根据现场条件、工作环境，组织好生产作业方案的学习，做好危险点分析、安全技术交底和安全措施的落实。班组长要通过班前会介绍生产形势，明确生产任务，提高班组成员的主人翁责任感；落实每个成员的任务、责任、工作范围，并交代工作中的危险因素和安全措施及注意事项，总结工作中的经验和教训，有效地预防事故的发生。

（2）班前会的方式

班组长可以采用以下方式开展班前会。

① 班组长同与会班组成员一同做安全宣誓。

② 班组长总结安全生产工作，并结合生产内容及作业点、成员精神状态等情况，分析存在的危险因素，强调安全注意事项。

③ 让个别成员谈谈操作安全经验或某项操作的特殊体验。

④ 每天召开班前会，并作会议记录，由每位与会成员签字确认，以备发生事故时查阅，可便于查清原因、分析责任。

2. 班组班前会的作用

班前会时间较短，内容集中，针对性强，形式灵活多样，最贴近生产，具有较强的可操作性，对于安全生产具有不容忽视的重要作用。要开好班前会，就必须让班前会发挥以下几个作用：

（1）预见性

要使班前会切合实际，具有预见性，班组长在接受上级布置的生产任务的同时，必须了解有关的安全事项，对即将作业的现场要进行实地考察，具体来讲，即要做到“五查”：

① 查设备的安全防护装置是否良好，防止因设备的安全防护装置缺陷造成人身伤害事故。

② 查设备、设施、工具、附件是否有缺陷，防止发生人身设备安全事故。

③ 查易燃易爆物品和剧毒物品的储存、发放和使用等情况，是否严格执行了制度，通风、照明、防火等是否符合安全要求，防止作业时发生事故。

④ 查生产作业场所有哪些不安全因素，防止不良环境造成安全事故。

⑤ 查新工艺、新设备、新近投产项目的安全作业要求，是否有要特别注意的事项，防止因习惯性操作，造成安全事故。

（2）时效性

班前会是每天工作中都要召开的安全生产布置会，要使班前会突出重点，具有时效性，班组长在布置安全生产工作任务时，就要注意以下五个方面的内容：

① 交代作业任务，明确分工，指定负责人和监护人。

② 交代作业环境的情况，提醒员工作业应注意事项。

③ 交代使用的机械设备和工器具的性能和操作技术。

④ 做好危险点分析，交代可能发生事故的环节、部位和应采取的防护措施。

⑤ 检查督促班组员工正确地穿戴和使用生产防护用品、用具。

（3）灵活性

班前会所开展的内容是丰富多彩的，为避免班前会开成空会或图形式、走过场的假会，就必须以人为本，发挥其灵活性，班组长在召开班前会时必须做到“三个创新”，即：

① 创新班前会内容，提高班前会作用。班前会的内容其实很多，但也要根据实际情况具体操作。例如，在讲习惯性违章时，就要根据班组的实际情况，用身边事教育身边人，使安全教育更有说服力，并要结合班组每个人的操作习惯，做到有的放矢。

② 创新班前会形式，增强班前会效果。班前会的形式多种多样，常用的有以下几种：点名看情绪；发言看条理；问答看反应。

③ 创新班前会主题，夯实班前会基础。一个成功的班前会，应该是主题鲜明，重点突出，不然就有可能开成杂会，达不到应有效果。

3. 班组班前会的注意事项

班前会是安全工作规定的“必修课”，班组长想要顺利开展班前会就要注意以下几个方面：

(1) 经常开。做到班前会天天开，每天一个主题，时间不要过长，以免参会的班组成员感到乏味，引起他们的厌烦情绪。

(2) 内容全面。班前会要简单明了，把每个成员的操作过程讲明讲细，指明注意事项。不要片面地只讲某人的某一点，而忽视全组。

(3) 形式多样。班前会要有经验介绍和“三违”者谈教训等形式，不要死板和教条。

(4) 语言精练。安全会上要丁是丁，卯是卯，语言精练，具有说服力，使之入耳、入脑、入心。

(5) 方法务实。班前会不是“务虚会”，要针对生产中出现的不安全的人和事，针对其特点，分析其原因，做到灵活有效。

(6) 透彻分析事故原因。对出现的事故，要分析透彻，吸取教训，切实达到杜绝类似事故再次发生的目的。

(7) 严肃处理违章者。对违章人员，要在会上予以通报，并严肃处理，以教育其他班组成员。

(8) 注重表扬。在班前会上，总结一个班或一周、一旬、一月的工作要以表扬为主，即使批评也要有理有据，使受批评者心服口服，以达到教育的目的。

(二) 安全日活动

班组的安全直接影响到企业的安全生产，所以，企业必须认真抓好班组安全日活动，使班组安全教育做到制度化、规范化、经常化真正收到实效，促进班组人员安全素质的提高，进一步夯实安全生产基础。搞好班组安全日活动的对策如下：

1. 提高认识强化领导

各级、各单位的主要领导要重视所属班组的周安全日活动，要亲自抓，要带头深入班组检查指导，并安排督促生产管理人员包班参加安全日活动，与班长及班组安全员共同组织好安全日活动。要认真听取职工对安全工作的意见和建议，并及时向上级反映。包班干部还要积极与职工一起对本单位的不安全现象分析原因、分清责任并对外单位事故教训进行讨论，起到警示和防患于未然的作用。

2. 发挥班长及班组安全员的作用

班长及安全员的职责之一，就是组织好每周定期的安全日活动。班长首先从思想上要高度重视安全日活动，要有正确的认识，对如何组织和安排安全活动要心中有数。要克服应付检查考核，做表面文章的错误倾向，使安全日活动切合实际；每次安全日活动前，班长应针对当前的安全形势和本单位的具体情况以及安全活动的主题，提出本班组学习讨论的提纲；学习讨论后要组织职工填写“安全日活动心得体会报告卡”，使安全日活动真正收到实效。

3. 活动形式要多样化

进行安全日活动的目的，就是要使班组职工受到教育、加深认识，提高安全思想、安全知识和安全技术水平，夯实班组安全基础。除组织职工学习安全文件、安全通报、事故快报外，特别对本班组发生的不安全现象或兄弟单位的事故教训，举一反三进行认真分析讨论，要鼓励职工参加讨论，个个进行表态发言。班组安全员要将职工填写的“安全日活动心得体会报告卡”收集上报车间安全员。安全日活动要以班员为中心，不能死气沉沉，不能搞班长或车间干部一言堂，要鼓励班组成员畅所欲言，集思广益。安全日活动可以采用现场会、座谈会、演讲、参观、培训讲课及电教片等多种形式，真正体现出班组安全活动既严肃认真又丰富多彩的特点，让大家充分享受安全活动的乐趣，提高班组成员对安全工作的认识。

4. 强化管理

各车间要根据厂安监处下发的每周安全日活动主题，明确本单位安全日活动的主要内容。凡是要求班组学习的安全文件、安全通报、事故快报及有关安全规定，必须在安全日活动前发至班组。对涉及该班组贯彻落实的，安全日活动后车间要组织考试，并及时上报安全处。安全处要组织不定期的调考或抽查考问，或职工互问互考等形式，促进班组安全日活动取得预期效果。

5. 加强监督检查

安全处组成若干督查小组，每周深入班组检查安全日活动，要将安全日活动认真与否作为月度安全考核及年度安全先进集体评比条件之一。安全日活动督查小组要做好指导工作，并与班组职工一起对本厂或其他单位发生的事故进行分析讨论，重点是对故障原因进行分析，提出防范措施，加深职工的认识，提高自我保护能力。另外，要注意收集职工的意见和建议，发现并推广好的典型，交流和总结班组安全工作经验，在企业内部形成良好的安全氛围。

复习思考题

1. 班组安全管理的原则是什么？
2. 企业安全检查有哪几种形式？
3. 班组长安全教育培训的主要内容有哪些？
4. 班组班前会的作用是什么？
5. 安全动火的基本原则是什么？

第四章 班组反“三违”与职工安全行为养成的要求

本章学习要点

1. 熟悉事故与心理因素的关系；
2. 掌握班组中防止不安全心理因素采取的措施；
3. 掌握“三违”行为发生的原因及其危害。

第一节 安全心理与习惯性违章

随着化工生产形式的多样性及生产活动门类的复杂性，加之生产技术、生产工艺、生产设备等不断更新，生产环境及生产条件不断改善，对人在生产中的安全素质要求程度越来越高。但是，生产中不安全的因素大量存在，人的不安全行为仍是导致安全生产事故的主要诱因。心理素质与安全有很密切的联系，心理素质高的职工，不仅能安全操作，生产效率高，而且在处理事故、防止事故扩大方面要比低心理素质的职工强得多。

一、事故与心理因素的关系

在生产实践中，我们常常在分析事故时说某责任者“注意力不集中”“脑子发热”“瞎胡闹”等，其实这些正是分析事故原因中的心理因素。任何事故都是由人、机、环境三个方面的原因组成的，其中人的因素中包括了心理因素和生理因素。我们常说的“胆汁质”类型的人易激动、暴躁、任性。这种人极易在受到强刺激时，产生激情，任性而做出冒险蛮干的不安全动作来，此时，他的头脑中已经不存在什么“安全第一”“规章制度”等，造成事故后，就会后悔，甚至失声痛哭。

人的气质与性格又是紧密相连的，胆汁质类型的气质与鲁莽，抑郁质类型的气质与怯懦，多血质类型的气质与嬉戏，黏液质类型的气质与懒惰都是不可分的。

二、安全心理

人的心理活动对其在工作中的影响是显而易见的，包括他的个人感觉、知觉、记忆、情绪、情感、意志、注意、需要、动机、兴趣、性格、气质、能力等心理问题。而我们对这些问题的研究归根结底都是为如何预防事故来进行的，人的行为过失以及不安全行为和不安全状态都可直接导致不安全事件的发生，都是由于人的思想、行为发生倾向造成的，而这种倾向最根本的原因则是人的心理活动所产生的。

三、工作中常见的不安全心理因素

（一）侥幸心理

碰运气，认为操作违章不一定会发生事故；往往认为动机是好的，不会受到责备；自信心很强，相信自己有能力避免事故发生；虽然违章，别人不一定能发现。

侥幸心理就是妄图通过偶然的原因去取得成功或避免灾害。

（二）省能心理

省能心理使人们在长期生活中，养成了一种习惯性地干任何事总是要以较少的能量获得最大的效果，这种心理对于技术改革之类的工作是有积极意义的，但是在生产工作中，这种心理将会导致不良后果。把必要的安全规定、安全措施、安全设备认为是其实现目标的障碍。例如为了图凉快不戴安全帽，为了省时间而擅闯危险区，为了多生产而拆掉安全装置，为了尽快动火不开动火证等。许多事故都是在诸如抄近路、图方便、嫌麻烦、怕啰唆等省能心理状态下发生的。

（三）逆反心理

在某种特定情况下，某些人的言行在好奇心、好胜心、求知欲、思想偏见、对抗情绪等因素的作用下，产生一种与常态行为相反的对抗心理反应，即所谓的逆反心理。不接受正确的、善意的规劝和批评，坚持其错误行为。

（四）凑兴心理

凑兴心理是人在社会群体生活生产中产生的一种人际关系反映，从凑兴中获得满足，通过凑兴行为发泄剩余精力，常会导致一些无节制的不理智行为。诸如上班凑热闹、开飞车、跳车、乱摸设备信号、工作期间嬉笑等行为，都是发生事故的隐患。由凑兴而违章的情况多发生在青年工人身上，他们精力旺盛、生性好动，加之缺乏安全知识和经验，常有些意想不到的违章行为。因此，应当经常以生动的方式加强对青年工人的安全规章制度教育，以控制无节制的凑兴行为。

（五）从众心理

如果别人都在违章，而只有他一个人遵章守纪就显得与大家不一样，别人会认为这个人不合群，给人一种很“怪”的感觉。因此，有些人会有一种从众的心理。这是群体违章的心理原因。

（六）麻痹心理

麻痹大意是造成事故的主要心理因素之一。因为天天喊安全如何如何重要，可是工作了一天又一天、一年又一年却从来没有发生事故，就认为安全不再是什么重要的事，慢慢放松了警惕。迫于上级的要求或各级的安全检查，表面上做些安全工作应付应付，搞搞形式而已。

（七）自私心理

这种心理与人的品德、责任感、修养、法治观念有关。它是以自我为核心，只要我方便而不顾他人，不顾后果。例如，出了事故，当事人为了逃避处罚，尽可能地减少自己在事故中的责任，因而不如实地反映问题。事故发生时在场的其他人员怕受牵连，或怕遭到当事人的埋怨，也不如实地反映问题，给事故调查带来了不应有的困难，因而造成事故原因不能及时查明，使事故有了再次发生的可能性。

（八）冒险心理

争强好胜，喜欢逞能，私下爱与人打赌；有违章行为而没造成事故的经历；为争取时间，不按规程作业；企图挽回某种影响等，盲目行动，蛮干且不听劝阻，把冒险当作英雄行为。

（九）冷漠心理

认为安全是别人的事，与自己没有任何关系，谁出了事故，谁负责，该他倒霉。因此，对安全宣传毫无兴趣，对安全教育毫不重视，对安全活动毫无精神，对他人违章视而不见，对事故隐患熟视无睹，对发生的事故冷眼旁观。

（十）奉上心理

一些职工原则性不强，对上级的话唯命是从，明明知道是错的，总想着是领导让我干的，就算出了事也有上面顶着，查不到我，结果发生了本不该发生的事故。

（十一）唯心心理

极少数职工受消极思想影响，抱着“是福不是祸，是祸躲不过”的错误心理，靠惯性作业，凭经验操作，不注意安全随意工作，往往造成事故。

四、产生不安全心理的原因

（1）激情、冲动、喜冒险。具有这种心理的人大多属于胆汁质类型的气质。这种人好奇心强，只要有人在语言上、情感上挑逗，就易产生冲动，置规章制度于不顾，在自己不懂、不会、不熟练的情况下，冒险开动他人的设备，或做出其他冒险的事。

（2）训练、教育不够、无上进心。这类人在性格上较懒惰，不愿学习，属抑郁质型气质。他们和其他工人一起进厂、培训，但学习上不求进取，动作不熟练，头脑与手脚配合不灵，遇事易慌张，本来可以避免的事故会导致发生、发展、造成严重后果。

（3）智能低、无耐心、缺乏自卫心、无安全感。这种人对外界事物的反应慢，动作迟缓，大多数为黏液质类型。他们在工作中接受新事物慢，墨守成规，极易习惯性违章作业。

（4）涉及家庭原因，心境不好。人是生活在社会中的，因而，一些抑郁质类型的人受到家庭、朋友之间交往方面的影响和打击，不轻易向他人吐露情感，闷在心里，造成心境不佳，而在工作中顾虑这些琐事，造成忽视安全，忽视警告信号的不安全行为，导致事故发生。

（5）恐惧、顽固、报复或身心有缺陷。造成这种心理状态或情感上的畸形，不仅与人的性格有关，也与社会因素有关。有的人长期生活在家庭生活不正常的气氛中，或政治上、社会关系上受到歧视，会产生心理畸变，在工作中以假设敌为对象发泄自己的愤慨，这种人可能会有意无意造成设备损坏或人身伤害。

（6）工作单调，或单调的业余生活。具有多血质类型的人喜爱新奇的事物，追求刺激，这类人不易在长期、无休止的单调作业中生活。但现在的大生产往往分工较细，简单的工作、单调的作业环境会使这类人感到苦闷，他们要求有新的、未知的东西刺激神经，激发新的热情。否则，就会做出与工作程序不相干的不安全行为来。

综上所述，各类不安全行为与人的心理因素总是有着相对应的关系，作为一个生产管理者，则应该不断分析本班组职工的心理状态、性格和个人心理特征，以便在工作中巧妙地进行疏导和利用，在保证安全的前提下，安排好生产。

五、班组中防止不安全心理因素采取的措施

（一）熟悉掌握班组工人的思想和心理状态

俗话说：一把钥匙开一把锁，要想引导工人有正确的心理活动，那就必须对其家庭、本

人文化或受教育情况、个人性格特征、兴趣和爱好、社会接触面等情况有所了解，这种了解可以通过接触、交谈、共同劳动来得到。每一个管理者都应有一本记录或思想记忆稿。现实中有的班组长对本班组的工人的家庭情况了如指掌，能说出家庭成员的姓名、年龄、工作或学习情况，这会有利于及时掌握其心理状况，便于安排工作。所以，了解工人的思想和心理是正确引导思想和心理活动的关键。

有的班组长在安排生产任务时，把不需要细致作业或责任性不强的工作交给性格粗鲁、急躁的人去干，把需精雕细琢的工作交给内向性格的人去做，都产生了较好效果。把一粗一细两种性格的人搭配在一起结合成对子，可以避免粗枝大叶的人发生事故；把年轻人和年龄大的人安排在一起工作，也可以时时提醒年轻人注意安全；有利于工作，有利于安全，提高工人的工作情绪。因此，适当安排各类人员的工作或生产任务，利用各种性格的人员的个性特征，安排其工作，是一门艺术。

（二）善于找出产生不安全行为的心理因素

找出生产不安全行为的心理因素，需要分析工人操作中的不安全行为，多问几个为什么？或联系他们各方面的社会因素，如果没有社会生活中的诸因素影响，则再分析工人的工作环境中，有什么因素干扰了他的生理或心理状况，如环境中的温度是否过高或过低、操作面的照明够不够、色调是否令人厌恶、噪声对其有无影响等，因为造成工人注意力不集中的原因是复杂的，也可能是一种或几种因素促成了不安全行为的发生。

六、习惯性违章

（一）习惯性违章的含义及分类

习惯性违章，是指那些固守旧有的不良作业传统和工作习惯，违反安全工作制度的长期反复发生的作业行为。习惯性违章是一种长期沿袭下来的违章行为，它实质上是一种违反安全生产工作客观规律的盲目的行为方式。

习惯性违章的表现形式有多种，按照违章的性质来划分，可以分为以下几种：

（1）习惯性违章操作。员工不按照安全操作规程操作。在正常的设备操作时，有些员工养成了有章不循、随心所欲的习惯做法，对规定的操作程序、要领和安全注意事项置之不理，认为是大惊小怪，不需要如此烦琐。因此，经常按照一些不良的（但自认为是正确的）或“传统”做法进行操作，致使险情频发，甚至造成事故。

（2）习惯性违章作业。现场施工或作业时，不按照作业安全要求进行。有些人认为，“只要不出问题无论采用什么样的施工方法都行”，说明确实有人自觉不自觉地用自己的习惯工作方法，取代了安全工作规程中的有关规定，对正确的作业方式反而感到不习惯。

（3）习惯性违章指挥。管理者凭借管理权力，违反安全生产要求，违章指挥和管理。有些工作负责人或有关部门的管理者在不太了解施工现场的情况下，追求经济效益思想严重，没有充分地认识安全生产的重要性，违反安全操作规程要求，按照自己的意志或仅凭想象进行指挥。

（二）习惯性违章的特点

（1）顽固性。习惯性违章是受一定的心理支配的，是一种习惯性动作方式，因而它具有顽固性、多发性的特点。如进入施工现场应戴好安全帽，高空作业必须正确系好安全带等措施讲了多少年，但实际总有些人员有章不循，进入施工现场不正确戴好安全帽、高空作业不系安全带，还辩解说，“多少年都这样干下来了，也未见出什么问题”“哪有这么巧，上面掉的东西正好砸在人头上，几十年过来了，我们不都是这样在做吗”等，一旦出了事故就怪自己运气不好。事实证明纠正一种具体的违章行为比较容易，而要改变或消除受心理支配的不良习惯并非易事，需要经过长期的努力，才能纠正不良的工作习惯。

(2) 继承性。有些员工的习惯性违章行为并不是自己发明的，而是从一些老师傅身上“学”“传”下来的，他们看到一些老师傅违章作业既省力，又未出事故，于是就盲目效仿，导致某些违章作业的不良习惯得以延续。

(3) 排他性。有习惯性违章的人员固守不良的传统做法，认为自己的习惯性工作方式“管用”“省力”，而不愿意接受新的操作方式和新的工艺，即使参加过培训，但还是“旧习不改”。

(4) 传染性。据对现有一些员工存在的习惯性违章行为的分析，他们身上的一些“不良习惯、行为方式”，不是他们自己想要那么做，而是受班组内其他不守规章的员工的影响。

习惯性违章与事故之间已构成了因果关系，习惯性违章是造成事故的一大根源，一些事故是习惯性违章的必然结果。由于习惯性违章的存在造成了某些单位一些类似事故的重复发生，事故成因几乎也大同小异。所以说习惯性违章危害极大，既有害于国家和企业，也有害于员工个人和家庭，因此，一定要对习惯性违章疾恶如仇，一经发现，就必须坚决纠正。

(三) 习惯性违章的表现形式

(1) 不懂装懂型。对所从事岗位的安全技术操作规程不认真学习，一知半解，把以往形成的习惯还当成了工作经验，意识不到自己所犯的错误，甚至以讹传讹告诉别人，让其他人员也跟着违章，长此以往即形成了习惯性违章。

(2) 明知故犯型。安全规程讲得很好，但在行动上却对不上号，明知自己的做法违章，为了图省事，怕麻烦，依然我行我素，坚持不良习惯，还美其名曰“灵活运用”，造成了人为的违章。

(3) 胆大冒险型。这种人是曲解了一不怕苦、二不怕死的精神，信奉所谓“胆小不得将军做”“只要敢闯就没有过不去的火焰山”等理念，把违章行为当成个人英雄主义，别人不敢干的他敢干。这种严重违反安全规程的作业极易造成事故。

(4) 盲目从众型。在生产操作过程中明知有违章行为，但认为法不责众，别人都这样干没有出事，我随大溜也不会出事，没有意识到安全隐患和危险的存在。

(5) 心存侥幸型。违章操作是容易造成事故的，然而有些员工却认识不到这一点，事事存在侥幸心理，认为不是每个人、每次违章作业就一定会出事故，自己脑袋瓜子灵、反应快，该投机时便投机，该取巧时就取巧，即使有事也不会正好就落在自己身上。

(6) 不拘小节型。这些员工干什么工作都马马虎虎，粗心大意，不修边幅，不拘小节，习惯成自然，对待安全生产当然也不例外。他们对所从事的工作环境检查不认真，干起活来漫不经心，殊不知一旦某种条件具备便会导致事故的发生。

(7) 急功近利型。有一些员工进入工作地点后，不管三七二十一拿起家伙就干，什么采取措施，什么防范在先，认为“有那些工夫儿任务早就完成了，干那些没指标没效益的事儿有什么用?”这些想法都是错误的。

（8）得过且过型。这种员工整天稀里糊涂混日子，无所用心，得过且过，什么安全、隐患全不放在心上，今天能过得去就不管明天，这一班能过得去就不问下一班，把生产任务完成就行了。

（四）习惯性违章的预防

（1）加大安全教育力度，不断增强员工的安全意识。安全教育是企业安全生产的重要基础工作之一，是安全管理的一项重要内容，是提高员工安全素质，减少安全事故，实现安全生产的重要措施。安全教育能够提高行为人的安全思想、安全意识，促进员工安全活动的活力，促使人们认识安全操作规程、安全科学技术与人们的联系，是自觉地、有经验地、创造性地实现和发展安全过程的一个根本前提。因此，必须加大安全生产教育力度，并营造一个“以人为本，珍惜生命，保证安全”的文化氛围。要通过安全知识学习，安全宣传园地、画展、看录像等活动，强化员工安全生产的忧患意识，帮助员工从反面典型事例中充分吸取教训，提高对安全生产重要性的认识，抵制习惯性违章行为，自觉做好安全工作，变“要我安全”为“我要安全”“我会安全、我能安全”，增强遵章守纪的自觉性。

（2）以标准化作业规范员工的操作行为。标准化作业，是加强单位“三基”工作的重要手段，是落实岗位责任制、经济责任制和各项规章制度的具体表现。实施标准化作业的目的是单位实现安全生产，保证质量，提高效率，规范职工的操作行为，最终达到避免和杜绝由违章作业而导致的各类事故。

（3）加强岗位技术培训，不断提高员工操作技能。在各种生产活动过程中避免和杜绝各类事故的发生，确保安全生产有序进行，主要取决于职工的安全业务素质。职工业务技术精湛，操作熟练，就能够对生产设备、设施、环境等可能存在的缺陷或出现的故障及时发现和做出正确的判断，并进行迅速的处理，将事故消灭在萌芽状态。为提高员工安全操作技能，必须把员工岗位技能培训当作一件大事来抓，有计划地、经常性地举办员工岗位技能培训。在开展岗位技能培训时，要针对本岗位生产实际广泛地开展群众性岗位练兵活动，以提高员工的安全技术水平、操作水平和事故状态下的应急处理能力，杜绝各类违章操作事故的发生。

（4）加大对生产现场的监督检查及考核力度。巡回监督检查是发现和制止违章行为的重要手段，工作中只要一经发现违章行为就应及时加以制止并纠正。对不听劝告的，应采取强制措施，如停止其工作，进行停职学习，停薪培训等。要发现一个，制止一个，纠正一个，绝不搞下不为例。只有从严监督，从严管理，从严要求，加大考核处罚力度，才有可能铲除习惯性违章，有效地控制违章行为。避免违章作业现象，重点在班组，基点在预防，关键在领导。员工安全意识的增强，不只是安全管理部门的事，同时要求单位党政工团各部门乃至全社会的大力宣传，形成全社会“人人讲安全，人人要安全，人人会安全”的良好安全生产氛围。只有上下重视，常抓不懈，习惯性违章这个危及企业安全生产的恶习顽症才能铲除，才能有效地避免安全生产事故的发生。

（5）摸索规律，举一反三。习惯性违章作业是有一定的规律性和必然性的，各级管理层应善于发现、认识和把握这一规律，不断总结反习惯性违章作业的经验教训，对因习惯性违章作业而造成的人身和设备事故，要本着“四不放过”的原则，充分进行调查分析，查清事故原因、性质，还要看事故的责任者和相关班组是否已经吸取教训，并认真进行整改，绝不能大事化小，小事化了，以防止再发生类似的事故。

第二节 “三违”行为及其危害

一、“三违”的定义与分类

“三违”是指“违章指挥，违章作业，违反劳动纪律”的简称。“三违”行为是指在生产作业和日常工作中出现的盲目性违章、盲从性违章、无知性违章、习惯性违章、管理性违章以及施工现场违章指挥、违章操作和违反劳动纪律等行为。

违章指挥主要是指生产经营单位的生产经营管理人员违反安全生产方针、政策、法律、条例、规程、制度和有关规定指挥生产的行为。违章指挥具体包括：生产经营管理人员不遵守安全生产规程、制度和安全技术措施或擅自变更安全工艺和操作程序，指挥者使用未经安全培训的劳动者或无专门资质认证的人员；生产经营管理人员指挥工人在安全防护设施或设备有缺陷、隐患未解决的条件下冒险作业；生产经营管理人员发现违章不制止等。

违章作业主要是指员工违反劳动生产岗位的安全规章和制度的作业行为。违章作业具体包括：不正确使用个人劳动保护用品、不遵守工作场所的安全操作规程和不执行安全生产指令。

违反劳动纪律主要是指员工违反生产经营单位的劳动纪律的行为。如不遵守考勤与休假纪律、生产与工作纪律、奖惩制度及其他纪律，不履行劳动合同及违约承担的责任等。

二、“三违”行为的危害

（一）违章指挥产生的危害

（1）劳动纪律松弛，生产管理混乱；工作现场脏、乱、差，放任自流，导致降低安全管理水平、降低员工工作积极性，引发事故。

（2）开工前不向作业人员交代安全措施，导致工作内容不清楚、安全责任不落实、安全措施无保障。

（3）需要两人以上从事的工作只安排一人单独进行，导致因无人配合、监护，从而引发事故。

（4）使用超期动火票，指挥施工人员进行动火作业，造成由于安全措施不足引发事故。

（5）动火前不进行安全教育，不落实、不确认安全措施，导致施工人员对站区安全状况不了解，安全措施不到位从而引发事故。

（6）为生产需要，强令作业人员违反操作规程，使管道超压运行。引发设备损坏、管道泄漏、环境污染、人员伤亡、火灾爆炸等事故。

（7）违章指挥人员进行运行设备、带压管线的维修保养。引发油品泄漏、机械伤人等事故。

（8）对上级部门查出的危害运行的隐患在未整改的情况下，强令员工继续进行作业。从而引发生产事故，造成人员伤亡。

（9）不请示、不汇报，私自改变工艺运行模式。从而引发各类设备损坏、人员伤亡、火灾爆炸等事故。

（10）对安全生产不负责任，官僚主义，玩忽职守，瞎指挥，降低企业整体安全管理水平，致使安全管理混乱，造成事故的发生。

（11）对从事特种作业的人员不进行专业培训和考核发证。特种作业人员安全操作技能不达标，引发事故。

（二）违章操作产生的危害

（1）穿带钉或非防静电工鞋上罐，导致摩擦起火或产生静电造成火灾，甚至爆炸。

（2）上罐巡检时与他人闲谈，导致精力不集中，造成检查不到位或人员坠落。

（3）上罐时不系安全带导致人员坠落。

（4）不按时巡检导致不能及时发现异常状况、不能掌握可靠数据。

（5）设备超负荷运行，引发设备事故。

（6）在油气区使用管钳或不带绝缘胶管的专用扳手开关阀门，碰击火花引发火灾、损坏阀门。

（7）不正确穿戴和使用劳动保护用品。如安全帽不系帽带、劳保工装不扣衣扣，袒胸露背等。降低劳动防护用品安全防护等级，可能造成意外伤害。

（8）发现设备或安全防护装置缺损，不向领导反映，继续操作或自作主张，擅自将安全防护装置拆除并弃之不用者，可能造成人身伤害、机械事故、财产损失。

（9）特种作业人员无证单独操作，可能引发特种设备事故及人员伤亡。特种设备和要害部门人员，不认真登记和交接班，擅自离岗，操作人员操作技能不足，可能引发设备毁损，人员伤亡等事故。

（三）违反劳动纪律产生的危害

（1）酒后上岗、值班中饮酒，使精神亢奋、思维混乱，易导致冒险操作及误操作。

（2）脱岗、串岗、睡岗，从而不能及时发现异常状况，不能及时沟通信息。

（3）误传调度指令，导致贻误时机、损坏设备、人员伤亡。

（4）工作不负责任，擅自离岗，玩忽职守，违反劳动纪律，导致不能及时发现异常状况，发现异常状况视而不见，导致事故发生。

（5）在工作时间内从事与本职工作无关的活动，精力不集中，不能随时掌握岗位生产状态，简化工作程序，遗漏安全巡检。

（6）专职监护人擅自脱岗，没有进行不间断监护，使作业人得不到全过程监护，作业人违章时无人制止，发生意外时无人救助。

（7）在高处作业区内打闹，使用手机，不认真工作和监护等引发高空坠落、落物伤人。静电引发火灾爆炸，造成操作人意外事故。

（8）代替他人在操作票、各类报表上签名。因签字人对操作程序不了解，对工艺参数、运行状态不清楚，造成错误操作，报表数据错误。

（9）岗位交接班敷衍，不进行逐项交接，使接班人对上一班存在的问题，未完成的工作不清楚，造成事故。

（10）不按规定时间、路线巡回检查，使存在的问题不能及时发现，部分数据录取不到位。

（11）不按规定穿戴劳保防护用品，造成个人伤害。

（12）无故不参加安全生产会议及各类技术学习培训。对单位生产、安全形势不了解，个人技术、安全素质得不到提高。

（13）他人进行危险操作时，开玩笑、吓人。造成误操作引发事故及人身伤害。

第三节 班组职工安全行为的养成

一、主动学习、磨炼的安全行为养成

员工经常主动学习技术，通过反复练习提高岗位操作技能，培育适应作业变化而自我学、练的基本习惯，是一种必备的安全行为。作业环境条件在不断变化，工艺设备在变化，作业技术也需要相应变化，作业技能就应该相应提高。所以，任何满足现状或者吃技术、技能老本的懒惰或停滞行为，实际上都是在技术、技能素养方面埋下了安全隐患。

（一）主动学习、磨炼的行为养成关键点

包括勤奋苦学，提高知识技能水平；养成学习习惯，持续攀登安全知识技能的高峰；操作动作的养成训练。

（二）主动学习、磨炼的行为养成要求

（1）认真参加组织安排的各种学习培训，考试考核合格。

（2）积极参加各种比武、练兵、竞赛活动，力求取得较好名次。

（3）主动自学。

（4）在现场操作过程中，自觉苦练技能，达到岗位作业标准化水平。

（5）对主要操作动作展开要领分析、动作分析，由作业动作的规范化、标准化，逐步实现作业动作的最优化、精细化。

（6）至少取得一种岗位操作证，鼓励取得两种或两种以上岗位操作证。

二、主动了解安全信息的安全行为养成

企业的各种作业岗位，常处于复杂的安全环境之中，而且各种安全条件都处于不断变化之中。任何一个岗位作业者，都需要了解掌握大量且随时变化的安全信息。否则，就有可能陷入闭塞、盲动的状态。所以，主动了解各种安全信息，是企业员工必须具备的基本安全行为习惯。

（一）主动了解安全信息的安全行为养成关键点

认真参加班前班后会，认真进行现场交接班，仔细阅读各种安全情况通报，认真接受各种安全警示，做到举一反三。全面细致地了解掌握各类安全信息，对变化着的安全情况了如指掌。

（二）主动了解安全信息的安全行为养成要求

（1）准时参加班前班后会，认真听，主动想；明确完成当班作业任务的安全条件；清楚作业现场的各种条件变化；了解作业过程中的协作合作者的情况；预测可能发生的各种安全问题。

（2）现场交接班时，详细了解作业现场的安全条件变化；细致了解设备、动力、工具、材料、通风、水等作业要件的安全状态；深入了解现场各种危险因素、安全隐患。

（3）认真阅读各种安全信息通报；认真接受各种安全警示、预测预报；认真听取各级干部和车间班组负责人、老工人以及工友对安全情况的介绍、分析和提醒。

三、安全确认的安全行为养成

安全确认就是在现场工作之前，对操作程序、现场环境及其他相关安全因素，经过周详、认真地辨识、认知、判断以后，作出准确严肃的认定。确认的主要作用是：

（1）审慎判断安全条件。在作业操作之前，作出审慎的判断，确保具备安全作业操作的各种充分必要条件。

（2）避免无确认导致的误操作。误操作的发生原因有两种：一是由于未予确认便盲目随意操作，二是认知判断失误。

（3）克服无意识状态，强化安全责任。经过确认，集中注意力，使操作人员从无意识或低水平意识状态转变为主动注意的积极意识状态。安全确认的安全行为养成，最关键的基本点是，让每个作业者都养成安全确认的习惯；不进行安全确认，就不进行操作；坚决避免无意识的误操作，确保每次操作都准确无误。

（一）安全确认的安全行为养成确认形式

（1）文字确认。

（2）信物确认。

（3）语言确认。

（4）信号确认。

（5）警戒确认。

（6）无意外确认。

（7）模拟操作确认。

（二）几种典型安全确认的具体要求

（1）作业准备的安全确认要求。作业人员在接班后应进行设备、环境状况的确认。如设备的操纵、显示装置，安全装置等是否正常可靠；设备的润滑情况是否良好；原材料、辅助材料的性能状况是否符合要求，工器具摆放是否到位；作业场所是否清洁、整齐；材料、物品的摆放是否妥当；作业通道是否顺畅等。一切确认正常或确认可能有危险而采取有效的防止对策后方允许开始操作。

（2）作业方法的安全确认要求。按照标准化的作业规程，对作业方法进行确认，确认无误后才允许启动设备、开工作业。特别是在设备安装工程开工前，对起吊方式、操作要求、安装顺序等作业方法的确认尤为重要。

（3）设备运行的安全确认要求。设备开动后，应对设备的运行情况是否正常进行确认，如运转是否平稳，有无异常的振动、噪声或其他任何预示危险的征兆，各种运行参数的显示是否正常等。

（4）关闭设备的安全确认要求。与开启设备的情况相同，应按照标准化作业规程对关闭设备的作业方法确认后才允许关闭设备。特别是在停电、停水、停压风等情况下尤为重要。

（5）多人作业的安全确认要求。多人协同作业，则在作业前，按照预定的安排对参加作业的人员，人员的作业位置、作业方法、指挥联络形式、作业中出现异常情况时的对策等进行确认，确认无误才允许开始作业。

四、自觉服从的安全行为养成

(1) 自觉服从的安全行为的养成，有时也要用组织的、强制的手段作保证，促使每个员工由被动到主动，由不自觉到自觉，由不习惯到习惯，逐步提高其规范化的高度。要通过明确行为规范、加强行为控制，培育行为养成系统。

(2) 首先领导层要严格落实安全工作“五同时”，重视关心安全工作，及时研究解决安全问题，指挥、决策、落实安全工作符合安全规律。

(3) 其次管理层要主动把安全工作摆在突出位置，增强履责意识，充分发挥桥梁和纽带作用，指导下属、带领职工主动落实安全任务。

(4) 最后员工层要注重自我完善，达到安全目标明确，安全责任清晰，安全技能胜任岗位工作需求，能够自觉履行安全职责，自觉消除事故隐患，自觉抵制“三违”行为，实现自我约束、自我监督和自我控制。

五、自我身心调适的安全行为养成

艰苦的作业条件和繁重的体力劳动特征，都对企业职工的精力、体能和心理素质提出了很高的要求。坚持足够的休息和高度重视饮食起居，保持健康的心理状态，是企业职工上岗的基本身心要求。而这种精力、身体的“休养生息”和心理情绪的平衡调节，一般又都是依靠个人的自我身心调适。这种身心调适的安全行为习惯，必须经过长期培育养成。

(一) 身心调适安全行为养成关键点

吃好睡好休息好，保证工作精力充沛。乐观开朗情绪好，自我平衡心态好，排除一切心理干扰。

(二) 身心调适安全行为养成要求

(1) 高度重视休息和饮食起居。戒除所有不良嗜好和不利于身体健康的生活习惯。

(2) 尽量参加一些体育锻炼。

(3) 妥善处理各种人际关系，解除各种烦恼的干扰冲击。

(4) 当疲惫伤病、体力不支或者情绪波动、精神萎靡时，一定要告诉车间班组负责人或者工友，以获得全面的关照。

六、“六预”的安全行为养成

许多事故的发生都是由于个人操作前急于完成作业任务，无视或忽视了可能发生的危险，在毫无防备的“不设防”状态下导致事故。现在很多企业都开展了以安全工作的预知、预想、预教、预警、预测、预报等为内容的行为养成训练，取得了较好的效果。把预防为主的行为养成归结到六个方面，就构成“六预”，即：预知预想，预报预警，预防预备。

(一) 预知预想

1. 预知

预知是种最基本的安全作业行为习惯。操作者要培育主动预知意识，不断提高预知技能，养成积极预知的习惯，坚决克服粗枝大叶的认知恶习，克服鲁莽行事积弊。预知必须建立在应知基础上才能达到有效的预知。企业职工的应知内容一般包括以下几点：

(1) 应知本企业安全生产的基本知识。

（2）应知本工种专业的基本知识。

（3）应知本工种岗位必须掌握的法规条文。

（4）熟知本岗位所在工作地区、作业地点的情况。

（5）熟知本岗位的操作规程、工艺流程。

（6）熟知本岗位的安全质量标准及各项岗位标准。

（7）熟知可能发生的各种灾变，掌握避灾、救灾、救护知识。

（8）熟知本岗位各类设备、工具、材料的性能及使用知识。

（9）熟知本工种岗位多发常见的人身事故，及死亡事故案例。

广义的预知途径包括各种培训学习、宣传教育以及各种会议传达、文件贯彻和各种各样的安全信息传输渠道。从狭义的直接层面看，主要有以下四种途径：

（1）班前会。

（2）交接班时的情况了解。

（3）作业任务书或操作命令。

（4）直接面对队组和操作工人的各种安全信息。

2. 预想

预想就是结合工作任务及现场实际，充分发挥区队、车间班组个人的主观能动性，根据实践经验，利用跳跃、逆向、非常规思维，对各个生产工序的每个环节进行认真分析，无约束地想象工作流程可能出现的危险及后果，并提出具有针对性的防范措施，实现对预测结果的动态弥补。预想的内容主要包括以下几个方面：

（1）施工组织管理预想。针对工作任务安排，预想施工组织过程中，安排部署是否全面细致，安全监督检查责任是否明确，避免出现安全管理上的漏洞。

（2）安全技术措施预想。对前期制订的施工方案、安全技术保障措施预想有无纰漏、错误，是否符合当前现场作业环境的要求，对纰漏、错误和需要改进完善的内容及时补充，使其更具有针对性、可操作性和实效性。

（3）工作流程要素预想。工作流程要素包括人、机、物、环境。即对岗位人员的安全心态、设施设备的运行状态、施工材料的安全质量保证、现场作业环境潜在的安全隐患和各要素彼此影响可能造成的安全危险性因素的预想。

预想方式包括以下三种：

（1）开放式预想。结合现场生产实际，通过区队安全活动日和班前班后会等固定形式进行全方位、全覆盖的预想。

（2）针对性预想。针对作业工序转换、现场作业环境突变等可能产生安全危险因素的情况的预想。

（3）走动式预想。指车间班组负责人现场动态监督检查过程中，根据现场情况，对可能产生的危险性因素产生的预想。

（二）预报预警

预报就是把预测、预想的结果及其防范措施准确及时地传输给必须知道的单位和个人，确保防范性措施的落实。预警就是对预报反映的安全危险源，通过有形的文字、图案、色彩等标志提醒，消除由于侥幸、麻痹、蛮干、懒惰、精神恍惚等不健康安全心理状态引起的可能导致安全事故的危险性因素，持续强化各级安全责任主体的安全思想警惕性和安全行为上的必为和必不可为。预报和预警都是传输信息，提示、警告职工对安全危险引起必要或高度警觉的行为。这两者更多的是团队的组织行为，由于预报、预警的客体受众是全体职工，而且其中的每个人都担负着不同的预报、预警责任或任务，所以，必须作为一类安全行为进行养成训练。

1. 四级四类预报网络

四级预报是：全厂、各主要专业、各车间和各作业班组预报。

四类预报是：

（1）主传媒预报。四级都应当有固定的有效主媒体实施预报，并坚持定时预报，让所有管理者和作业人员都能够在确定的地点和时间获取预报信息。

（2）专项预报。对比较复杂的情况或专业性较强的预报，要编制科学严谨、细致周详的专项预报，让管理者和相关作业者能具体地掌握预报内容，了解详细情况。

（3）直接送达式预报。有一些隐患、险情是需要有关责任部门和作业人员及时掌握了解并预防处置的，就要把预报书直接送达，并由责任部门负责人或作业者签收，使预报信息切实能够传输给责任者。

（4）紧急预报。对于特别紧急的隐患灾害或情况变化，要用最快速度通知相关人员，这时应由专人通过电话或直接到现场通知。

2. 预警系统

包括以下几种：

（1）作业现场的警示标志、警示牌要醒目，具有很高的瞬时辨识能力。

（2）作业现场的声光警示信号，要明亮显眼，具有很强的视觉听觉总冲击力。

（3）作业现场的警戒设施，如警戒围栏隔板挡绳等，要和警示标志牌板同时设置。

（4）专职预警人员在作业者操作时，直接监督警示，对关键性作业步骤控制，或对一个作业区域实施警戒控制。

（5）联合作业体的指挥者，对操作人员进行安全行为的直接监控。

（6）共同作业者之间的彼此提示警示。

（三）预防预备

人们通常所说的防患未然、有备无患、常备不懈、戒备森严，那是对预报的经验结晶。预防预备作为安全行为，是以上“四预”的落脚点，也是以预防为主的关键行动。

预防预备的安全行为包括以下几项：

（1）确定预案。必须有专项或常规的应急预案，每一个涉及预警的管理和操作人员都必须熟知预案。

（2）演习训练。企业职工的许多防灾抢险应急预案，必须进行模拟实战演习和预备行动训练。

（3）物资准备。用于避灾救险的装备设施、工具材料以及个人安全防护用品，要有充分、足够的准备，而且要坚持经常性地检验测试其完好性，切不可由于安全的长治久安而“刀枪入库、马放南山”。

（4）随时预备。要随时做好事故应急准备，把预防为主的安全意识，落实到高度的警惕性上，一旦出现事故就能及时处置。

案 例

案例1：某化工气体公司“8·31”较大生产安全事故

2019年8月31日13时11分左右，某化工气体公司在停产检修期间，1名安全员与2名检修作业人员在对湿式乙炔气柜进行动火作业时，乙炔气柜发生闪爆造成3人死亡的较大生产安全事故。

事故发生经过：2019年8月20日开始全厂停产检修。主要检修项目：吊出乙炔气柜钟罩，对底部腐蚀部分切割更新后再吊入；对净化系统的净化塔节进行加高、更换输送泵；对乙炔发生器平台、盖子等进行加固。8月29日上午，组织将修好的钟罩起吊装回到气柜中。

8月30日上午，任某锋指挥投料进行生产，检验钟罩检修情况，发生器投料生产约5h，期间发现气柜钟罩行走卡涩不畅。于是安排人员再次停产检修，主要作业为检修乙炔发生器和调整气柜钟罩导轮。

经企业法定代表人任某锋、经理邓某麟同意，该化工安全生产管理人员曹某富从社会上雇用林某生作为承包方(林某生雇用黄某光、江某强)实施检修作业。承包方主要承担对乙炔气柜钟罩底部腐蚀部分进行切割并更新；对净化系统的净化塔节进行加高、更换输送泵；对乙炔发生器平台、盖子等进行加固。

8月31日上午6时35分左右，林某生、黄某光、江某强3人在安全员曹某富的带领下进场，对乙炔发生器进行动火作业，11点35分左右离场吃饭。

8月31日12时16分左右，曹某富、林某生、黄某光、江某强4人从厂内大门进入，取了脚手架等设备步行到充装厂房后面的乙炔气柜作业现场，共同在气柜处搭建检修操作平台。平台搭建完成后，曹某富、林某生及黄某光3人登上气柜顶部进行气柜钟罩导轮调整动火作业。江某强独自前往距气柜约6.1m处的乙炔发生器进行扫尾作业。

8月31日13时11分，气柜内残留乙炔与空气形成的爆炸性混合物被气柜顶部作业产生的点火源点燃，造成闪爆，同时伴有气柜内水封用水形成的水柱冲出，气柜钟罩被顶起，在气柜钟罩顶部作业的曹某富、林某生、黄某光3人瞬间被抛向空中，先后落在气柜的周边。

思考：1. 分析事故原因。

2. 总结事故教训。

案例2：某化学品公司发生硫化氢中毒事故

2019年10月12日，某化学品公司开始生产设备升温，13日投料恢复生产。10月15日上午9时左右，放料工卢某荣发现压力表显示压力升高，判断设备管路再次出现堵塞，于是将情况报告给李某亮。李某亮在生产装置处于运行状态下，指挥杨某找工人去疏通管路堵塞。此时正好该公司有客人到来，李某财便派杨某出去买香烟，并将维修工周某山、电焊工牟某忠叫到精馏塔下，安排他们2人上精馏塔，用蒸汽把管路通开。周某山、牟某忠爬到精馏塔的三层平台上，戴上防毒面具，使用扳手将粗噻吩脱色冷凝后液相至粗噻吩接收罐的管路阀门拆卸下来，将蒸汽管插到下料管内，加热堵塞物料。随着堵塞物料融化，设备内的硫化氢气体逸出，两人闻到了臭鸡蛋味气体，周某山直接昏迷头朝下跌落，卡在了二层和三层平台钢梁上；牟某忠将头伸出3层平台窗外呼救后，从3层平台窗户爬出，顺着蒸汽管下滑时昏迷，被地面的工友发现后获救。正在附近更换碱液的李某亮、杨某、王某儒(电焊工)、徐某臣(电工)听到呼救后立即赶去救援，李某亮被熏倒在了3层平台上。杨某、王某儒两人先将二层平台上的周某山救下来后，与徐某臣、纪某忠(电焊工)再次上去救援时，杨某被熏倒在3层平台上，徐某臣被熏倒在2层平台上，王某儒和纪某忠晕倒在一层爬梯下。这时办公室工作人员刘某慧拨打了119和120电话，随后专业救援人员赶到现场，将7人送往医院救治，其中李某亮、杨某、徐某臣3人经抢救无效死亡，王某儒、纪某忠、牟某忠、周某山4人经救治后痊愈。

思考： 1. 分析事故原因。
2. 总结事故教训。

复习思考题

1. 什么是“三违”？“三违”的危害是什么？
2. 安全行为养成的“六预”是什么？

第二部分

危险化学品企业班组现场安全管理实务

危险化学品企业具有明显的行业特殊性，班组面临的安全生产条件更为苛刻，本部分班组现场安全管理实务立足危险化学品企业班组现场安全管理的实际，结合班组安全管理工作中常见的问题，较为全面地介绍了危险化学品企业班组安全管理的现场基础知识与基本技能。

第五章　作业现场安全管理措施

本章学习要点

1. 掌握作业现场安全色标管理的基本内容；
2. 掌握危险化学品企业防火防爆安全管理的方法；
3. 掌握作业现场电气安全管理相关知识；
4. 熟悉作业现场特种设备安全管理的方法；
5. 掌握作业现场各类职业危害防护基本要求；
6. 掌握各类防护用品使用基本要求；
7. 熟悉班组作业标准化相关知识。

第一节　作业现场安全色标管理

一、安全色

（一）安全色的含义和用途

安全色是表达安全信息含义的颜色，用以表示禁止、警告、指令、提示等。应用安全色使人们能够对威胁安全和健康的物体和环境做出尽快的反应，以减少事故的发生。国际标准化组织（ISO）和很多国家都对安全色的使用有严格规定。我国已制订了安全色国家标准，《安全色》（GB 2893—2008）规定用红、黄、蓝、绿四种颜色作为全国通用的安全色。四种安全色的含义和用途如下：

红色表示禁止、停止、消防和危险的意思。禁止、停止和有危险的器件设备或环境涂以红色的标记。如禁止标志、交通禁令标志、消防设备、停止按钮和停车、刹车装置的操纵把手、仪表刻度盘上的极限位置刻度、机器转动部件的裸露部分、液化石油气槽车的条带及文字，危险信号旗等。

黄色表示注意、警告的意思。警告人们需注意的器件、设备或环境涂以黄色标记。如警告标志、交通警告标志、道路交通路面标志、皮带轮及其防护罩的内壁、砂轮机罩的内壁、楼梯的第一级和最后一级的踏步前沿、防护栏杆及警告信号旗等。

蓝色表示指令、必须遵守的规定。如指令标志、交通指示标志等。

绿色表示通行、安全和提供信息的意思。可以通行或安全情况涂以绿色标记。如表示通行、机器启动按钮、安全信号旗等。

（二）对比色

黑、白两种颜色一般作安全色的对比色，主要用作上述各种安全色的背景色，使用对比色是通过反衬使安全色更加醒目。国家标准规定，安全色与对比色同时使用时，红色、蓝色、绿色的对比色使用白色，黄色的对比色使用黑色。黑色和白色互为对比色。

黑色可用于安全标志的文字、图形符号和警告标志的几何图形，白色可用于安全标志的文字和图形符号。

红色和白色、黄色和黑色间隔条纹，是两种较醒目的标志。

红色和白色相间隔的条纹：红色与白色相间隔的条纹，比色更为醒目，表示禁止通行、禁止跨越的意思，用于公路交通等方面所用的防护栏及隔离墩。

黄色与黑色相间隔的条纹：黄色与黑色相间隔的条纹，比单独使用黄色更为醒目，表示特别注意的意思，用于起重吊钩、平板拖车排障器、低管道等方面。

相间隔的条纹，两色宽度相等，一般为 10mm。在较小的面积上，其宽度可适当缩小，每种颜色不应少于两条，斜度一般与水平呈 45°。在设备上的黄、黑条纹，其倾斜方向应以设备的中心线为轴，相互对称。

二、运用安全标志确保安全

（一）安全标志

安全标志是由安全色、边框和以图像为主要特征的图形符号或文字构成的标志，用以表达特定的安全信息。

安全标志分为禁止标志、警告标志、指令标志和提示标志四大类。

1. 禁止标志

禁止标志是禁止或制止人们做某个动作。其基本形式是带斜杠的圆边框。禁止标志的颜色见表 5-1。

表 5-1 禁止标志颜色表

部位	颜色
带斜杠的圆边框	红色
图像	黑色
背景	白色

2. 警告标志

警告标志是促使人们提防可能发生的危险。其基本形式是正三角形边框。警告标志的颜色见表 5-2。

3. 指令标志

指令标志是必须遵守的意思。其基本形式是圆形边框。命令标志的颜色见表 5-3。

4. 提示标志

提示标志是提供目标所在位置与方向的信息。其基本形式是矩形边框。提示标志的颜色见表 5-4。

表 5-2　警告标志颜色表

部位	颜色
正三角形边框	黑色
图像	黑色
背景	黄色

表 5-3　指令标志颜色表

部位	颜色
图像	白色
背景	蓝色

表 5-4　提示标志颜色表

部位	颜色
图像、文字	白色
背景	一般提示标志用绿色，消防设备提示标志用红色

（二）补充标志

补充标志是安全标志的文字说明，必须与安全标志同时使用。使用时，可以连在一起，也可以分开。当横写在标志的下方时，其基本形式是矩形边框；如竖写时则写在标志的上部。补充标志的规定见表 5-5。

表 5-5　补充标志规定表

补充标志的写法	横写	竖写
背景	禁止标志：红色 警告标志：白色 命令标志：蓝色	白色
文字颜色	禁止标志：白色 警告标志：黑色 命令标志：白色	黑色
字体	黑体	黑体

（三）安全标志牌

安全标志牌须根据标准的基本图形制作。安全标志牌都应自带衬底色，其边框颜色的对比色将边框周围勾一窄边即为安全标志的衬底色，但警告标志边框则用黄色勾边，衬底色最少宽 2mm，最多宽 10mm。有触电危险场所的安全标志牌，应当使用绝缘材料制作。

三、危险化学品企业现场色标实例

(一) 危险品标志

(二) 禁止标志

化纤
禁止穿化纤服装
禁止料罐乘人
禁止停留
禁止靠近
禁止启动
禁止触摸
禁止入内
禁止通行
当心弧光
当心中毒
当心爆炸
当心腐蚀
当心触电
当心电缆
当心火灾
当心电离辐射
当心机械伤人
当心落物
当心坠落
当心扎脚
注意安全
当心车辆
当心坑洞
当心滑倒

（三）警示标志

（四）危险化学品企业职业病危害警示标志

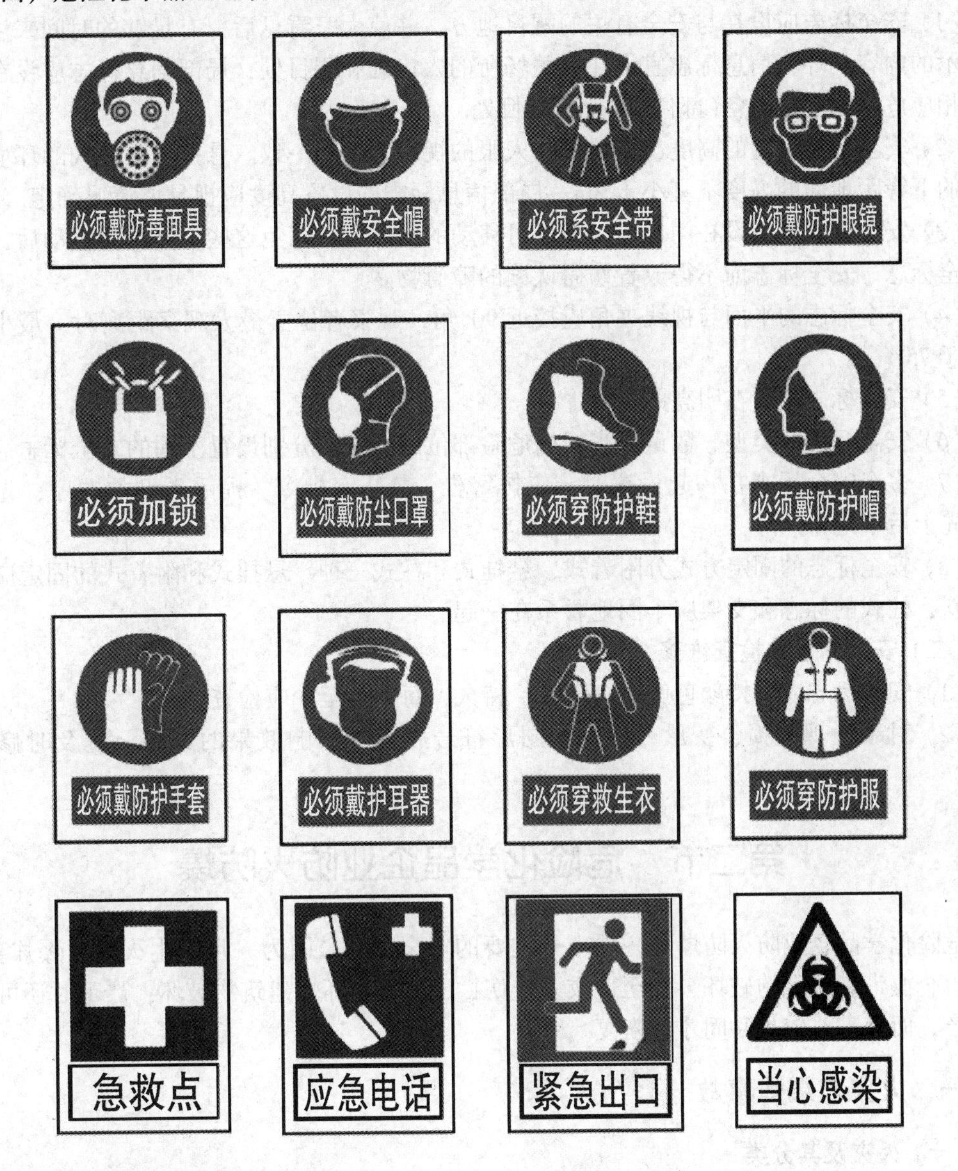

四、安全标志在现场的应用

在有危险因素的生产经营场所和有关设施、设备上，设置安全标志，及时提醒从业人员注意危险，防止从业人员发生事故。这是一项在生产过程中，保障生产经营单位安全生产的重要措施。新《安全生产法》第三十五条对此做出了明确的规定："生产经营单位应当在有较大危险因素的生产经营场所和有关设施、设备上，设置明显的安全警示标志。"安全标志的应用具有引起人们对不安全因素的注意，提高人们行为自主能力、提醒人们避开危险的功能。对于预防伤亡事故发生，实现安全生产具有重要的作用，是一种不可替代的安全装置。安全标志的设置应根据作业环境存在有害、危险因素的情况以及作业环境的特点，布设相应的安全标志装置。对于作业现场的班组人员必须明确各种安全标志的含义、使用要求、检查维修等。

（一）安全标志的使用要求

（1）安全标志应设在与安全有关的醒目地方，并使大家看见后，有足够的时间来注意它所表示的内容。环境信息标志宜设在有关场所的入口处和醒目处；局部信息标志应设在所涉及的相应危险地点或设备（部件）附近的醒目处。

（2）安全标志设置的高度，应尽量与人眼的视线高度相一致。悬挂式和柱式的环境信息标志的下缘距地面的高度不宜小于2m；局部信息标志的设置高度应视具体情况确定。

（3）安全标志不应设在门、窗、架等可移动的物体上，以免这些物体位置移动后，看不见安全标志。安全标志前不得放置妨碍认读的障碍物。

（4）安全标志的平面与视线夹角应接近90°角，观察者位于最大观察距离时，最小夹角不低于75°。

（5）安全标志应设在明亮的环境中。

（6）安全标志的类型、数量应当根据危险部位的性质，分别设置不同的安全标志。

（7）多个安全标志在一起设置时，应按警告、禁止、指令、提示类型的顺序，先左后右，先上后下地排列。

（8）安全标志的固定方式分附着式、悬挂式和柱式三种。悬挂式和附着式的固定应稳固不倾斜，柱式的标志和支架应牢固地联系在一起。

（二）安全标志的检查维修

（1）安全标志应保持颜色鲜明、清晰、持久，每半年至少应检查一次。

（2）对于发现破损、变形、褪色和图形符号脱落等影响效果的情况，应及时修整或更换。

第二节　危险化学品企业防火防爆

危险化学品企业防火防爆是一项十分重要的安全工作。因为一旦发生火灾、爆炸事故，将会给企业带来一定的破坏，甚至造成人身伤亡、设备损坏、建筑物破坏；严重时还可能造成停产，而且需要较长时间才能恢复。

一、火灾与爆炸事故

（一）火灾及其分类

1. 火灾

（1）凡在时间或空间上失去控制的燃烧所造成的灾害，都为火灾。燃烧是可燃物与氧化剂发生的一种氧化放热反应，通常伴有光、烟或火焰。

（2）燃烧过程的发生和发展，必须具备的三个条件：一是要有可燃物；二是要有助燃物质；三是有着火源。只有在上述三个条件同时具备的情况下可燃物质才能发生燃烧。三个条件无论缺少哪一个，燃烧都不会发生。

2. 国家标准对火灾的分类

国家技术标准《火灾分类》（GB/T 4968—2008）根据可燃物的类型和燃烧特性，将火灾分为A、B、C、D、E、F六大类。

A类火灾：固体物质火灾。这种物质通常具有有机物性质，一般在燃烧时能产生灼热的余烬。如木材、煤炭、棉、麻、纸张、塑料(燃烧后有灰烬)等火灾。

B 类火灾：液体或可熔化的固体物质火灾。如煤油、柴油、原油、甲醇、乙醇等火灾。

C 类火灾：气体火灾。如煤气、天然气、甲烷、氢气等火灾。

D 类火灾：金属火灾。如钾、镁、铝镁合金等火灾。

E 类火灾：带电火灾。物体带电燃烧的火灾。

F 类火灾：烹饪器具内的烹饪物(如动植物油脂)火灾。

(二) 爆炸事故及其特点

1. 爆炸

(1) 爆炸是物质在瞬间突然发生物理或化学变化，同时释放出大量气体和能量(光能、热能和机械能)并伴有巨大声音的现象。

(2) 爆炸极限：可燃物质(可燃气体、蒸气和粉尘)与空气(或氧气)必须在一定的浓度范围内均匀混合，形成预混气，遇着火源才会发生爆炸，这个浓度范围称为爆炸极限，或爆炸浓度极限。

(3) 按照爆炸的性质不同，爆炸可分为物理性爆炸、化学性爆炸和核爆炸。

① 物理性爆炸。由物理变化(温度、体积和压力等因素)引起的，在爆炸的前后，爆炸物质的性质及化学成分均不改变。锅炉的爆炸是典型的物理性爆炸。

② 化学爆炸。由化学变化造成的。化学爆炸的物质不论是可燃物质与助燃气的混合物，还是爆炸性物质(如炸药)，都是一种相对不稳定的系统，在外界一定强度的能量作用下，能产生剧烈的放热反应，产生高温高压和冲击波，从而引起强烈的破坏作用。

③ 核爆炸。由于原子核裂变或聚变反应，释放出核能所形成的爆炸，称为核爆炸。如原子弹、氢弹的爆炸都属核爆炸。

2. 常见爆炸事故的类型

(1) 可燃气体(如氢气、煤气)与空气混合引起的爆炸事故；

(2) 可燃液体蒸气(如苯、汽油)与空气混合引起的爆炸事故；

(3) 可燃粉尘(如煤粉、铝粉)与空气混合引起的爆炸事故；

(4) 间接形成的可燃气体(蒸气)与空气混合引起的爆炸事故；

(5) 火药、炸药及其制品的爆炸事故；

(6) 锅炉及压力容器的爆炸事故，这类爆炸属于物理爆炸。

由于本章只涉及化学爆炸，因此，下面所讨论的爆炸事故均指化学爆炸事故。

3. 爆炸事故的特点及危害

(1) 事故的特点

① 突发性。爆炸往往在瞬间发生，难以预料。

② 复杂性。爆炸事故发生的原因，灾害范围及后果各异，相差悬殊。

③ 严重性。爆炸事故的破坏性大，往往是摧毁性的，造成惨重损失。

(2) 爆炸的主要破坏形式

① 直接破坏作用；

② 冲击波破坏作用；

③ 灼烧破坏作用甚至火灾；

④ 造成中毒和环境污染；

⑤ 地震波破坏作用等。

其中冲击波的破坏最为主要，破坏作用也最大。

二、预防火灾爆炸事故的基本措施

对于危险化学品企业防火防爆安全管理，必须坚持“预防为主，防消结合”的方针，严格控制和管理各种危险物及点火源，消除危险因素。具体来说，可以把预防火灾爆炸事故(以下简称火爆灾害)措施分为两大类：一是消除导致火爆灾害的物质条件(即可燃物与助燃物的结合)，二是消除导致火爆灾害的能量条件。

(一) 消除导致火爆灾害的物质条件

1. 尽量不使用或少使用可燃物

通过改进生产工艺或者改进技术，以不燃物或者难燃物代替可燃物或者易燃物，燃爆危险性小的物质代替危险性大的物质，这是防火防爆的最根本性措施，应当最先考虑。

2. 生产设备及系统尽量密闭化

常见引起泄漏的原因有：

(1) 因材料强度不够引起破坏而发生泄漏。如材料老化；材料受到腐蚀或者磨损；介质或者环境温度过高或过低；静负荷或者反复应力使材料发生疲劳破坏或变形；由于各种原因使用了伪劣材料等。

(2) 因外界负荷造成破坏引起泄漏。如地震或者泥石流导致输油管或者输气管断裂；因施工不慎或者车辆碰撞造成的油、气罐或管道破裂等。

(3) 因内压升高引起破坏导致泄漏。如容器内介质受热发生热膨胀；由于系统内发生机械压缩、绝热压缩或发生“水锤”现象；或者容器内化学反应失控而导致内压升高，使容器破裂而泄漏等。

(4) 焊缝开裂或者密封部位不严引起的泄漏。这种泄漏在化工厂中比较常见。如果泄漏的可燃气量较大，积聚到危险浓度，又遇到火源，就会引起火爆灾害。

(5) 人误操作造成泄漏。如开错阀门，按错开关等。

为了防止可燃物的泄漏，应针对以上原因采取措施，加强管理。

常见具体措施有：

① 可燃性物质的生产应在密闭设备管道中进行，已密闭的正压设备或系统要防止可燃物泄漏。

② 负压设备(如真空设备)及系统要防止空气的渗入。

③ 对有燃烧爆炸危险物料的设备和管道，尽量采用焊接、减少法兰连接；输送易燃、易爆的气体、液体的管道，最好采用无缝钢管。

④ 接触高锰酸钾、氯酸钾、硝酸钾等粉状氧化剂的生产传动装置，要严加密封等。

3. 控制溢料和泄漏

生产过程中防止溢料和泄漏，是防火防爆的重要措施。为控制溢料和泄漏，避免和减少发生火灾爆炸的危险，要在工艺指标控制、设备结构形式等方面采取措施：

(1) 采取两级控制。

(2) 设置远距离遥控断路阀。

(3) 防止管线振动。

(4) 排放要注意安全。

(5) 设备保温材料要有防渗漏的措施。

4. 采取通风除尘措施

在散发可燃气体较多的场所，应采用半敞开式建筑或露天布置，以保持良好通风自然扩散。在有可燃气体的或危险粉尘的厂房内，应安装通风除尘设施，以降低浓度，使之在爆炸范围以下。并设置可燃气体浓度检测报警仪，一旦浓度超标即报警，以便采取紧急防范措施。

5. 惰性气体保护

就防火防爆而言，常用的惰性气体有氮气和水蒸气、二氧化碳、氩气，有时还可以用烟道气，这些气体通常是指化学性质不活泼、没有爆炸危险的气体。常见的应用有使用惰性气体清洗或置换设备和管道。

6. 工艺流程控制

班组人员应熟悉生产工艺流程及操作规程，精心操作，防止超温、超压和物料跑损而引起火灾爆炸事故。工艺流程控制主要包括：

(1) 温度控制。采取加热或冷却等措施，将系统内的温度控制在适当范围。

(2) 采用本质安全设计。从过程设计、流程开发等源头上消除或降低过程的危害。

(3) 投料控制。主要包括控制投料速度和数量、投料配比、投料顺序、原材料纯度和副反应。

7. 其他

对燃爆危险品的使用、储存、运输等都要根据其特性采取有针对性的储存、隔离等措施。

(二) 消除或者控制点火源(即点火或引爆能源)

1. 防止撞击、摩擦产生火花

具体措施包括：

(1) 对机器上轴承等传动部件及时加润滑油，并经常清除附着的可燃污垢。

(2) 锤子、扳手、钳子等工具应用镀铜的钢制作。

(3) 输送气体或液体的管道，应定期进行耐压试验防止破裂或接口松动喷射起火。

(4) 凡是撞击或摩擦的两部分都应采用不同的金属制成。

(5) 搬运金属容器，严禁在地上抛掷或拖拉，在容器可能碰撞的部位覆盖上不发生火花的材料。

(6) 严禁穿带铁钉鞋进入生产区，地面应采用不产生火花的材料等。

2. 防止和控制可燃气绝热压缩而着火

主要由于可燃气绝热压缩使温度急剧上升而自燃着火。如氢气或者乙炔气等从钢瓶泄漏喷到空气中时，因喷气流猛撞空气，其一瞬间受到绝热压缩，温度上升而引起自燃着火。这种火灾实例不多。

3. 防止和控制高温表面作用

常用措施主要有：

(1) 高温表面应当做好机械保温或隔热。

(2) 可燃气排放口应远离高温表面，对一些自燃点较低的物质，尤其需要注意。

（3）禁止在高温表面烘烤衣物。

（4）应注意清除高温表面的油污，以防它们受热分解、自燃等。

4. 防止日光照射和聚集作用

直射的太阳光可能聚焦形成高温焦点，从而可能引燃可燃物。为此，有爆炸危险的厂房、库房及低温能够自燃的物质必须采取遮阳措施等。如将门窗玻璃涂上白漆或者采用磨砂玻璃。

5. 防止电气火灾爆炸事故

近些年由电气引起的火灾爆炸事故占相当大的比例。在燃烧爆炸危险场所，为了防止电气事故，可采取如下措施：

（1）根据其危险等级选择合适的防爆电气设备或封闭式电气设备。

（2）选用合格的电气产品，制定严格的操作规程及检查制度。

（3）建立经常性维修制度，保证电气设备正常运行等。

6. 消除静电火花

消除静电的主要途径有两条：

（1）采用泄漏法或中和法加速静电消除，其中接地、增湿等属于泄漏法；运用静电消除器等属于中和法。接地是消除静电灾害最简单的方法，一般企业都采用接地。

（2）控制工艺过程，即限制静电的产生。主要控制措施有：限制物料输送速度；控制反应釜内易燃液体的搅拌速度；设备和管道应选用适当的材料，尽量使用金属材料，少用或不用塑料管；采用惰性气体保护等。

7. 预防雷电火花引发火灾爆炸事故

雷电所产生的火花温度之高可以熔化金属，也是引起火灾爆炸事故的祸根之一。危险化学品企业必须严格按照国家有关技术规范要求设计防雷设施，并加强避雷设施的检查和维护保养。

8. 防止明火

生产过程中的明火主要指加热用火、维修用火以及其他火源。

（1）加热用火的控制。加热可燃物时，应避免采用明火，宜使用水蒸气或者其他热载体间接加热。如果必须采用明火加热，加热设备应当严格密闭。燃烧室应当与加热设备分开。设备应定期检修，特别注意防止可燃物的泄漏。

（2）维修用火。焊接、切割等维修必须严格遵守相关规定。

（3）其他火源。对于其他明火设备，应当指定专人看管，严格控制加热温度。进入危险区的汽车、柴油机等机动车的排气管应戴防火帽，烟囱要具有足够的高度。

此外，要特别注意的是，在生产场所，应有醒目的“严禁吸烟”标志，禁止携带打火机等进入生产车间。

三、班组作业现场防火防爆措施

班组作业现场防火防爆是一项非常重要的安全工作，特别是危险化学品企业班组。因此，每一个职工，特别是生产一线的班组员工必须掌握防火防爆的安全基础知识。

危险区（易燃易爆物料使用区和装卸区）作业班组应遵守的防火防爆守则：

（1）班组现场作业人员应严格遵守工艺纪律及安全操作规程。

(2) 具备一定的防火防爆知识，并严格执行防火防爆规章制度。严禁违章作业、违章指挥、违反劳动纪律。

(3) 控制火源。在危险区的明火作业，严格执行审批制度，落实安全措施和消防器材，现场值班员和安全员到位；在危险区应安装使用防爆电气，限制人员进出，杜绝打火机、电子器材、穿带钉鞋等进入现场；危险区进出车辆的排气管应戴防火罩，严禁现场修车，发油时连接好静电接地线；随时清除现场及周围油布、棉纱、枯草等可燃物。

(4) 加强明火管理，厂区内不准吸烟。严禁在工作现场和生产区内吸烟和乱扔烟头。

(5) 在工作现场禁止随便动用明火。确需使用时，必须报请主管部门批准，并做好相应安全防范措施。

(6) 遵守安全用电的一般要求，对于使用的电气设施，不得带故障运行。

(7) 应学会使用一般的灭火工具和器材。对于车间内配备的防火防爆工具、器材等，应爱护，不得随便挪动。

(8) 建立防火防爆的档案。对班组工作区域内的防火防爆器械是否有定点设置、专人保养、定位放置以及标示图和记录须加以记录，防火防爆器材的定期更换也须记录。

第三节　作业现场电气安全管理

在危险化学品企业生产中，电力除了作为动力、照明、加热等能源之外，还广泛地应用于生产自动控制和指挥系统。因此，电气安全对化工生产是极为重要的。但是如果应用不当，电不但会伤人，还会带来其他危害。因此，企业班组每个人都应该懂得一些用电安全方面的知识。

一、预防触电事故的技术措施

为了有效地防止触电事故，可采用安全用电、绝缘、屏护、安全间距、保护接地或接零、漏电保护等预防措施。

(一) 保护接地和保护接零

保护接地是将电气设备不带电的金属部分与接地体做紧密的金属连接。保护接地适用于各种不接地的配电网，包括低压不接地配电网、高压不接地配电网以及不接地的直流配电网。

保护接零则是将电气设备正常情况下不带电的金属部分与供电系统的零线做紧密的金属连接。保护接零适用于低压中性点直接接地的三相四线制配电系统。两者的作用均是在电气设备绝缘损坏后防止外壳带电，避免触电事故的发生。

(二) 漏电保护器

它是一种低电压电气设备安全保护装置，主要用于单相电击保护，也可用于防止漏电引起的火灾，还可用于检测和切断各种单相接地故障，漏电保护器提供间接接触电击保护。

(三) 安全电压

安全电压是指为了防止触电事故而由特定电源供电时所采用的电压系列。我国规定安全电压额定值的等级为42V、36V、24V、12V、6V。当电气设备采用电压超过安全电压时，必须按规定采取防止直接接触带电体的保护措施。安全电压决定于人体允许的电流和人体电阻。人体允许电流是指人体在遭受电击后可能延续的时间内不危及生命的电流。

不论是接触电压还是跨步电压，当其数值达到危险程度同样会造成触电事故。一般在危险场所，人体的接触电压应小于10V，而跨步电压不超过20V。

（四）绝缘

绝缘是用绝缘材料把带电体封闭起来，以隔离带电体或不同电位的导体，使电流能按一定的通路流通。良好的绝缘是保证设备和线路正常运行的必要条件，也是防止触电事故的重要措施。

（五）屏护和间距

屏护即采用遮栏、护盖、箱匣等把带电体同外界隔离开来。屏护装置所用材料应该有足够的机械强度和良好的耐火性能。

间距是将带电体置于人和设备所及范围之外的安全措施。带电体与地面之间、带电体与其他设备或设施之间、带电体与带电体之间均应保持必要的安全距离。为了防止人体接近带电体，带电体安装时必须留有足够的检修间距。在低压操作中，人体及其所带工具与带电体的距离不应小于0.1m；在高压无遮拦操作中，人体及其所带工具与带电体之间的最小距离视工作电压而定，一般不应小于0.7~1.0m。

二、车间常用电气设备的安全操作要求

车间电气设备品种多，这里只涉及几种最常见的、通用的电气设备，如电动机、保护电气、开关电气以及照明装置。

（一）电动机

电动机是危险化学品企业最常用的用电设备。它的种类繁多，有直流电动机和交流电动机。交流电动机又分为同步电动机和异步电动机。

电动机工作时应注意功率必须与生产机械载荷的大小及其持续和间断的规律相适应。如果长时间超负荷工作，会导致电动机过热，加速绝缘老化，缩短电动机的使用年限，而且还可能由于绝缘损坏造成触电事故。因此，运行时，必须保持电动机各部分的温度不超过最高允许温度和最大允许温度。

电动机运行时还应注意有没有异常情况发生，如启动电动机时，听见嗡嗡叫声转不起来；电动机出现强烈振动和音响；电动机发出绝缘烧焦气味、冒烟火；三相电动机一相断电，仅剩两相运行时；电动机所带的机械部分损坏时等，操作人员应迅速将电源切断，再通知电工修理。

（二）保护电气、开关电气

对电动机或其他电气设备，还必须有短路保护、过载保护和失压保护等保护电气装置。短路保护是指线路或设备发生短路时，迅速切断电源。过载保护是当线路或设备的载荷超过允许范围时，能延时切断电源的一种保护。失压保护是当电源电压消失或低于某一限度时，能自动断开线路的一种保护，其作用是当电压恢复时，设备不致突然启动，造成事故，同时能避免设备在过低的电压下勉强运行而损坏。当保护电气动作，应找出原因后再启动设备，不要盲动。熔丝熔断，不能用铜丝、铁丝代替，应用容量相符的熔丝。

开关电气的主要任务是接通和断开线路。在车间，开关电气主要用来启动和停止用电设备（多数是电动机）。闸刀开关、自动空气开关、减压启动器、变阻器、磁力启动器等都属

于这类开关电气。启动大型电动机，要按操作规程进行操作，防止启动时过载而引起跳闸，启动一般设备的电动机时，不要用力过猛，或者用锤、杆敲击来代替手动，以免损坏电气开关；生产中防止酸、碱等腐蚀性物质对电气设备和电线的腐蚀。

（三）照明装置

照明装置包括白炽灯、日光灯、新型电光源、开关、插座、挂线盒及附件，安装必须安全可靠，完好无损。

所装灯具、开关、插座等应符合环境的需要，如在特别潮湿、有腐蚀性和多尘场所，应采用防水、防尘型灯具和密闭开关，室外装置应用密闭开关；在爆炸危险场所，应用防爆照明装置。

所有照明的金属管、支持物件及金属照明配电盘，均应接地。螺丝口灯头接线时，螺丝口灯头的螺纹应接到中性线上，另一触点即灯头底座中心弹簧卡，应经过开关接到相线上。灯泡旋上时要旋足，使灯的金属头子不外露。吊灯必须装有挂线盒，电灯灯头离地高度应符合要求：潮湿及危险场所的灯头离地高度不应低于2.5m；一般车间不应低于2m。开关及插座的装置离地高度不应低于1.3m，如生产、生活需要，可将插座装在低处，但离地不应低于15cm。白炽灯工作的时候，表面温度很高，不能将白炽灯泡接近可燃物，以防火灾。

三、作业现场用电安全要点

总结安全用电经验和以往的事故教训，作业现场的班组人员应当注意以下规定：

（1）非电工不准拆卸、修理电气设备和用具；任何人不准玩弄电气设备和开关；不准私拉乱接电气设备；不准使用绝缘损坏的电气设备；不准私用电热设备和灯泡取暖；不准擅自用水冲洗电气设备；保险丝熔断，不准调换容量不符的保险丝；不准擅自移动电气安全标志、围栏等安全设施；不准使用检修中机器的电气设备；不准随意打桩、动土，以防损坏地下电缆。

（2）操作电气设备的时候，应集中注意力，防止操作失误引起事故。使用电炉、电烙铁、电热棒等加热设备时，人员不能离开，工作完毕后必须切断电源，拔出插头。发现破损的开关、灯头、插座应及时与电工联系调换。不要用金属件和湿手去扳开关。临时用电装置不能私自接装，必须办理临时用电申请手续，经同意后方可装设，并要指定电工装、拆、检查和管理。爆炸危险场所不准使用临时用电装置。

（3）变电室和车间配电室内严禁吸烟，不准堆放杂物，保持室内通道和室外道路的畅通。电气设备附近和配电箱内不能放置杂物。严禁在带电导线、带电设备及冲油设备附近使用火炉或喷灯。暖气设备蒸汽管等不要靠近电线。在带电设备周围不能使用钢卷尺等金属工具测量，注意同带电部分保持一定的安全距离。

四、作业现场静电安全防护要点

静电的主要危害是引起火灾和爆炸、电击伤人和妨碍生产，而在各种危害中，火灾和爆炸最为重要，而静电必须具备下列条件才能酿成火灾和爆炸危害：具备产生火花放电的电压；具备产生静电电荷的条件；有能够产生火花的足够能量；有能够引起火花放电的合适间隙；放电周围有易燃易爆混合物。因此，只要消除上述其中之一，就可达到消除静电危害的目的。

目前，防止静电危害的途径有：在工艺方面控制静电的发生量；采用泄漏导走的方法，消除静电荷积聚；利用设备生产出异性电荷，来中和生产中产生的静电电荷等。对于班组作业人员，最关键的问题是人体的防静电措施。

（一）人体接地

在人体必须接地的场所，应装设金属接地棒，即消电装置。工作人员随时用手接触接地棒，以消除人体所带的静电。在坐着的场所，作业人员可佩戴接地的腕带。在有静电危害的场所应注意着装，作业人员应穿戴防静电工作服、鞋和手套，不得穿着化纤衣物。

（二）安全操作

工作时应有条不紊，避免急促性动作，应尽量不进行可使人体带电的活动。如接近或接触带电体；在防爆厂房等危险场所内，穿脱衣服、靴及剧烈活动或梳头都可能引起火灾爆炸事故。合理使用规定的劳保用品和工具，不准使用化纤材料制作的拖布或抹布拧洗物体的地面。在有静电危险的场所，不得携带与工作无关的金属物品，如钥匙、硬币、手表、戒指等，也不许穿带钉鞋子等进入现场。

第四节　作业现场特种设备安全管理

一、锅炉安全管理

（一）锅炉的安全使用管理

锅炉作为提供热能的承压设备，在化工生产和社会生活中被广泛应用，又是容易发生事故而且可能造成重大人员伤亡和财产损失的设备。锅炉一旦发生爆炸，不仅本身遭到损毁，还会破坏其他设备及周围的建筑物和构筑物，并伤害人员。锅炉的安全操作要特别重视。

1. 日常维护保养及定期检验

（1）锅炉在运行中，应不定期地查看锅炉的安全附件是否灵敏可靠、辅机运行是否正常、本体的可见部分有无明显缺陷。

（2）外部检验，每年进行1次；内部检验，一般每2年进行1次，成套装置中的锅炉结合成套装置的大修周期进行，A级高压以上电站锅炉结合锅炉检修同期进行，一般每3~6年进行1次；首次内部检验在锅炉投入运行后1年进行，成套装置中的锅炉和A级高压以上电站锅炉可以结合第一次检修进行。

（3）水(耐)压试验，检验人员或者使用单位对设备安全状况有怀疑时，应当进行水(耐)压试验；因结构原因无法进行内部检验时，应当每3年进行一次水(耐)压试验。

2. 锅炉房

锅炉一般应装在单独建造的锅炉房内，与其他建筑物的距离符合安全要求；锅炉房每层至少应有两个出口，分别设在两侧。锅炉房通向室外的门应向外开，在锅炉运行期间不准锁住或闩住；锅炉房内工作室或生活室的门应向内开。

3. 使用登记及管理

使用锅炉的单位必须办理锅炉使用登记手续，并设专职或兼职管理人员负责锅炉房管理工作。司炉工人、水质化验人员必须经培训考核，持证上岗。建立健全各项规章制度，如岗位责任制、交接班制度、安全操作规程、巡回检查制度、设备维护保养制度、水质管理制度、清洁卫生制度等。建立完善锅炉技术档案，做好各项记录。

（二）锅炉的安全运行

在锅炉运行期间，必须对其进行一系列的调节，如对燃料量、空气量、给水量等作相应的改变，才能使锅炉的蒸发量与外界负荷相适应。否则，锅炉的运行参数如压力、温度、水位等就不能保持在规定的范围内。

1. 水位的调节

锅炉在正常运行中，应保持水位在水位表正常水位线处有轻微波动。负荷低时，水位稍高；负荷高时，水位稍低。在任何情况下，锅炉的水位不应降到最低水位线以下，也不应上升到最高水位线以上。水位过高会降低蒸汽品质，严重时甚至会造成蒸汽管道内发生水击。水位过低会使受热面过热，金属强度降低，导致被迫紧急停炉，甚至引起锅炉爆炸。

水位的调节一般是通过改变给水调节阀的开度来实现的。为对水位进行可靠的监控，锅炉运行中要定时冲洗水位表，一般每班冲洗 2~3 次。

2. 蒸汽压的调节

蒸汽压的波动对安全运行影响很大，超压则更危险。蒸汽压力的变动通常是负荷变动引起的。当外界负荷突减，小于锅炉蒸发量，而燃料燃烧还未来得及减弱时，蒸汽压就上升；当外界负荷突增，大于锅炉蒸发量，而燃烧尚未加强时，蒸汽压就下降。可见，对蒸汽压的调节实质就是对蒸发量的调节，而蒸发量的调节是通过燃烧调节和给水调节来实现的。

3. 蒸汽温度的调节

若锅炉的蒸汽温度偏低，蒸汽做功能力降低，汽耗量增加，不仅不经济，甚至会损坏锅炉和用汽设备；蒸汽温度过高，会使过热器管壁温度过热，从而降低其使用寿命。严重超温甚至会使管子过热而爆破。因此，在锅炉运行中，蒸汽温度应控制在一定的范围内。由于蒸汽温度变化是由蒸汽侧和烟气侧两方面的因素引起的，因而对蒸汽温度的调节也就应从这两方面来进行。

4. 燃烧的监控及调节

燃烧是锅炉工作过程的关键。对燃烧进行调节就是使燃料燃烧工况适应负荷的要求，使燃烧正常，以维持蒸汽压稳定。保持适量的过剩空气系数，降低排烟热损失和减小未完全燃烧损失。调节送风量和引风量，保持炉膛一定的负压，以保证锅炉安全运行和减少排烟及未完全燃烧损失。

正常的燃烧工况是指锅炉达到额定参数，不产生结焦和设备的烧损；着火稳定，炉内温度场和热负荷分布均匀。外界负荷变动时，应对燃烧工况进行调整，使之适应负荷的要求。调整时，应注意风与燃料增减的先后次序、风与燃料的协调及引风与送风的协调。

5. 停炉检查

蒸汽锅炉运行中，遇有下列情况之一时，应立即停炉：

（1）锅炉水位低于水位表的下部最低可见边缘；

（2）不断加入给水及采取其他措施，但水位仍然下降；

（3）锅内水位超过最高可见水位（满水），经放水仍不能见到水位；

（4）给水泵全部失效或给水系统故障，不能向锅内给水；

（5）水位表或安全阀全部失效；
（6）设置在气相空间的压力表全部失效；
（7）锅炉元件损坏且危及运行人员安全；
（8）燃烧设备损坏，炉墙倒塌或锅炉构架被烧红等；
（9）危及锅炉安全运行的其他异常情况。

二、气瓶安全管理

气瓶属于移动式的压力容器，在危险化学品生产中应用广泛。由于经常装载易燃易爆、有毒及腐蚀性等危险介质，压力范围遍及高压、中压、低压。因此，气瓶除了具有一般固定式压力容器的特点外，在充装、搬运和使用方面还有一些特殊的问题。保证气瓶安全使用，除了要符合压力容器的一般要求外，还要符合一些专门的规定和要求。

（一）气瓶的充装

1. 气瓶充装单位的基本要求

（1）气瓶充装单位必须持有省级质监部门核发的《气瓶充装许可证》，其有效期为 4 年。

（2）应建立与所充装气体种类相适应的、能够确保充装安全和充装质量的管理体系和各项管理制度。

（3）应有熟悉气瓶充装技术的管理人员和经过专业培训的操作人员及气体充装前气瓶检验员。

（4）应有与所充装气体相适应的场所、设施、装备和检测手段。

2. 气瓶充装前的检查

（1）气瓶的原始标志是否符合标准和规程的要求，钢印字迹是否清晰可辨。

（2）气瓶外表面的颜色和标记（包括字样、字色、色环）是否与所装气体的规定标记相符。

（3）气瓶内有无剩余压力，如有余气，应进行定性鉴别，以判定剩余气体是否与所装气体相符。

（4）气瓶外表面有无裂纹、严重腐蚀、明显变形及其他外部损伤缺陷。

（5）气瓶的安全附件（瓶帽、防震圈、护罩、易熔合金塞等）是否齐全、可靠和符合安全要求。

（6）气瓶瓶阀的出口螺纹型式是否与所装气体的规定螺纹相符。盛装可燃性气体气瓶的瓶阀螺纹是左旋的；盛装非可燃性气体气瓶的瓶阀螺纹是右旋的。

3. 禁止充气的气瓶

在气瓶充装前的检查中，发现气瓶具有下列情况之一时，应禁止对其进行充装：

（1）颜色标记不符合《气瓶颜色标记》的规定，或严重污损、脱落，难以辨认的。

（2）气瓶是由不具有《气瓶制造许可证》的单位生产的。

（3）原始标记不符合规定，或钢印标志模糊不清，无法辨认的。

（4）瓶内无剩余压力的。

（5）超过规定的检验期限的。

（6）附件不全、损坏或不符合规定的。

（7）氧气瓶或强氧化剂气体气瓶的瓶体或瓶阀上沾有油脂的。

4. 气瓶的充装量

为了使气瓶在使用过程中不因环境温度的升高而造成超压，必须对气瓶的充装量严格加以控制。

(1) 永久气体气瓶的充装量是以充装温度和压力确定的，其确定的原则是：气瓶内气体的压力在基准温度(20℃)下应不超过其公称工作压力；在最高使用温度(60℃)下应不超过气瓶的许用压力。

(2) 高压液化气体气瓶充装量的确定原则是：保证瓶内气体在气瓶最高使用温度(60℃)下所达到的压力不超过气瓶的许用压力，因充装时是液态，故只能以它的充装系数(气瓶单位容积内充装液化气体的质量)来计量。

(3) 低压液化气体气瓶充装量的确定原则是：气瓶内所装入的介质，即使在最高使用温度下也不会发生瓶内满液，也就是控制的充装系数不大于所装介质在气瓶最高使用温度下的液体密度，即不大于液体介质在60℃时的密度。

(4) 乙炔气瓶的充装压力，在任何情况下不得大于2.5MPa。

(二) 气瓶的安全使用与维护

(1) 气瓶使用时，一般应立放，并应有防止倾倒的措施。

(2) 使用氧气或氧化性气体气瓶时，操作者的双手、手套、工具减压器、瓶阀等，凡有油脂的，必须脱脂干净后，方能操作。

(3) 开启或关闭瓶阀时速度要缓慢，且只能用手或专用扳手，不准使用锤子、管钳、长柄螺纹扳手等。

(4) 每种气体要有专用的减压器，尤其氧气和可燃气体的减压器时不得互用；瓶阀或减压器泄漏时不得继续使用。

(5) 瓶内气体不得用尽，必须留有剩余压力。

(6) 不得将气瓶靠近热源，安放气瓶的地点周围10m范围内，不应进行有明火或可能产生火花的作业。

(7) 气瓶在夏季使用时，应防止暴晒。

(8) 瓶阀冻结时，应把气瓶移至较温暖的地方，用温水解冻，严禁用温度超过40℃的热源对气瓶加热。

(9) 经常保持气瓶上油漆的完好，漆色脱落或模糊不清时，应按规定重新漆色。严禁敲击、碰撞气瓶，严禁在气瓶上进行电焊引弧，不准用气瓶作支架。

三、压力容器安全管理

压力是确定物质状态的基本参数，大多数物质的熔点、沸点随着压力的变化而变化，超高压下许多物质的性质和形态与常压时完全不同，压力还可以改变化学反应过程的速度和反应的转化率。几乎每一个化工工艺过程都离不开压力容器。加强压力容器安全操作的管理是实现化工安全生产的重要环节之一。

(一) 压力容器安全运行

正确合理地操作和使用压力容器，是保证压力容器安全运行的重要措施。压力容器的使用单位应在容器运行过程中从使用条件、环境条件和维修条件等方面采取控制措施，以保证压力容器的安全运行。

1. 压力容器投用前的准备工作

（1）检查压力容器安装、检验、修理工作后遗留的辅助设施是否全部拆除，压力容器内有无遗留工具、杂物等。

（2）检查附属设备及安全防护设施是否完好。

（3）检查水、电、汽等的供给是否恢复，道路是否畅通，操作环境是否符合安全运行的要求。

（4）检查系统中压力容器连接部位、接管等的连接情况，该抽的盲板是否抽出，阀门是否处于规定的启闭状态。

（5）检查安全附件、仪器仪表是否齐全，并检查其灵敏程度及校验情况，若发现安全附件无产品合格证或规格、性能不符合要求或逾期未校验等情况，不得使用。

（6）编制压力容器的有关管理制度及安全操作规程，操作人员应熟悉和掌握有关内容，并了解工艺流程和工艺条件。

2. 压力容器安全操作的一般要求

（1）压力容器操作人员必须持证上岗，并定期接受专业培训和安全教育。

（2）压力容器操作人员要熟悉本岗位的工艺流程，熟悉容器的类别、结构、主要技术参数和技术性能，严格按操作规程操作，掌握处理一般事故的方法，认真填写操作记录。

（3）严格控制工艺参数，严禁压力容器超温、超压运行，随时检查容器安全附件的运行情况，保证其灵敏可靠。

（4）要平稳操作。压力容器运行期间，还应尽量避免压力、温度的频繁和大幅度波动。

（5）容器内有压力时，不得进行任何修理。对于特殊的生产工艺过程，需要带温带压紧固螺栓，或出现紧急泄漏需进行带压堵漏时，使用单位必须按设计规定制定有效的操作密闭防护措施。

（6）坚持容器运行期间的巡回检查，及时发现操作中或设备上出现的不正常状态，并采取相应措施进行调整或消除。

（7）正确处理紧急情况。

3. 运行中工艺参数的控制

（1）压力和温度控制

压力和温度是压力容器使用过程中的两个主要参数。压力的控制要点主要是控制容器的操作压力不超过最高工作压力，温度的控制主要是控制其极端的工作温度。高温下使用的压力容器主要是控制介质的最高温度，并保证器壁温度不高于其设计温度；低温下使用的压力容器，主要控制介质的最低温度，并保证器壁温度不低于设计温度。

压力容器运行中，操作人员应严格按照容器安全操作规程中规定的压力和温度进行操作，严禁盲目提高工作压力。可采用联锁装置、实行安全操作挂牌制度来防止操作失误。对于反应容器，必须严格按照规定的工艺要求进行投料、升温、升压和控制反应速度，注意投料顺序，严格控制反应物料的配比，并按照规定的顺序进行降温、卸压和出料。

（2）液位控制

液位控制主要是针对液化气体介质的容器和部分反应容器的介质比例而言。盛装液化气体的容器应严格按照规定的充装系数充装，以保证在设计的温度下容器内有足够的气相空间。反应容器则需通过控制液位来实现控制反应速度和不正常反应的产生。

(3) 介质腐蚀性的控制

在操作过程中，介质的工艺条件对容器的腐蚀有很大影响。因此，必须严格控制介质的成分及杂质含量、流速、温度、水分及 pH 值等工艺指标，以减少腐蚀速度，延长使用寿命。

(4) 交变载荷的控制

压力容器在反复变化的载荷作用下会产生疲劳破坏，为了防止容器疲劳破坏，就容器使用过程中工艺参数控制而言，应尽量使压力、温度的升降平稳，尽量避免突然地开、停车，避免不必要的频繁加压和卸压。对要求压力、温度稳定的工艺过程，则要防止压力、温度的急剧升降，使操作工艺指标稳定。对于高温压力容器，应尽可能减缓温度的突变，以降低热应力。

4. 压力容器运行中的检查

操作人员在容器运行期间应经常对容器进行检查，及时发现操作中或设备的不正常状态，并及时处理。

(1) 设备状况检查

设备状况方面主要是检查阀门开关是否正常：各连接部位有无泄漏、渗漏现象；容器有无明显变形，外表面有无腐蚀，保温层是否完好，连接管道有无异常振动、磨损等现象；支承、支座、紧固螺栓是否完好，基础有无下沉、倾斜。

(2) 工艺条件检查

工艺条件方面主要是检查操作压力、温度、液位是否在安全操作规程规定的范围内；检查工作介质的化学成分，特别是那些影响容器安全(如产生应力腐蚀、使压力或温度升高等)的成分是否符合要求。

(3) 安全装置检查

安全装置方面主要是检查安全装置以及与安全有关的仪表量具(如温度计、计量用的衡器及流量计等)是否保持良好状态，联锁装置是否完好。

5. 压力容器的紧急停运

容器停止运行的操作包括：停止向容器内输入气体或其他物料，泄放容器内的气体或其他物料，使容器内的压力下降。压力容器紧急停运时，操作人员必须做到保持镇定、判断准确、操作正确、处理迅速，防止事故扩大。在执行紧急停运的同时，还应按规定执行程序及时向本单位有关部门报告。对于系统连续生产的，还必须做好与前、后有关岗位的联系工作。紧急停运前，操作人员应根据容器内介质状况做好个人防护。

压力容器运行过程中，发生下列异常现象之一时，操作人员应立即采取紧急措施，停止容器运行。

(1) 压力容器的工作压力、介质温度或器壁温度超过允许值，采取措施仍得不到有效控制。

(2) 压力容器的主要承压部件出现裂纹、鼓包、变形、泄漏等危及安全的现象。

(3) 发生火灾直接威胁到压力容器的安全运行。

(4) 安全装置失效，连接管件断裂，紧固件损坏，难以保证安全运行。

(5) 过量充装，容器液位失去控制，采取措施仍得不到有效控制。

(6) 压力容器与管道发生严重震动，危及安全运行。

（二）压力容器的维护保养

压力容器的使用安全与其维护保养工作密切相关。做好压力容器的维护保养工作，使压力容器在完好状态下运行，就能防患未然，提高压力容器的使用效率，延长使用寿命。

1. 压力容器运行期间的维护保养

（1）保持完好的防腐层。工艺介质对材料有腐蚀性的压力容器，通常采用防腐蚀层来防止介质对器壁的腐蚀，如涂层、搪瓷、衬里等。防腐层一旦损坏，介质接触器壁，局部加速腐蚀会产生严重的后果。因此，要经常检查防腐层有无自行脱落，检查衬里是否开裂或焊缝处有无渗漏现象。发现防腐层损坏时，即使是局部的，也应该经过修补等妥善处理后才能继续使用。

（2）对于有保温层的压力容器，要检查保温层是否完好，防止容器壁裸露。

（3）维护保养好安全装置。压力容器的安全装置是防止其发生超压事故的重要装置，应使它们处于灵敏准确、使用可靠状态。因此，必须在压力容器运行过程中，按照有关规定加强维护保养。

（4）减少或消除压力容器的震动。压力容器的震动对其正常使用有很大影响。当发现压力容器有震动时，应及时查找原因，采取措施，如隔离震源、加强支撑装置等，以消除或减轻压力容器的震动。

（5）彻底消除“跑”“冒”“滴”“漏”现象。

2. 压力容器停用期间的维护保养

对长期停用或临时停用的压力容器，也应加强维护保养工作。停用期间保养不善的压力容器甚至比正常使用的压力容器损坏得更快，有些压力容器就是忽略了停用期间的维护而造成了日后的事故。

停止运行的压力容器尤其是长期停用的压力容器，一定要将内部介质排放干净，清除内壁的污垢、附着物和腐蚀产物。对于腐蚀性介质，排放后还需经过置换、清洗、吹干等技术处理，使压力容器内部干燥和洁净。应保持压力容器表面清洁，并保持压力容器及周围环境的干燥。此外，要保持压力容器外表面的防腐油漆等完好无损。有保温层的压力容器，还要注意保温层下的防腐和支座处的防腐。

四、压力管道安全管理

压力管道是化工生产中必不可少的重要部件，用以连接化工设备与机械，输送和控制流体介质，共同完成化工工艺过程。化工压力管道内部介质多为有毒、易燃、具有腐蚀性的物料，由于腐蚀、磨损使管壁变薄，极易造成泄漏而引起火灾、爆炸事故。因此，在化工生产中压力管道的安全具有极其重要的地位。

压力管道的使用单位应对其安全管理工作全面负责，防止因其泄漏或破裂而引起中毒、火灾或爆炸事故。在压力管道安全管理过程中，应注意以下几点：

（1）贯彻执行《压力管道安全技术监察规程》及压力管道的技术规范、标准，建立健全本单位的压力管道安全管理制度。

（2）压力管道及其安全设施必须符合国家有关规定。

（3）应有专职或兼职专业技术人员负责压力管道安全管理工作。压力管道工作的操作人员和压力管道的检验人员必须经过安全技术培训。

(4) 按规定对压力管道进行定期检验，并对其附属的仪器仪表、安全保护装置、测量调控装置等定期校验和检修。

(5) 建立压力管道技术档案，并到单位所在地(市)级质量技术监督行政部门登记。

(6) 对输送可燃、易爆或有毒介质的压力管道，应建立巡回线检查制度，制定应急措施和救援方案，根据需要建立抢救队伍，并定期演练。

(7) 对事故隐患应及时采取措施进行整改，重大事故隐患应以书面形式报告主管部门和市场监督管理局。

(8) 按有关规定及时如实向主管部门和当地市场监督管理局等有关部门报告压力管道事故，并协助做好事故调查和善后处理工作，认真总结经验教训，采取相应措施，防止事故重复发生。

第五节 作业现场职业危害防护

危险化学品企业作业人员的岗位比较特殊，危险性比较大，有毒作业环境、粉尘作业环境、高温和低温作业环境、噪声作业环境以及辐射作业环境较为常见，此类岗位的作业人员是最容易受到职业危害的人群之一。因此，在日常工作中，班组要加强作业的防护工作，预防常见的职业危害，保证身体的健康和安全。了解职业危害，正确使用个体防护用品，既是对自我生命的尊重，也是企业安全生产的一个重要环节。

一、作业现场职业危害因素

(一) 职业危害因素的定义

职业性危害因素是指劳动者在不良的劳动环境和劳动条件下工作时，由生产过程、劳动过程中产生的可能影响劳动者健康的某些因素。例如石粉过筛时产生的粉尘；油漆工在刷漆或喷漆时散发出来的苯、甲苯、二甲苯或其他有机溶剂；放射科医师在透视或摄片过程中接触到的 X 射线等，都称之为职业性有害因素，也叫生产性有害因素。

(二) 职业危害因素的分类

职业危害因素分类按其来源和性质，可分为以下类型，见表 5-6。

表 5-6 职业性危害因素分类

来源	有害因素	有害说明
生产过程中的有害因素	化学因素	生产毒物，如铅、汞、氯气、一氧化碳、有机磷农药等
	物理因素	异常气象条件，如高温、高湿、低温等。异常气压，如高气压、低气压(高山、高空作业等)。噪声、振动。非电离辐射，如红外线，紫外线、微波、激光、射频等。电离辐射，如 X 射线、γ 射线等
	生物因素	如附着于皮毛上的炭疽杆菌、蔗渣上的霉菌等
劳动过程中的有害因素	劳动制度	劳动组织、制度不合理，劳动作息制度不合理等
	劳动组织	精神紧张或个别系统、器官过度紧张，如视力紧张等
	劳动安排	劳动强度过大或生产定额不当，安排的作业强度与劳动者生理状态不相适应等
	工作体位	长时间处于某种不良体位或使用不合理的工具等

续表

来源	有害因素	有害说明
生产环境中的有害因素	自然环境	自然环境中的有害因素，如炎热季度强阳光辐射
	厂房建筑或布置	厂房建筑或布置不合理，有毒工段和无毒工段安排在同一个车间、通风条件不符合卫生要求、照明、采光不符合卫生要求、门窗设计不合理等
	生产过程所致环境污染	生产过程所致的有毒有害环境
	安全防护	安全防护措施或个人防护用品有缺陷或配备不足，造成操作者长期处于有毒有害环境中

在实际生产场所中，危害因素常常不是单一的，往往同时存在多种危害因素对劳动者的健康产生联合影响。

另外，在同一生产环境下从事同一作业的工人中，个体发生职业损害的机会和程度有很大的差别，这是因为：

(1) 个体之间的遗传差异：如患有某些遗传疾病或有遗传缺陷的人容易受某些有毒物质的作用；

(2) 年龄和性别的差异：如妇女接触职业危害因素极易损害胎儿、婴儿的健康，未成年人和老年人也易受职业危害的影响；

(3) 营养差异：营养不良可降低机体的抵抗力和康复能力；

(4) 其他疾病和精神因素：如患有皮肤疾病可增加吸收毒物的机会，患有肝脏病影响机体对毒物的解毒功能；

(5) 文化水平和生活方式：具有一定的文化素质的人能较自觉地采取预防危害的措施。

上述五条，统称个体危害因素。具有这些因素缺陷的人，容易引起职业损害，这些人是工业卫生教育和预防工作的重点。

(三) 职业病

1. 职业病的定义

依据《职业病防治法》，职业病是指企业、事业单位和个体经济组织等用人单位的劳动者在职业活动中，因接触粉尘、放射性物质和其他有毒、有害因素而引起的疾病。

2. 职业病的特点

与其他职业伤害相比，职业病有以下特点：

(1) 病因有特异性，在控制接触后可以控制或消除发病；

(2) 病因大多可以检测，一般有接触水平(剂量-反应)关系；

(3) 在不同的接触人群中，常有不同的发病集丛；

(4) 如能早期诊断，合理处理，愈后较好，但仅指治疗病人，无助于保护仍在接触人群的健康；

(5) 大多数职业病，目前尚缺乏特效治疗，应着重于保护人群健康的预防措施。如矽肺患者的肺组织纤维化是不可逆的，因此，只能用防尘措施、依法实施卫生监督管理、加强个人防护和健康教育，才能消除矽肺。

3. 分类

根据《职业病分类和目录》有关内容，纳入职业病范围的职业病分十大类132种，见表5-7。

表5-7 职业病种类

序号	名称	数量	常见职业病类别
1	尘肺及其他呼吸系统疾病	19种	矽肺、铝尘肺
2	职业性放射性疾病	11种	放射性皮肤疾病、放射性骨损伤等
3	职业性化学中毒	60种	铅及其化合物中毒、氯气中毒等
4	物理因素所致职业病	7种	中暑、双臂振动病等
5	职业性传染病	5种	布鲁氏杆菌病、森林脑炎和炭疽等
6	职业性皮肤病	9种	接触性皮炎、化学性皮肤灼伤等
7	职业性眼病	3种	化学性眼部烧伤、电光性眼炎等
8	职业性耳鼻喉口腔疾病	4种	噪声聋、铬鼻病等
9	职业性肿瘤	11种	石棉所致肺癌、间皮癌，苯所致白血病等
10	其他职业病	3种	滑囊炎、金属烟热等

二、作业现场职业危害及其防护

企业员工应积极贯彻落实国家有关职业健康的法律、法规和规章，控制、减少或消除职业病危害，预防职业病，保护自身身体健康。作为班组长，应明确作业场所产生或存在的职业病危害因素种类，结合职业病危害接触水平和采取的职业病危害防护措施，参与分析职业病危害因素的危害程度、产生的原因，并对可能造成劳动者职业健康损害的环节提出合理的改进措施和建议，为企业做好职业健康监护、职业病危害申报工作和职业病危害防治提供依据。

依据企业生产设备、工艺流程及其布局，生产过程使用的原料、辅料、中间品等基本情况，应用查表法、经验法、类比法、综合法等方法对职业病有害因素进行识别。通过识别全面辨识出究竟哪些作业场所、何种工艺流程中存在及产生的职业病危害，确定职业病危害因素及风险等级。

（一）化学毒物及个人防护

化学工业生产中，特别是危险化学品的生产中大多接触毒物，许多化工原料中间体和化工产品本身就是毒物。

1. 毒物分类

按毒物的化学性质及其用途，工业毒物大致分为六类：

（1）金属及类金属

例如铅、四乙铅、汞、砷、砷化氢、锰、铍、铬、锌等。

（2）刺激性气体

对机体作用的共同特点是对眼和呼吸道黏膜有刺激作用。如硫酸、硝酸、二氧化硫、三氧化硫、氨、氯化氢、氟化氢、甲醛等。

（3）窒息性气体

吸入后能直接造成人体组织处于缺氧状态的气体。常见的窒息性气体有氮气、硫化氢、一氧化碳、二氧化碳、氰化氢和甲烷等。

（4）有机溶剂

苯、甲苯、二甲苯、汽油、二硫化碳、四氯化碳。

（5）高分子化合物

包括塑料、合成纤维、合成橡胶三大合成产品以及黏合剂、离子交换树脂，在缩聚过程中的氯乙烯、丙烯腈、氯丁烯、合氟塑料等。

（6）农药、杀虫剂、杀螨剂、杀鼠剂、除草剂等。

按毒物的危害程度，工业毒物可分为五类：

① Ⅰ级极度危害

剧毒类物质，毒性极大，少量进入人体即可致命，如氰化物、砷、黄磷等。

② Ⅱ级高度危害

高毒类物质，毒性较大，如甲醛、硫化氢等。

③ Ⅲ级中度危害

中等毒类物质，毒性较小，如甲醇、苯酚等。

④ Ⅳ级轻度危害

低毒类物质，有轻微的毒性。

⑤ Ⅴ级极轻度危害

微毒类物质。

分级标准见表5-8。

表5-8　工业毒物急性毒性分级标准

毒性分级	大鼠一次经口 LD_{50}/(mg/kg)	兔经皮 LD_{50}/(mg/kg)	人可能致死剂量/(g/60kg体重)
剧毒	<1	<5	<0.1
高毒	1~50	5~44	3~30
中等毒	50~500	44~350	30~250
低毒	500~5000	350~2180	250~1000
微毒	>5000	>2180	>1000

注：LD_{50}为半数致死剂量。

2. 最高容许浓度 Maximum Allowable Concentration（简称MAC）

指为保证人在经常生产劳动中，不致发生急性和慢性职业危害，工作场所中有害物质进行长期多次有代表性的采样测定，均不应超过的数值。见表5-9。

表5-9　部分毒物在车间空气中的最高容许浓度　mg/m³

名称	最高容许浓度	名称	最高容许浓度
一氧化碳	30	氨	30
甲醛	3	氯气	1
汽油	300	硫化氢	10
二氧化硅	2	苯	40
煤尘	10	石棉粉尘	2

3. 生产性毒物对人体的危害

(1) 生产性毒物作用的表现形式

生产性毒物可引起职业中毒。职业中毒按发病过程可分为急性中毒、慢性中毒和亚急性中毒三种形式。

① 急性中毒。由毒物一次或短时间内大量进入人体所致。多数是由生产事故或违反操作规程引起的。

② 慢性中毒。由少量毒物长期进入机体所致。绝大多数是由蓄积作用的毒物引起的。

③ 亚急性中毒。亚急性中毒介于以上两者之间，是在较短时间内有较大量毒物进入人体所产生的中毒现象。

(2) 带毒状态

接触工业毒物，但无中毒症状和体征，尿中或其他生物材料中所含的毒物量(或代谢产物)超过正常值上限，或试验呈阳性。这种状态称为带毒状态或毒物吸收状态。

(3) 致突变、致癌、致畸

某些化学毒物可引起机体遗传物质的变异。有突变作用的化学物质称为化学致突变物。有的化学毒物能致癌，能引起人类或动物癌病的化学物质称为致癌物。有些化学毒物对胚胎有毒性作用，可引起畸形，这种化学物质称为致畸物。

4. 常见的职业中毒

(1) 刺激性气体中毒

刺激性气体是工业生产中常遇到的一类有害气体，主要有氯气、光气、氮氧化物、氨气等。刺激性气体对呼吸道有明显的损害，轻者为上呼吸道刺激症状，重者可致喉头水肿、喉痉挛、中毒性肺炎、肺水肿。刺激性气体大多是化学工业的重要原料和副产品，此外，在医药、冶金等行业中也经常接触到。刺激性气体多有腐蚀性，生产过程中常因设备被腐蚀而发生“跑”“冒”“滴”“漏”现象，或因管道、容器内压力增高而致刺激性气体大量外逸造成中毒事故。刺激性气体急性中毒症状有眼、上呼吸道刺激症。有的可在发生肺炎的同时出现肺水肿。长期接触低浓度气体，可导致慢性中毒，如慢性支气管炎、结膜炎、咽炎及牙齿酸蚀症，同时伴有神经衰弱综合征和消化道症状。

(2) 窒息性气体中毒

① 一氧化碳中毒

一氧化碳为无色、无味、无刺激性的气体，易燃、易爆，是一种最常见的窒息性气体。化学工业中以一氧化碳为原料，制造合成氨、甲醇、光气、羰基金属等。轻度中毒患者可出现剧烈头痛、眩晕、心悸、胸闷、耳鸣、恶心、呕吐、乏力等，部分重度一氧化碳中毒患者可发生一氧化碳中毒迟发性脑病。长期接触低浓度的一氧化碳，可引起神经衰弱综合征及自主神经功能紊乱、心律失常、心电图改变等。

② 硫化氢中毒

硫化氢是一种无色、具有腐烂臭鸡蛋味的气体，很少用作生产原料，多是生产过程及日常生活中的废气。工业生产中含硫化合物的生产，人造纤维、玻璃纸制造中常接触硫化氢。硫化氢轻度中毒症状主要为眼及上呼吸道刺激症状。接触高浓度的硫化氢可立即昏迷、死亡，称为“闪电型”死亡。

5. 防毒措施

（1）密闭、生产自动化，这是解决毒物危害的根本途径。

（2）采用无毒、低毒物质代替剧毒物质，这是从根本上解决毒物危害的首选方法。

（3）通风。这是使作业场所空气中有毒有害物质含量保持在国家规定的最高容许浓度以下的常用、有效措施。

（4）排出气体的净化。所谓净化，就是利用一定的物理或化学方法分离含毒空气中的有毒物质，降低空气中的有毒有害物质浓度。常见的净化方法有五种：冷凝法、燃烧法、吸收法、吸附法和催化法。有时必须要对排出室外的空气进行净化，才能达到国家规定的排放标准。

（5）个体防护。接触毒物作业人员应遵守个人卫生制度和操作规程，如不准在作业场所吸烟、吃食，作业时采用保护用品。

（6）进入有毒气体环境的现场工作人员，应配备便携式有毒气体探测器(检测仪)。进入的环境同时存在爆炸性气体和有毒气体时，便携式可燃气体和有毒气体探测器可采用多气体检测仪。便携式气体检测仪的优点是使用人员可以随身携带，随时监控，从而实现个体保护。

（二）粉尘危害及个人防护

1. 生产性粉尘的概念

能够较长时间浮游于空气中的固体微粒称为粉尘。在生产中，与生产过程有关而形成的粉尘称为生产性粉尘。生产性粉尘对人体有多方面的不良影响，尤其是含有游离二氧化硅的粉尘，能引起严重的职业病——矽肺，生产性粉尘还能影响某些产品的质量，加速机器的磨损，微细粉末状原料、成品等成为粉尘到处飞扬，造成经济上的损失，甚至污染环境，危害人体健康。

2. 粉尘引起的职业病

生产性粉尘的种类繁多，理化性状不同，对人体所造成的危害也多种多样。就其病理性质可概括为如下几种：

（1）全身中毒性，如铅、锰、砷化物等粉尘；

（2）局部刺激性，如生石灰、漂白粉、水泥、烟草等粉尘；

（3）变态反应性，如大麻、黄麻、面粉、羽毛、锌烟等粉尘；

（4）光感应性，如沥青粉尘；

（5）感染性，如破烂布屑、兽毛、谷粒等粉尘；

（6）致癌性，如铬、镍、砷、石棉及某些光感应性和放射性物质；

（7）尘肺，如矽尘、硅酸盐尘，其中以尘肺的危害最为严重。

3. 生产性粉尘危害防治

（1）生产设备做到密闭化、自动化或者远距离控制，尽量使操作人员不接触或少接触有毒物质。

（2）通风排毒和净化回收。有时候，由于生产条件的限制，无法使设备密闭化，就应采取通风措施，将现场的有毒物质排除出去，使之达不到危害人体的浓度。但是对于工作现场排出的有毒物质，也不能直接排入大气，必要时应净化回收或使其变为无毒排放。

（3）正确使用个人防护用具。个人防护用品有防护服、手套、口罩、鞋盖、防毒面具、送风头盔等正确使用这些个人防护用具，对防尘防毒有一定作用。

(4) 定期检查身体，及早查出病变，及早治疗。

(5) 讲究个人卫生。例如养成良好的个人卫生习惯，饭前洗手，在工作现场禁止吃饭、饮水、抽烟。再如班后淋浴，工作衣帽与便服隔离存放和定期清洗，等等。这对于防止有毒物质污染人体，特别是防止有毒物质从口腔、消化道侵入人体有重要意义。

(三) 物理因素危害及个人防护

1. 噪声危害的个人防护

(1) 噪声的主要危害

噪声对人体的影响是多方面、全身性的，除对心血管系统的影响外，主要是对听力的影响，噪声对听觉系统的影响是由暂时性的听力位移变成永久性的听力位移，以致不能恢复，进而发展成噪声性耳聋。

(2) 职业禁忌证

噪声易感者(噪声环境下工作 1 年，双耳 3000Hz、4000Hz、6000Hz 中任意频率听力损失≥65dB)。

(3) 预防措施

① 选用低噪声设备，经常维修和保养；

② 采用吸声、隔声、防振动等措施降低噪声；

③ 佩戴有效、舒适的护耳器；

④ 尽量减少在强噪声源附近停留的时间。

2. 高温危害及个人防护

(1) 主要危害

高温作业时，人体可出现一系列生理功能改变，主要为体温调节、水盐代谢、循环系统、消化系统、神经系统、泌尿系统等方面适应性变化。但如果超过一定限度，如环境温度过高、劳动强度过大、劳动时间过长等因素，则可引起正常的生理功能紊乱，从而导致中暑。中暑表现为热射病、热痉挛、热衰竭，其中热射病最为严重。

(2) 职业禁忌证

① Ⅱ级及Ⅲ级高血压；

② 活动性消化性溃疡；

③ 慢性肾炎；

④ 未控制的甲亢；

⑤ 糖尿病。

(3) 预防措施

① 合理设计生产工艺；

② 做好隔热与通风降温；

③ 供应饮料和补充营养；

④ 加强个人防护；

⑤ 坚持做好上岗前、在岗期间的健康检查工作，有职业禁忌证者不宜从事高温作业。

3. 其他异常气象条件作业

如冬天在寒冷地区或极地从事野外作业、冷库或地窖工作的低温作业；潜涵作业属高气压作业；高空、高原低气压环境中进行运输、勘探、筑路、采矿等作业，属低气压作业。异常气象条件引起的职业病列入国家职业病目录的有以下三种：中暑、减压病（急性减压病主要发生在潜水作业后）、高原病（是发生于高原低氧环境下的一种特发性疾病）。

（四）放射危害及个人防护

1. 主要危害

放射源主要包括α射线、β射线、γ射线、X射线、中子、质子等。

石化系统主要有用于探伤的X射线，用于控制液位、料位的铯-137、钴-60、γ射线放射源。

对机体的影响有：

（1）诱发癌症；

（2）遗传效应，通过改变基因作用于睾丸或卵巢细胞中的遗传物质引起基因突变而引起染色体畸变；

（3）诱发白内障；

（4）对胚胎的影响，造成畸形、发育障碍，严重时出现致死效应；

（5）对造血系统，白细胞下降较为明显，血小板、血红细胞的改变较晚。

2. 职业禁忌证

（1）血象：血红蛋白低于120g/L（男）或110g/L（女）；白细胞低于4.0×10^9/L；血小板低于90×10^9/L；

（2）严重的呼吸、循环、消化、血液、内分泌、泌尿、免疫系统疾病；

（3）精神和神经系统疾病；

（4）严重皮肤疾病；

（5）严重的视听障碍；

（6）恶性肿瘤；

（7）严重的残疾；

（8）先天性畸形；

（9）遗传性疾病；

（10）其他器质性或功能性疾病；

（11）未能控制的细菌性或病毒性感染。

3. 预防措施

（1）尽量远距离操作或轮流作业，缩短射线照射时间；

（2）屏蔽防护，在射线源与人体之间增设屏蔽设施，劳动者应按规范作业；

（3）加强个人防护，穿铅胶防护服、佩戴防护手套、防护围裙、防护眼镜等；

（4）工作人员应加强营养，每年有一定时间休息或疗养，应参加职业健康检查，早发现职业禁忌。

三、个人劳动防护用品的使用和管理

个体防护用品，是指在劳动过程中为了保护劳动者免遭或减轻事故伤害和职业危害，而由用人单位无偿提供给个人穿（佩）戴的用品，是保障职工安全和健康的一种预防性辅助措施，不是生活福利待遇。用人单位应根据企业安全生产、防止职业性伤害的需要，按照不同工种、不同劳动条件，发给职工个人劳动防护用品，作为班组长应指导、督促班组员工在作业时正确使用。个体防护用品是防止职业危害的最后一道防线。

做好个人防护，正确使用个人防护设备，是预防职业病的有效措施之一。防护用品本身的失效就意味着保护屏障的消失。个体防护用品既不能降低工作场所中有害化学品的浓度，不能消除工作场所的有害化学品，不能改变作业场所的温度，也不能改变场所的噪声污染，而只是一道阻止有害因素侵害人体的屏障，因此，个体防护不能被视为控制危害的主要手段，而只能作为一种辅助性措施。各类个体防护用品具有不同的功能，如眼睛保护、听力保护、呼吸保护、皮肤防护以及防护服、安全带等常见的防护用具，必须正确选择和使用、佩戴。需要使用个体防护的工人，要提前进行培训。

个人防护用品的分类及使用要点如下：

（一）头部防护用品

头部防护普遍采用工作帽和安全帽。它们的功能是提供对阳光和头部冲击的防护。

1. 安全帽的正确佩戴方法

（1）安全帽内衬圆周大小调节到对头部稍有约束感，用双手试着转动安全帽，以基本不能转动，但不难受的程度，以不系下颌带低头时安全帽不会脱落为宜。

（2）要优先保护前额，因为大多数的失控和碰撞都是往前摔的，头盔前沿要压至眉头之上，不要露出额头。

（3）佩戴安全帽必须系好下颌带，下颌带必须紧贴下颚，松紧以下颚有约束感但不难受为宜。

2. 安全帽的使用注意事项

（1）要有下颌带和后帽箍，并拴系牢固，防止安全帽滑落或碰掉。

（2）热塑性安全帽可用清水冲洗，不得用热水浸泡，不能放在暖气或火炉上烘烤，防止安全帽变形。

（3）佩戴安全帽前，应检查各配件有无损坏，装配是否牢固，帽衬调节部分是否卡紧，绳带是否系紧等，确认各部件完好后方可使用。

（4）安全帽使用超过规定限值，或受过较重冲击时，虽然肉眼看不到损伤痕迹，也应予以更换。一般塑料安全帽使用期限为两年半。

（5）安全帽不能在有酸、碱或化学试剂污染的环境中存放，不能放置在高温、日晒或潮湿的场所中，以免其老化变质。

（6）安全帽使用常见的错误有：不系下颌带，将下颌带搭在帽檐上；将下颌带塞到帽子里面；把安全帽当凳子坐；私自在安全帽上打孔。

（二）听觉器官防护用品

1. 听力保护的器具分类

主要有两大类：一类是置放于耳道内的耳塞，用于阻止声能进入；另一类是置于外耳的耳罩，限制声能通过外耳进入耳鼓及中耳和内耳。

2. 使用要点

（1）在高温高湿情况下最好使用耳塞。

（2）在粉尘多的环境中，最好用有垫盖的耳罩或者使用可弃型耳塞。

（3）反复性短时间的噪声暴露环境中，耳帽及耳塞都应适用于反复性短时间的噪声暴露。

(4) 工作过程中有信息性声音的环境，在工作过程中必须听受高频率的信息性噪声之处，最好使用在频率范围内有均匀的声音衰减特性的听力保护器。

(5) 有报警信号及语言交流的环境，最好使用频率范围均一的听力防护用品。

3. 耳塞的使用

(1) 耳塞在使用时，要先将耳廓向上提拉，使耳甲腔呈平直状态，然后手持耳塞柄，将耳塞帽体部分轻轻推向外耳道内，并尽可能地使耳塞体与耳甲腔相贴合。但不要用劲过猛过急或插得太深，以自我感觉适度为止。

(2) 戴后感到隔声不良时，可将耳塞稍微缓慢转动，调整到效果最佳位置为止。如果经反复调整仍然效果不佳时，应考虑改用其他型号、规格的耳塞试用，以选择最佳者定型使用。

(3) 佩戴泡沫塑料耳塞时，应将圆柱体搓成锥形体后再塞入耳道，让塞体自行回弹、充满耳道。

(4) 佩戴硅橡胶自行成型的耳塞，应分清左右塞，不能戴错；放入耳道时，要将耳塞转动放正位置，使之紧贴耳甲腔内。

4. 耳罩的使用

(1) 使用耳罩时，应先检查罩壳有无裂纹和漏气现象，佩戴时应注意罩壳的方向，顺着耳廓的形状戴好。

(2) 将连接弓架放在头顶适当位置，尽量使耳罩软垫圈与周围皮肤相互密合。如不合适时，应移动耳罩或弓架，调整到合适位置为止。

(3) 无论戴用耳罩还是耳塞，均应在进入有噪声车间前戴好，在噪声区不得随意摘下，以免伤害耳膜。如确需摘下，应在休息时或离开后，到安静处取出耳塞或摘下耳罩。

(4) 耳塞或耳罩软垫用后需用肥皂、清水清洗干净，晾干后再收藏备用。橡胶制品应防热变形，同时撒上滑石粉储存。

(三) 躯干防护用品

身体防护服分防尘服、防毒服、高温工作服、防火服、防静电工作服等。工业防尘服主要在粉尘污染的劳动场所中穿用，防止各类尘接触危害体肤：无尘服主要在无尘工艺作业中穿用，以保证产品质量，具有透气性、阻尘率高、尘附着率小的特点。防毒服用于酸、碱、矿植物油类、化学物质等作业人员的防护，分密闭型和透气型两类。前者用高浸透性材料制作，一般在污染危害较严重的场所中穿用；后者用透气性材料制作，一般在轻、中度污染场所中穿用。如果是全身套服，在清洗时要注意防止破坏其工业卫生要求。衣服不能保持清洁和不能及时更换时，有可能会导致皮炎或皮肤癌。

躯干防护用品使用要点：全身套服或者大衣，是用棉布制成的，有些是一次性使用的。如果是全身套服，在清洗时要做出安排，防止破坏其工业卫生要求，如在处理油及化学品时使用的情况下，当衣服不能保持清洁和及时更换有可能会导致皮炎或皮肤癌的形成。

穿戴防静电服是减少静电效应的一个重要的措施。

(四) 手部防护用品

手部防护用品使用要点：

认真选择手套，要考虑到舒适、灵活的要求和防高温的需要及可能用其抓起的物件的种种条件的需要等。不同材料制成的手套有不同的用途。使用安全要求如下：

(1) 皮革手套：主要用来防摩擦、防热。

(2) PVC 橡皮手套：主要用来防摩擦、防水、防油、防漆和有限的化学品防护。

(3) 布或尼龙手套：手工操作时使用。

(4) 橡胶手套：电绝缘工作时使用。

(5) 金属甲片：主要用来防切割。

在使用手套时，还要考虑可能遇到的，如有没有为此被卷到机器中的危害等危害因素。

(五) 坠落防护用品

常用的坠落防护主要有安全带和安全网。

其他坠落防护用品还有围杆带、悬挂带、架子工双背安全带、全身式安全带、全身式防冲击安全带。安全带及安全钩不是要取代防止高处坠落的其他安全措施，只有当无法使用平台及防护网时，才能使用安全带及安全钩。安全带及安全钩的作用是限制下坠的高度，并且帮助开展救援工作。

使用安全要点：

(1) 安全带上的各种部件不得随意拆掉，更换新绳时，要注意加绳套。

(2) 高处作业必须使用安全带。使用的常见错误有：系有安全带，但人员在移动时安全带未固定在构架上面，而失去保护作用。

(3) 安全带应高挂低用。使用的常见错误有安全带低挂高用；固定不牢固等。

(六) 呼吸器官保护装置

呼吸保护装置，一般分为两大类：一类是过滤呼吸保护器，通过将空气吸入过滤装置，去除污染而使空气净化；另一类是供气式呼吸保护器，是从一个未经过污染的外部气源，向佩戴者提供洁净空气的。绝大多数设备尚不能提供完全的保护，总有少量的污染物仍会不可避免地进入呼吸区。

使用要点：

(1) 过滤式呼吸保护器

① 口罩：可以盖住鼻子和嘴，由可以去除污染的过滤材料制成。

② 半面罩呼吸保护器：覆盖鼻子和嘴部的面罩，用橡皮或塑料制成，带有一个或更多的可拆卸的过滤盒。

③ 全面罩呼吸保护器：覆盖眼、鼻子及嘴部，有可拆卸的过滤罐。

④ 动力空气净化呼吸保护器：用泵将空气送进过滤器，在呼吸保护器内形成微正压，防止了污染物从缝隙中进入呼吸保护器。

⑤ 动力头盔呼吸保护器：包括了过滤器及装在头盔上的风扇。净化的空气吹进到头盔之内供呼吸使用。

过滤式呼吸保护器在缺氧空气中提供不了任何保护作用。

(2) 供气式呼吸保护器

① 长管洁净空气呼吸器：它从未污染的气流提供洁净的空气。

② 压缩空气呼吸器：将压缩气流用柔性长管向佩戴者提供空气。在气管上要有过滤装置以除去空气中的氮氧化物及油污。要有面罩或头盔，空气的压力由阀门来减压。

③ 自备气源呼吸器：空气从钢瓶中通过特殊的面罩提供给全佩戴者。全套装置均佩戴在操作者身上。

（七）足部防护用品

常用的防护鞋有防砸安全鞋、防穿刺安全鞋等。

使用安全要求：

（1）防护鞋使用时应注意：保护足趾安全鞋、胶面防砸安全鞋、防穿刺安全鞋属于特种劳动防护用品。在选用时，首先应确认该产品的制造商是否具有国家颁发的安全标志证书和生产许可证。

（2）防护鞋在储存时应放在干燥、通风的仓库中，避免阳光直射、雨淋和受潮以及受油、酸、碱类或其他腐蚀性物质的影响。

（3）同时鞋的尺寸也要合适，有时要求鞋具有绝缘性，防静电性有时也很重要。

（八）眼面部保护用品

根据产品的防护性能和防护部位分为两类：

（1）防护眼镜

这类产品又有防异物的安全护目镜和防光的护目镜两种。

① 安全护目镜是防御有害物伤害眼睛的产品，如防冲击护目镜和防化学药剂护目镜。

② 遮光护目镜是防御有害辐射线伤害的产品，如焊接护目镜和炉窑护目镜、防激光护目镜和防微波护目镜等。

（2）防护面罩

这类产品也分为安全型和遮光型两种。

① 安全型防护面罩是防御固态的或液态的有害物体伤害眼面的产品，如钢化玻璃面罩、有机玻璃面罩、金属丝网面罩等产品。

② 遮光型防护面罩是防御有害辐射线伤害眼面的产品，如电焊面罩、炉窑面罩等。

四、劳动防护用品的选用

劳动防护用品都是为防护特定的危险因素而设计的，一旦选用错误，危害极大。而最熟悉工作场所危险因素的就是企业生产一线的班组。班组长应该协助在每个识别出危险因素的工作场地或设备上，清楚地标出需要佩戴的个体防护用品。标记可以消除班组成员对是否佩戴劳动防护用品的疑问，提醒班组成员在此必须佩戴防护用品。

正确选用优质的防护用品是保证从业人员安全与健康的前提，可依据《化工企业劳动防护用品选用及配备》（AQ/T 3048—2013）选用劳动防护。选用的基本原则是：

（1）根据生产作业环境、劳动强度以及生产岗位所接触的有害因素存在形式、性质、浓度（或强度）和防护用品的防护性能进行选用。

（2）穿戴要保证基本舒适和方便，不影响工作。

① 作业中存在有毒的粉尘和烟气，可能伤害口腔、鼻腔、眼睛、皮肤的，生产经营单位应提供漱洗药水或者防护药膏；

② 对在有噪声、强光、辐射热和飞溅火花、碎片、刨屑的工作场所内作业的人员，生产经营单位应当为其提供护耳器、防护眼镜、面具和帽盔等；

③ 经常站在有水或者其他液体的地面上操作的人员，应由生产经营单位提供防水靴或者防水鞋等；

④ 经常在露天作业的人员，生产经营单位应当为其提供防晒防雨的用具。

班组长组织班组安全活动的时候，通过适当的指导、演示、员工试用等培训手段，通过口头和书面两种方式，告诉需要佩戴个体防护用品的每个班组成员：为什么必须使用劳动防护用品，什么时间、什么地点需要使用；怎样使用；怎样保管；使用中的注意事项。保证个体防护用品的正确使用，达到人人都懂，个个会用的目的。

五、职业危害防护用品、设施设备维护基本要求

根据《中华人民共和国职业病防治法》，对职业病防护设备、个人使用的职业病防护用品，用人单位应当进行经常性的维护、检修，定期检测其性能和效果，确保其处于正常状态，不得擅自拆除或者停止使用。

（一）防护用品维护的基本要求

凡发给车间、工段、班组公用的劳动防护用品，应指定专人管理。如有丢失，要查清责任，折价赔偿。班组成员是个体防护用品的直接使用者，对于公用的个体防护用品，应该告诉每个班组成员在什么地方储存和储存的方法。如果不能直接看到里面存放的防护用品，则应该在储存地点外准确醒目地标示出储存的个体防护用品的名称、数量等信息，并保证存取及清点方便。用完后要及时归位。

防护用品维护的基本要求如下：

1. 防护用品的维护和更换

任何个体防护用品的使用效率都可能随时间和重复使用而减少，为了保证个体防护用品的正常使用，正确的维护是十分必要的。为此，应该建立维护计划。指定一组人负责个人防护用品的维护，让所有使用它的工人都知道怎样保存、定期清洗和维护、出了问题应由谁负责。为清洗提供物质支持，例如提供好的冲洗、清洗设施。一定要使所有的备件在任何时候都能得到。

2. 日常监督

工作场所内存在的危害并非每天都引起死亡、受伤和疾病，这就给从业人员一个错觉，认为个体防护用品是不需要的，因此，班组长要时常提醒、教育提高班组成员的安全意识，并结合相应的管理手段加强日常监督管理。定期对不同的工作场所进行巡视，识别隐患和不安全行为，包括检查是否在需要使用个体防护用品的岗位没有使用个体防护用品。安全检查人员一定要在发现问题后立即纠正错误行为，并写出不安全情况的书面记录。对正确使用个体防护用品的员工应给予鼓励，对不使用个体防护用品的员工应给予批评教育，并要做到持之以恒。并对检查中发现的问题要及时整改，对结果进行汇总，针对各个环节存在的不适合、不满意、不足等情况，结合单位的资源情况，对每个环节提出改进意见。

3. 其他要求

（1）不允许使用者自行重新装填过滤式呼吸防护用品滤毒罐或滤毒盒内的吸附过滤材料，也不允许采取任何方法自行延长已经失效的过滤元件的使用寿命。呼吸防护用品的维护保养应按照《呼吸防护用品的选择、使用与维护》（GB/T 18664—2002）的有关规定执行。

（2）个人专用的防护用品应定期清洗和消毒，非个人专用的每次使用后都应清洗和消毒。

（3）不允许清洗过滤元件。对可更换过滤元件的过滤式呼吸防护用品，清洗前应将过滤元件取下。

(4) 防护用品应保存在清洁、干燥、无油污、无阳光直射和无腐蚀性气体的地方。防护手套等使用后应冲洗干净、晾干，避免在高温或低温下保存，并在制品上撒滑石粉以防粘连。对于由特殊材质制成并对保存有具体要求的个人防护用品，应按产品说明保存。

(5) 所有紧急情况和救援使用的防护用品应保持待用状态，并置于适宜储存、便于管理、取用方便的地方，不得随意变更存放地点。

(6) 使用者在每次使用前应仔细检查防护用品，如存在污渍、破损、变形等缺陷，应及时更换。

(二) 防护设施设备维护的基本要求

现场职业病危害防护设备有：洗眼器、喷淋器、除尘器、消音器、隔音室、防尘墙、防尘网等设施。企业应设置或者指定职业卫生管理机构或者组织，配备专职或者兼职的职业卫生管理人员，其主要职责是：全面负责职业危害防护设施维护检修，包括职业危害防护设施的设置、维护保养、更新，个体防护用品的发放、管理及从业人员佩戴使用情况。生产部门、职能部门、生产辅助部门、各车间操作工均不得损坏、破坏职业危害防护设施，违者按“三违”论处。

职业卫生管理部门应对职业危害防护设施进行检查，保持装置完好可用，发现问题第一时间处理，不得拖延，各生产部门有协助义务。对于专业职业危害防护设备设施，按照规定定期进行校正，在职业危害防护设施旁边设立说明牌板，牌板标明职业危害防护设施的功能用途及使用注意事项，每班的职业危害防护设施检修、维护、保养等情况应设立档案。设立新的职业危害防护设施时，职业危害防护设施维护检修部门应及时告知各生产部门，对设置新的职业危害防护设施的性质、用途各生产部门应充分了解并加以保护。

职业危害防护设备设施严重损坏危及安全生产时，职业危害防护设施维护检修部门有权责令停止作业撤出人员。待职业危害防护设备设施维修完毕下达作业命令时方可恢复生产。安全技术部门协助职业危害防护设施管理部门，每年对企业职工进行职业危害防护设备设施进行业务培训。

(1) 设备设施的日常保养由操作者负责。

① 班前认真检查设备，按规定做好设备的点检工作和润滑工作。

② 班中遵守设备操作规程，正确使用设备。

③ 班后做好设备清扫、润滑工作。

(2) 职业危害因素防治设备设施应与工艺装备一并进行定期检修和保养。

① 设备设施的定保工作，在每年的节假日或停产期间进行保养。设备设施的定保以设备操作者为主，维修人员进行指导和配合，按设备设施定保标准进行。

② 设备设施维修人员按设备设施定检内容进行设备设施定期检查，并做好定检记录。

(3) 职业危害因素防治设备设施的故障管理。

① 设备设施发生故障时，操作者应立即停机，关闭电源，防止故障扩大，通知技术部，按设备设施管理规定及时组织处理。必要时，组织有关单位进行抢修。

② 设备设施发生故障时，操作人员必须及时采取防治措施，停止或限量排放污染物，预计停机时间超过4h的，必须将故障信息上报企管部(设备)。

③ 设备设施故障排除后，设备操作者应对设备进行试运行认可，并和维修人员填写《职业危害因素控制设备设施停运、维修记录单》。

(4) 设备设施的报废与更新管理。

① 设备设施报废的条件：个体防护用品的使用期限应考虑腐蚀作业程度、受损耗情况以及耐用性能等情况。

在下列情况下，个体防护用品应作报废处理：

a. 设备设施经更新改造后性能仍不能满足职业危害因素防治防护设计要求和保证处理后作业点排放达标的防治设备设施。

b. 不符合国家标准、行业标准或地方标准。

c. 在使用或保管储存期内，遭到损坏或超过有效使用期，经检验未达到原规定的有效防护功能最低指标。

② 设备设施报废的审批程序：凡符合报废条件的防治设备，由企管部(设备)组织全面检查和初步技术鉴定后，填写《职业危害因素防治设备设施报废申请表》，按照公司固定资产报废管理办法办理相关手续。

生产经营单位只有按照法律法规的要求，依照相关标准认真进行个体防护用品的管理，才能真正保护从业人员的安全与健康。

案　例

案例 1

2011 年 5 月 5 日 17 时 40 分，某油田矿区物业服务中心水电维修班气焊工卢某完成钢板切割任务后，在收拾作业现场、关闭氧气瓶减压阀时突然发生了氧气瓶爆炸事件。氧气瓶底部有油性物质。油性物质接触高纯度氧气发生化学反应，并释放热量，直接导致了爆炸发生。

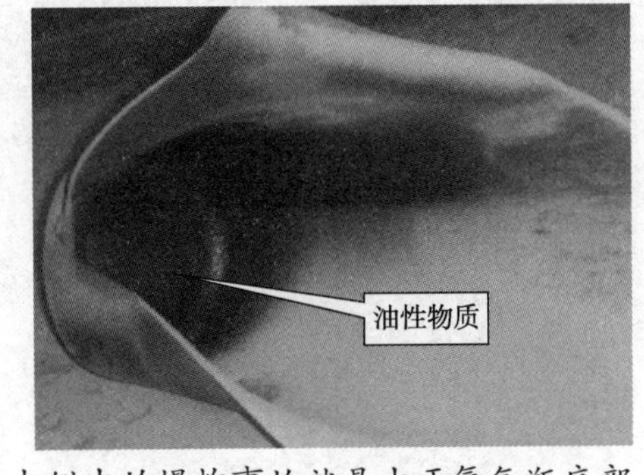

小提示：使用氧气或氧化性气体气瓶时，气瓶不得沾上油脂，操作者的双手、手套、工具减压器、瓶阀等，凡有油脂的，必须脱脂干净后，方能操作。本例中的爆炸事故就是由于氧气瓶底部有油性物质，油性物质接触高纯度氧气发生化学反应，并释放热量，直接导致了爆炸发生。

案例 2

2019 年 3 月 26 日 8 时 30 分左右，某工程公司施工现场负责人程某带领孙某等 6 名施工人员在参加完班前会后，来到某石化公司炼油二部加氢裂化压缩机房屋顶平面，开展更换彩钢瓦作业。另 1 名施工人员在二层平台实施监护，未上到屋顶平面。作业至 8 时 58 分左右，孙某在移动临时电箱时，因未将安全带系挂于拉设在屋顶的生命绳(钢丝绳)上，在踩踏到尚未固定的新铺设彩钢瓦时，随彩钢瓦从房顶平面掉落至压缩机(K3101/C)电机箱顶部，并弹至北侧设备防护棚(高度约 2.4m)上，坠落高度约 11m。彩钢瓦随作业人员一同掉落至二层平台上。该石化公司负责现场监护的人员卞某春听到声响后，来到二层平台查看，发现了掉落下的彩钢瓦，在未认真核实现场的异常情况下，就离开事故现场。

小提示：安全带是常用的坠落防护用品，是一种防止高处作业人员发生坠落或发生坠落后将作业人员安全悬挂的个体防护装备。高处作业必须使用安全带。使用安全带的常见错误有：虽然系有安全带，但人员在移动时安全带未固定在构架上面，而失去保护作用。本例中高处作业人员孙某在移动临时电箱时，未将安全带系挂于拉设在屋顶的生命绳(钢丝绳)上，在踩踏到尚未固定的新铺设彩钢瓦时，随彩钢瓦从房顶平面掉落，坠落高度约11m。这样，安全带形同虚设，没有起到坠落防护的作用。

复习思考题

1. 安全色的含义是什么？安全色有哪些用途？
2. 预防火灾爆炸事故的基本措施有哪些？
3. 预防触电事故的技术措施有哪些？
4. 危险化学品作业现场职业危险因素有哪些？
5. 简述生产性毒物的防毒措施。
6. 安全帽的正确佩戴方法是什么？使用时要注意些什么？
7. 职工在使用化学防护服的过程中应注意些什么？

第六章　班组岗位安全管理要求

本章学习要点

1. 掌握化工安全生产的基本操作要点；
2. 了解关键装置及要害岗位安全管理相关知识；
3. 掌握化工单位检修安全管理相关知识；
4. 了解危险化学品的储存和运输安全知识；
5. 熟练掌握典型化工工艺安全控制要求；
6. 熟悉班组作业标准化相关知识。

第一节　化工生产安全管理

一、生产岗位安全操作管理要求

各岗位的安全操作规程有所不同、各有侧重，安全操作对于保证生产安全也至关重要。作为化工企业班组长，在生产岗位必须严格执行如下安全管理要求：

(1) 在车间主任的领导下，对班组的生产任务、管理及安全工作全面负责。

(2) 班组长是本班组第一责任人，严格执行安全操作规程。

(3) 严格执行工艺技术规程，遵守工艺纪律，正确指挥班组员工安全生产，合理调配人力和物力，做到“平稳运行”。在操作中要注意将工艺参数指标严格控制在最佳范围之内，不得违反，更不得擅自修改。

(4) 严格控制溢料和漏料，严防“跑”“冒”“滴”“漏”。

对于正常运转的生产装置，预防漏料的关键是严禁超量、超温、超压操作；防止班组员工误操作；加强设备系统的维护保养；加强班组安全检查，对“跑”“冒”“滴”“漏”现象，做到早发现、早处置。“物料泄漏率”的高低，在一定程度上反映了班组生产管理和安全管理的水平。

注意：班组安全检查实施的“一班三查”制是指班前检查、班中检查、班后检查。

(5) 不得随便拆除安全附件和安全联锁装置，不准随意切断声、光报警等信号。不允许任何人以任何借口拆除。

(6) 正确穿戴和使用个体防护用品，教育和监督班组员工正确穿戴使用。

(7) 严格落实安全纪律，禁止无关人员进入操作岗位和动用生产设备、设施和工具。

(8) 正确判断和及时处理异常情况，紧急情况下，应先处理后报告(包括停止一切检修作业，通知无关人员撤离现场等)。

(9) 班组长应具备安全风险辨识并落实具体风险管控措施的能力。

（10）请各企业各岗位结合自身情况规范各自岗位安全操作规程。

二、开车安全操作管理要求

化工企业班组长在生产岗位开车过程中，应严格执行如下安全管理要求：

（1）开车前必须进行分析验证，办理开车操作票。

（2）开车前班组长应严格下列要求：

① 检查并确认水、电、汽（气）符合开车要求，各种原料、材料、辅助材料的供应必须齐备、合格；

② 检查并确认阀门开闭状态及盲板抽堵情况，保证装置流程畅通；

③ 确认所有的运转设备及仪表已调试完毕，各种机电设备及电气仪表等均处在完好状态；

④ 保温、保压及清洗的设备要符合开车要求，确保置换合格、气密试验合格；

⑤ 确保安全、消防设施完好，通信联络畅通，危险性较大的生产装置开车，应通知消防、医疗卫生等有关部门人员到现场；

⑥ 组织班组员工学习开车方案和岗位操作规程，并到现场进行交底。

（3）根据车间（调度）指令下达开车指令，通知相关人员做好开车准备工作。

（4）开车过程中班组长应加强与有关岗位、部门和调度之间的联络。

（5）正常开车执行岗位操作规程，较大系统开车必须严格执行开车方案（包括应急预案）。

（6）班组长必须严格按照操作规程或开车方案中的要求，严禁违章指挥。

（7）开车过程中班组应严格按开车方案中的步骤进行，严格遵守升降温、升降压和减负荷的幅度（速率）要求。

（8）开车过程中班组长要严格控制各项工艺指标，严密注意工艺变化和设备的运行情况，发现异常现象应及时处理，并向上级报告，情况紧急时应终止开车，严禁强行开车。

（9）开车时生产现场停止一切检修作业，无关人员不准进入现场。

（10）生产正常后，加强现场巡检，落实交接班制度，维持系统平稳运行、均衡生产。

三、停车安全操作管理要求

化工企业班组长在生产岗位停车过程中，应严格执行如下安全管理要求：

（1）停车前需办理停车操作票。

（2）根据车间（调度）指令下达停车指令，通知相关人员做好停车准备工作。

（3）班组长要加强岗位之间和调度的联系，严格按调度指示操作。

（4）正常停车按岗位操作规程执行。较大系统停车必须严格执行停车方案，并严格按停车方案中的步骤进行。（用于紧急处理的自动停车联锁装置，不适用于正常停车方案。）

（5）停车过程中班组长要严格控制各项工艺指标，系统降压、降温必须按停车方案要求的幅度（速率），并按先高压后低压的顺序进行。凡需保温、保压的设备（容器）等，停车后要按时记录压力、温度的变化。

（6）大型传动设备的停车，必须先停主机、后停辅机。

（7）设备（容器）泄压时，班组应对周围环境进行检查确认，严密注意易燃、易爆、有毒等危险化学品的排放和扩散，防止造成事故。

(8) 冬季停车后，班组要采取防冻保温措施，严密注意低位、死角及水、蒸汽管线、阀门、疏水器和保温伴热管的情况，防止冻坏阀门、管道及设备。

(9) 停车后需要置换、清洗的设备班组应严格按照操作规程或停车方案中的要求，并分析使之合格。

(10) 班组长应做好检查及收尾工作，确保停车后的设备装置处于安全状态。

四、紧急处理管理要求

在化工生产过程中，若发生紧急情况，化工企业班组长应及时进行风险预测评价，并严格执行如下安全管理要求：

(1) 发现或发生紧急情况，班组长必须及时向车间主任和调度等有关方面报告，必要时先处理后汇报，避免事态扩大、人员伤亡。

(2) 工艺及机电设备等发生异常情况时，班组长应迅速采取措施(如启动备用设备)，并通知有关岗位和调度协调处理，必要时按操作规程中相关步骤紧急停车。

(3) 发生停电、停水、停气(汽)时，班组长应立即采取措施(如启动应急电源)，防止系统超温、超压、跑料及机电设备的损坏。

(4) 发生爆炸、着火、大量泄漏等事故时，班组长应立即组织人员切断气(物料)源，启动事故应急救援预案，同时迅速通知相关岗位采取措施，并立即向上级报告。

第二节　关键装置及要害岗位安全管理

一、关键装置安全管理要求

为了避免发生重大、特大生产安全事故，保障生产和职工生命安全，应加强班组关键装置、重点部位的安全管理，其要求如下：

(一) 术语

关键装置：在易燃、易爆、有毒、有害、易腐蚀、高温、高压、真空、深冷、临氢、烃氧化等条件下进行工艺操作的生产装置。

重点部位：生产、储存、使用易燃易爆、剧毒等危险化学品场所，以及可能形成爆炸、火灾场所的罐区、装卸台(站)、油库、仓库等；对关键装置安全生产起关键作用的公用工程系统等。

(二) 要求

(1) 参与制定并严格执行本单位的关键装置重点部位安全管理制度，对其实行严格的动态管理，根据管理需要，可以按照其危险程度分级管理和监控。建立班组监控机制，明确职责，定期进行监督检查，并形成记录。

(2) 根据本单位确定的关键装置重点部位，班组长应及时掌握本班组的关键装置重点部位。

(3) 关键装置所在班组应确定关键部位的安全监控危险点，必要时应绘制危险点分布图。班组长按照规定进行检查、监督，对查出的隐患和问题，应及时整改或采取有效防范措施。班组无法处置时应及时向上级有关部门报告。

(4) 班组应严格执行交接班检查、班中巡回检查制度，应严格遵守工艺、操作、劳动纪律和“安全操作规程”。发现险情、隐患应及时报告，并主动处理存在的问题。

(5) 班组应严格执行关键装置重点部位应急预案，至少每半年进行一次演练，确保关键装置、重点部位的操作、检修、仪表、电气等人员能够识别和及时处理各种事件及事故。

(6) 班组员工必须经专业培训、考核合格后，持证上岗。

(7) 班组应严格执行职能部门监控要求。

工艺、技术、机动、仪表、电气等有关部门按照“安全生产责任制”的要求，对关键部位的安全运行实施监控管理。按照本单位的规定，定期进行专业安全检查。具体要求如下：

① 各项工艺指标必须符合“安全操作规程”和“工艺卡片”的要求，不得超温、超压、超负荷运行。

② 各类动、静设备必须达到完好标准，静密封点泄漏率小于规定指标。压力容器及其安全附件齐全好用，符合《固定式压力容器安全技术监察规程》。对关键机组实行“特级维护”制定“特护管理规定”，并严格执行。

③ 仪表管理符合有关规定，仪表完好率、使用率及自控率均达到有关规定要求。仪表联锁不得随意摘除，严格执行“联锁摘除管理规定”。

④ 各类安全设施、消防设备等按照规定配备齐全，灵敏好用，符合有关规程的要求，消防通道保持畅通。

二、生产要害岗位管理要求

(一) 术语

生产要害岗位：凡是易燃、易爆、危险性较大的岗位，易燃、易爆、剧毒、放射性物品的仓库；贵重机械、精密仪器场所，以及生产过程中具有重大影响的关键岗位，都属于生产要害岗位。

(二) 要求

(1) 要害岗位应由生产、设备、保卫(防火)和安全部门共同认定，经厂长(经理)审批，并报上级有关部门备案。

(2) 要害岗位班组人员必须具备较高的安全意识和较好的技术素质，并由本企业人力、保卫、安全部门与车间共同审定。

(3) 班组应完善并严格执行本企业生产要害岗位管理制度。

(4) 班组应严格执行要害岗位毒物信息卡和重大事故应急救援预案，并定期参加有关单位、人员组织的演练，提高处置突发事故的能力。

(5) 凡有外来人员，当班操作人员有权进行询问、检查证件，必须经厂主管部门审批，并在专人陪同下经登记后方可进入要害岗位；凡不符合手续的应拒绝进入要害岗位，如发现可疑人员应及时报告车间，并记入交接班记录。

(6) 要害岗位施工、检修时班组必须严密落实安全防范措施，并到保卫、安全部门备案。施工、检修现场要设监护人，做好安全保卫工作，认真做好详细记录。

(7) 易燃、易爆生产区域内，禁止使用手机，禁止摄像拍照，班组要做好监督管理。

（8）重大危险源岗位所在班组应严格执行本区域须知，对重大危险源必须建立档案，档案资料包括：区域平面布置图；重大危险源物料特性（毒物周知卡）；物料储存、使用情况；生产、使用、储存设施；生产、储存、使用工艺流程图；岗位人员配备；应急救援器材配备；应急救援预案等。

第三节　化工单位检修安全管理

在化工生产中，设备状况与企业生产效益密切相关，优质、高产、低耗、节能和安全都离不开完好的设备。设备、管道、管件、阀门等在生产过程中易受磨损，为了保证生产安全平稳运行，必须经常对它们进行维护保养。危险化学品安全生产特点决定了维护保养、检修工作具有一定的复杂性、危险性。因此，化工设备的检维修应由现场操作人员和检维修人员交接配合，共同完成。

有关资料显示，化工生产企业发生的事故有50%以上是在检修过程中，由于检修安全工作不到位造成的。因此，化工企业班组长掌握设备检维修的相关安全知识和技术是十分必要的。检修安全要求包括检修前的安全要求、检修作业中的安全要求和检修结束后的安全要求。

一、检修前的安全要求

（一）检修前基本要求

（1）企业应编制设备检维修计划，并按计划开展检维修工作。

（2）如果检修项目由外来检修施工单位承包，则该单位应具有国家规定的相应资质，并在其等级许可范围内开展检修施工业务。

（3）在与外来检修施工单位签订设备检修合同时，应同时签订安全管理协议。

（4）根据设备检修项目的要求，检修施工单位应制定设备检修方案，检修方案应经设备使用单位审核。检修方案中应包含作业安全分析、风险管控措施、应急处置措施及安全验收标准，并明确检修项目安全负责人。检修施工单位应指定专人负责整个检修作业过程的具体安全工作。

（5）检修前施工单位要做到检修组织落实、检修人员落实和检修安全措施落实。

（6）检维修过程中涉及特殊作业的，应执行《危险化学品企业特殊作业安全规范》（GB 30871—2022）的要求。

（二）检修前安全教育内容

设备使用单位应对参加检修作业的人员进行安全教育，主要包括以下内容：

（1）有关检修作业的安全规章制度；

（2）检修作业现场和检修过程中可能存在的危险、有害因素和可能出现的问题及应采取的具体安全措施；

（3）检修作业过程中所使用的个体防护器具的使用方法及使用注意事项；

（4）事故的预防、避险、逃生、自救、互救等知识；

（5）相关事故案例和经验、教训，开展有针对性的教育和考试，并保存相关记录；

（6）检修作业项目、任务、检修方案和检修安全措施。

（三）检修前安全条件确认

1. 确保停车检修设备达到检修要求

主要包括：

（1）设备使用单位负责设备和管线的隔绝、清洗、吹扫、置换，合格后方可交出。

（2）检修项目负责人应与设备使用单位负责人共同检查，确认设备、工艺处理等满足检修安全要求。

（3）对检修设备上的电气电源，应采取可靠的断电措施，确认无电后在电源开关处设置安全警示标牌或加锁。

2. 确保检修材料齐备

主要包括：

（1）应对检修作业使用的脚手架、起重机械、电气焊用具、手持电动工具等各种工器具进行检查；手持式、移动式电气工器具应配有漏电保护装置。凡不符合作业安全要求的工器具不得使用。

（2）对检修作业使用的个体劳保用品、气体防护器材、消防器材、通信设备、照明设备等应安排专人检查，并保证完好。

（3）对检修现场的梯子、栏杆、平台、箅子板、盖板等进行检查，确保安全。

（4）对有腐蚀性介质的检修场所应备有人员应急用冲洗水源和相应防护用品。

（5）检修现场应根据《安全标志及其使用导则》（GB 2894—2008）的规定设立相应的安全标志。

3. 确保检修现场环境具备检修条件

主要包括：

（1）对检修现场存在的可能危及安全的坑、井、沟、孔洞等应采取有效防护措施，设置警告标志，夜间应设警示红灯。

（2）应将检修现场影响检修安全的物品清理干净。

（3）应检查、清理检修现场的消防通道、行车通道，保证畅通。

（4）需夜间检修的作业场所，应设满足要求的照明装置。

检查完毕，具备条件后，要严格办理工艺、设备设施交付检修手续，填写确认表，逐项进行安全条件确认。

（四）检修前安全技术交底

（1）检修前，设备使用单位要对检修施工单位进行安全技术交底，须做到三交清：交清作业环境、交清作业风险、交清风险削减措施。

（2）检修项目负责人应组织检修作业人员到现场进行检修方案交底，使检修人员明确检修作业过程中存在的风险及防范措施。

（五）检修前其他注意事项

（1）当设备检修涉及高处、动火、动土、断路、吊装、抽堵盲板、受限空间等作业时，须按相关规范的规定执行。

（2）危险化学品企业化工设备检修必须严格执行《危险化学品企业特殊作业安全规范》（GB 30871—2022）的相关要求。

（3）临时用电应办理用电手续，并按规定安装和架设。

(4) 检修场所涉及的放射源，应事先采取相应的处置措施，使其处于安全状态。

二、检修作业中的安全要求

(1) 参加检修作业的人员应按规定正确穿戴劳动保护用品。

(2) 检修作业人员应遵守本工种安全技术操作规程。

(3) 从事特种作业的检修人员应持有特种作业操作证。

(4) 多工种、多层次交叉作业时，应统一协调，采取相应的防护措施。

(5) 设备使用单位对检修过程中发现的违规、违章的人员要及时进行现场制止纠正，情节严重的要予以处罚通报，并建立台账，保存相关记录。

(6) 从事有放射性物质的检修作业时，应通知现场有关操作、检修人员避让，确认好安全防护间距，按照国家有关规定设置明显的警示标志，并设专人监护。

(7) 夜间检修作业及特殊天气的检修作业，须安排专人进行安全监护。

(8) 当生产装置出现异常情况可能危及检修人员安全时，设备使用单位应立即通知检修人员停止作业，迅速撤离作业场所。经处理，异常情况排除且确认安全后，检修人员方可恢复作业。

三、检修结束后的安全要求

(1) 检修完成后，设备使用单位和检修施工单位双方负责人应当场检查检修质量是否合格。逐项进行检查确认无误后，办理检修交付手续。

(2) 因检修需要而拆移的盖板、箅子板、扶手、栏杆、防护罩等安全设施应恢复其安全使用功能。

(3) 检修所用的工器具、脚手架、临时电源、临时照明设备等应及时撤离现场。

(4) 检修完工后所留下的废料、杂物、垃圾、油污等应清理干净。

(5) 设备使用单位对检修前加、拆的盲板和切断的管线等，责成专人检查落实抽堵情况，使系统具备开车条件。

第四节 危险化学品的储存与运输安全管理

一、危险化学品储存的安全要求

涉及危险品安全储存的有关法律、法规、规章、规定及国家标准包括《危险化学品安全管理条例》《常用化学危险品贮存通则》《仓库防火安全管理规则》《易燃易爆商品储藏养护技术条件》《腐蚀性商品储藏养护技术条件》《毒害性商品储藏养护技术条件》等。

(一) 危险化学品储存的基本要求

(1) 储存危险化学品必须遵照国家法律、法规和其他有关规定。

(2) 危险品必须储存在经公安部门批准设置的专门的危险品仓库中，经销部门自管仓库储存危险品及储存数量必须经公安部门批准。未经批准不得随意设置危险品仓库。

(3) 危险品露天堆放，应符合防火、防爆的安全要求，爆炸物品、一级易燃物品、遇湿燃烧物品、剧毒物品不得露天堆放。

（4）储存危险品的仓库必须配备有专业知识的技术人员，其库房及场所应设专人管理，管理人员必须配备可靠的个人安全防护用品。

（5）储存的化学危险品应有明显的标志，标志应符合《危险货物包装标志》（GB 190—2009）的规定。同一区域储存两种或两种以上不同级别的危险品时，应按最高等级危险物品的性能做标志。

（6）危险品储存方式分为三种：

① 隔离储存。指在同一房间或同一区域内，不同物品之间分开一定的距离，非禁忌物料之间用通道保持空间的储存方式。

② 隔开储存。指在同一建筑或同一区域内，用隔板或墙，将其与禁忌物料（即化学性质相抵触或灭火方法不同的化学物料）分离开的储存方式。

③ 分离储存。将危险品在不同的建筑物或远离所有建筑物的外部区域内储存的储存方式。

（7）根据危险化学品性能，分区、分类、分库储存。各类危险化学品不得与禁忌物料混合储存。

（8）储存危险品的建筑物、区域内严禁吸烟和使用明火。

（二）储存场所的要求

（1）储存危险品的建筑物不得有地下室或其他地下建筑，其耐火等级、层数、占地面积、安全疏散和防火间距，均应符合国家有关规定。

（2）设置储存地点及设计建筑结构，除了应符合国家有关规定外还应考虑对周围环境和居民的影响。

（3）储存场所的电气安装要求如下：

① 危险品储存建筑物、场所内消防用电设施，应充分满足消防用电的需要，并符合《建筑设计防火规范》中的有关规定。

② 危险品储存区域或建筑物内电气系统（包括设备、设施、开关、仪表、线路等），均应符合国家有关电气安全规定。特别是易燃易爆危险品储存场所的电气系统，应符合爆炸场所电气安全规定。

③ 储存易燃易爆危险品的建筑，必须安装避雷设施。

（4）储存场所通风及温度调节要求如下：

① 储存危险品的建筑必须安装通风设备，并注意设备的防护措施。

② 储存危险品的建筑通排风系统，应设有导、除静电的接地装置。

③ 储存危险品的建筑采暖的热媒温度不应过高。如热水采暖温度不应超过60℃；不得使用蒸汽采暖和机械采暖。

（5）储存安排及储存量限制要求如下：

① 危险品储存安排取决于危险品分类、分项、容器类型、储存方式和消防要求。

② 遇火、遇湿、遇潮能引起爆炸或发生化学反应，产生有毒气体的危险品不得在露天或在潮湿、积水的建筑物中储存。

③ 受日光照射能发生化学反应引起燃烧、爆炸、分解、化合或能产生有毒气体的危险品应储存在一级建筑物中，其包装应采取避光措施。

④ 爆炸物品不准和其他类物品同储，必须单独隔离限量储存，仓库不准建在城镇，还应与周围建筑、交通干道、输电线路保持一定安全距离。

⑤ 压缩气体和液化气体必须与爆炸物品、氧化剂、易燃物品、自燃物品、腐蚀性物品隔离储存。易燃气体不得与助燃气体、剧毒气体同储；氧气不得与油脂混合储存；盛装液化气体的容器属压力容器的，必须有压力表、安全阀、紧急切断装置，并定期检查，不得超装。

⑥ 易燃液体、遇湿燃烧物品、易燃固体不得与氧化剂混合储存，具有还原性的氧化剂应单独存放。

⑦ 有毒物品应储存在阴凉、通风、干燥的场所，不要露天存放，不要接近酸性物质。

⑧ 腐蚀性物品，包装必须严密，不允许泄漏，严禁与液化气体和其他物品共存。

(6) 危险化学品的养护要求如下：

① 危险品入库时，应严格检验物品质量、数量、包装情况，有无泄漏。

② 危险品入库后，应采取适当的养护措施，在储存期内定期检查，发现其品质变化、包装破损、渗漏、稳定剂短缺等，应及时处理。

③ 库房温度、湿度应严格控制、经常检查，发现变化及时调整。

(7) 危险化学品出入库管理要求如下：

① 储存危险品的仓库，必须建立严格的出入库管理制度。

② 危险品出入库前均应按合同进行检查验收、登记，验收内容包括数量、包装及危险标志。经核对后方可入库、出库，当物品性质未弄清时，不得入库。

③ 进入危险品储存区域的人员、机动车辆和作业车辆，必须采取防火措施。

④ 装卸、搬运危险品时，应按有关规定进行，做到轻装、轻卸。严禁摔、碰、撞、击、拖拉、倾斜和滚动。

⑤ 装卸对人身有毒害及腐蚀性的物品时，操作人员应根据危险性，穿戴相应的防护用品。

⑥ 不得用同一车辆运输互为禁忌的物料。

⑦ 修补、换装、清扫、装卸易燃、易爆物料时，应使用不产生火花的铜制、合金制或其他防爆工具。

(8) 消防措施要求如下：

① 根据危险品特性和仓库条件，必须配置相应的消防设备、设施和灭火药剂。并配备经过培训的兼职或专职消防人员。

② 储存危险品建筑物内，应根据仓库条件安装自动监测和火灾报警系统。

③ 储存危险品建筑物内，如条件允许，应安装灭火喷淋系统(遇水燃烧危险品，不可用水扑救的火灾除外)其喷淋强度为 $15L/(min \cdot m^2)$；持续时间为90min。

(9) 废弃物处理要求如下：

① 禁止在危险品储存区域内堆积可燃废弃物品。

② 泄漏或渗漏危险品的包装容器应迅速移至安全区域。

③ 按危险品特性，用化学的或物理的方法处理废弃物品，不得任意抛弃、污染环境。

(10) 人员培训要求如下：

① 仓库工作人员应进行培训，经考核合格后持证上岗。

② 对危险品的装卸人员进行必要的教育，使其按照有关规定进行操作。

③ 仓库的消防人员除了具有一般消防知识之外，还应进行在危险品仓库各种的专门培训，使其熟悉各区域储存的危险品种类、特性、储存地点、事故的处理程序及方法。

二、危险化学品运输的安全要求

运输与装卸危险化学品，必须符合有关法律、法规、标准的要求，切实保证安全。主要的法律、法规、标准有：《危险化学品安全管理条例》；交通部制定的《道路危险货物运输管理规定》及《水路危险货物运输规则》；铁道部制定的《危险货物运输规则》；中国民用航空总局制定的《中国民用航空危险品运输管理规定》等。下面将具有共性的危险化学品运输安全要求概述如下：

（1）国家对危险化学品的运输实行资质认定制度；未经资质认定，不得运输危险化学品。

（2）直接从事危险化学品运输、装卸、维修作业的管理人员及操作人员，必须接受相应的培训、通过考核，持证上岗。

（3）运输危险化学品的车、船、飞机等交通工具以及容器、装卸机具，必须符合有关规定，经有关部门审验合格，方可使用；运营过程中要保持完好状态，接受定期或不定期的质量检查。

（4）危险化学品的装卸作业应当遵守安全作业标准、规程和制度，并在装卸管理人员的现场指挥或者监控下进行，否则不得进行装卸作业；装卸管理人员不得在装卸过程中途脱岗；装卸易燃、易爆、有毒危险品，必须轻装、轻卸，防止撞击、滚动、重压、倾倒和摩擦，不得损坏外包装。

（5）运输、装卸危险化学品应当按照规定要求及危险化学品的特性，采取相应的安全防护措施，并配备必要的防护用品和应急救援器材。

① 运输危险化学品的驾驶人员、船员、装卸管理人员、押运人员、申报人员、集装箱装箱现场检查员，应当了解所运输的危险化学品的危险特性及其包装物、容器的使用要求和出现危险情况时的应急处置方法。

② 装运危险品的交通工具及装卸机具上的电气设备，必须符合防火防爆的要求。

③ 装运危险品车船，应设置相应的防火、防爆、防毒、防水防潮、防日晒等设施，并配备相应的消防器材和防毒用具；装运粉末状危险品，应有防止粉尘飞扬的措施。

④ 通过公路运输危险品，必须配备押运人员。汽车装运危险品，应按照规定时间、指定路线及适当车速行驶；不经有关部门批准，不得进入危险化学品运输车辆禁止通行的区域。停车时应与其他车辆、明火场所、高压电线以及仓库和人口稠密处保持一定的安全距离，不得随意停车。

⑤ 装运过危险品的车厢、船舱、装卸机具以及车站、码头等有关场所，应在装运完毕后，予以清洗和必要的消毒处理。垃圾必须存放在指定地点，并根据其危险特性加以适当处理。

⑥ 用于运输危险化学品的槽罐以及其他容器应当封口严密，能够防止危险化学品在运输过程中因温度、湿度或者压力的变化发生渗漏、洒漏；槽罐以及其他容器的溢流和泄压装置应当设置准确、启闭灵活。（注意：泄漏是危险化学品在运输过程中发生火灾爆炸事故的重要原因。因此，在装卸和运输过程中应随时注意检查有无泄漏，发生泄漏应立即停止作业，进行处理。）

（6）通过道路运输危险化学品的，托运人应当委托依法取得危险货物道路运输许可的企业承运，应当按照运输车辆的核定载质量装载危险化学品，不得超载。运输车辆应当符合国家标准要求的安全技术条件，并按照国家有关规定定期进行安全技术检验，应当悬挂或者喷涂符合国家标准要求的警示标志。

(7) 托运危险化学品的，托运人应当向承运人说明所托运的危险化学品的种类、数量、危险特性以及发生危险情况的应急处置措施，并按照国家有关规定对所托运的危险化学品妥善包装，在外包装上设置相应的标志。

运输危险化学品需要添加抑制剂或者稳定剂的，托运人应当添加，并将有关情况告知承运人。

(8) 托运人不得在托运的普通货物中夹带危险化学品，不得将危险化学品匿报或者谎报为普通货物托运。

任何单位和个人不得交寄危险化学品或者在邮件、快件内夹带危险化学品，不得将危险化学品匿报或者谎报为普通物品交寄。邮政企业、快递企业不得收寄危险化学品。

(9) 剧毒化学品、易制爆危险化学品在道路运输途中丢失、被盗、被抢或者出现流散、泄漏等情况的，驾驶人员、押运人员应当立即采取相应的警示措施和安全措施，并向当地公安机关报告。公安机关接到报告后，应当根据实际情况立即向安全生产监督管理部门、环境保护主管部门、卫生主管部门通报。有关部门应当采取必要的应急处置措施。

第五节 典型化工工艺安全控制要求

一、光气及光气化工艺作业安全控制要求

光气及光气化工艺作业是指光气合成以及厂内光气储存、输送和使用岗位的作业。它适用于一氧化碳与氯气的反应得到光气，光气合成双光气、三光气，采用光气作单体合成聚碳酸酯，甲苯二异氰酸酯(TDI)的制备，4,4′-二苯基甲烷二异氰酸酯(MDI)的制备，异氰酸酯的制备等工艺过程的操作作业。该工艺危险特点为：因光气为剧毒气体，在储运、使用过程中发生泄漏后，易造成大面积污染、中毒事故；反应介质具有燃爆危险性；副产物氯化氢具有腐蚀性，易造成设备和管线泄漏使人员发生中毒事故。工艺安全控制要求如下：

(1) 安装事故紧急切断阀；

(2) 安装紧急冷却系统；

(3) 设置反应釜温度、压力报警联锁；

(4) 设立局部排风设施；

(5) 设置有毒气体回收及处理系统；

(6) 设置自动泄压装置；

(7) 安装自动氨或碱液喷淋装置；

(8) 设置光气、氯气、一氧化碳监测及超限报警装置；

(9) 采用双电源供电。

二、氯碱电解工艺作业安全控制要求

氯碱电解工艺作业是指氯化钠和氯化钾电解、液氯储存和充装岗位的作业。它适用于氯

化钠(食盐)水溶液电解生产氯气、氢氧化钠、氢气，氯化钾水溶液电解生产氯气、氢氧化钾、氢气等工艺过程的操作作业。该工艺危险特点为：电解食盐水过程中产生的氢气是极易燃烧的气体，氯气是氧化性很强的剧毒气体，两种气体混合极易发生爆炸，当氯气中含氢量达到5%以上，则随时可能在光照或受热情况下发生爆炸；如果盐水中存在的铵盐超标，在适宜的条件(pH<4.5)下，铵盐和氯作用可生成氯化铵，浓氯化铵溶液与氯还可生成黄色油状的三氯化氮。三氯化氮是一种爆炸性物质，与许多有机物接触或加热至90℃以上以及被撞击、摩擦等，即发生剧烈的分解而爆炸；电解溶液腐蚀性强；液氯的生产、储存、包装、输送、运输可能发生泄漏。工艺安全控制要求如下：

(1) 设置电解槽温度、压力、液位、流量报警和联锁；

(2) 设置电解供电整流装置与电解槽供电的报警和联锁；

(3) 安装紧急联锁切断装置；

(4) 配置事故状态下氯气吸收中和系统；

(5) 设立可燃和有毒气体检测报警装置等。

三、氯化工艺作业安全控制要求

氯化工艺作业是指液氯储存、气化和氯化反应岗位的作业。它适用于取代氯化，加成氯化，氧氯化，硫与氯反应生成一氯化硫，四氯化钛的制备，黄磷与氯气反应生成三氯化磷、五氯化磷，次氯酸、次氯酸钠或*N*-氯代丁二酰亚胺与胺反应制备*N*-氯化物，氯化亚砜作为氯化剂制备氯化物等工艺过程的操作作业。该工艺危险特点为：氯化反应是一个放热过程，尤其在较高温度下进行氯化，反应更为剧烈，速度快，放热量较大；所用的原料大多具有燃爆危险性；常用的氯化剂氯气本身为剧毒化学品，氧化性强，储存压力较高，多数氯化工艺采用液氯生产是先气化再氯化，一旦泄漏危险性较大；氯气中的杂质，如水、氢气、氧气、三氯化氮等，在使用中易发生危险，特别是三氯化氮积累后，容易引发爆炸危险；生成的氯化氢气体遇水后腐蚀性强；氯化反应尾气可能形成爆炸性混合物。工艺安全控制要求如下：

(1) 设置反应釜温度和压力的报警和联锁装置；

(2) 配置反应物料的比例控制和联锁；

(3) 安装搅拌的稳定控制系统；

(4) 安装控制进料缓冲器；

(5) 设置紧急进料切断系统；

(6) 安装紧急冷却系统；

(7) 安装安全泄放系统；

(8) 配备事故状态下氯气吸收中和系统；

(9) 设置可燃和有毒气体检测报警装置。

四、硝化工艺作业安全控制要求

硝化工艺作业是指硝化反应、精馏分离岗位的作业。它适用于直接硝化法，间接硝化法，亚硝化法等工艺过程的操作作业。该工艺危险特点为：反应速度快，放热量大。大多数硝化反应是在非均相中进行的，反应组分的不均匀分布容易引起局部过热导致危险。尤其在硝化反应开始阶段，停止搅拌或由于搅拌叶片脱落等造成搅拌失效是非常危险的，一旦搅拌再次开动，就会突然引发局部激烈反应，瞬间释放大量的热量，引起爆炸事故；反应物料具有燃爆危险性；硝化剂具有强腐蚀性、强氧化性，与油脂、有机化合物（尤其是不饱和有机化合物）接触能引起燃烧或爆炸；硝化产物、副产物具有爆炸危险性。工艺安全控制要求如下：

（1）设置反应釜温度的报警和联锁；

（2）将自动进料进行控制和联锁；

（3）设置紧急冷却系统；

（4）配置搅拌的稳定控制和联锁系统；

（5）设置分离系统温度控制与联锁；

（6）安装塔釜杂质监控系统；

（7）安装安全泄放系统等。

五、合成氨工艺作业安全控制要求

合成氨工艺作业是指压缩、氨合成反应、液氨储存岗位的作业。它适用于节能AMV法，德士古水煤浆加压气化法、凯洛格法，甲醇与合成氨联合生产的联醇法，纯碱与合成氨联合生产的联碱法，采用变换催化剂、氧化锌脱硫剂和甲烷催化剂的“三催化”气体净化法工艺过程的操作作业。该工艺危险特点为：高温、高压使可燃气体爆炸极限扩宽，气体物料一旦过氧（亦称透氧），极易在设备和管道内发生爆炸；高温、高压气体物料从设备管线泄漏时会迅速膨胀与空气混合形成爆炸性混合物，遇到明火或因高流速物料与裂（喷）口处摩擦产生静电火花引起着火和空间爆炸；气体压缩机等转动设备在高温下运行会使润滑油挥发裂解，在附近管道内造成积炭，可导致积炭燃烧或爆炸；高温、高压可加速设备金属材料发生蠕变、改变金相组织，还会加剧氢气、氮气对钢材的氢蚀及渗氮，加剧设备的疲劳腐蚀，使其机械强度减弱，引发物理爆炸；液氨大规模事故性泄漏会形成低温云团引起大范围人群中毒，遇明火还会发生空间爆炸。工艺安全控制要求如下：

（1）将合成氨装置温度、压力报警进行联锁；

（2）设置物料比例控制和联锁；

（3）将压缩机的温度、人口分离器液位、压力报警联锁；

（4）安装紧急冷却系统；

（5）配置紧急切断系统；

（6）安装安全泄放系统；

（7）设置可燃、有毒气体检测报警装置。

六、裂解（裂化）工艺作业的基本要求

裂解（裂化）工艺作业是指石油系的烃类原料裂解（裂化）岗位的作业。它适用于热裂解制烯烃工艺，重油催化裂化制汽油、柴油、丙烯、丁烯，乙苯裂解制苯乙烯，二氟一氯甲烷（HCFC-22）热裂解制得四氟乙烯（TFE），二氟一氟乙烷（HCFC-142b）热裂解制得偏氟乙烯（VDF），四氟乙烯和八氟环丁烷热裂解制得六氟乙烯（HFP）工艺过程的操作作业。该工艺危险特点为：在高温（高压）下进行反应，装置内的物料温度一般超过其自燃点，若漏出会立即引起火灾；炉管内壁结焦会使流体阻力增加，影响传热，当焦层达到一定厚度时，因炉

管壁温度过高，而不能继续运行下去，必须进行清焦，否则会烧穿炉管，裂解气外泄，引起裂解炉爆炸；如果由于断电或引风机机械故障而使引风机突然停转，则炉膛内很快变成正压，会从窥视孔或烧嘴等处向外喷火，严重时会引起炉膛爆炸；如果燃料系统大幅度波动，燃料气压力过低，则可能造成裂解炉烧嘴回火，使烧嘴烧坏，甚至会引起爆炸；有些裂解工艺产生的单体会自聚或爆炸，需要向生产的单体中加阻聚剂或稀释剂等。工艺安全控制要求如下：

（1）设置裂解炉进料压力、流量控制报警与联锁装置；

（2）安装紧急裂解炉温度报警和联锁装置；

（3）配置紧急冷却系统；

（4）配置紧急切断系统；

（5）将反应压力与压缩机转速及入口放火炬进行控制；

（6）设置再生压力的分程控制系统；

（7）将滑阀差压与料位、温度的超驰进行控制；

（8）将再生温度与外取热器负荷控制；

（9）将外取热器汽包和锅炉汽包液位的三冲量进行控制；

（10）设置锅炉的熄火保护；

（11）设置机组相关控制系统；

（12）安装可燃与有毒气体检测报警装置。

七、氟化工艺作业安全控制要求

氟化工艺作业是指氟化反应岗位的作业。它适用于直接氟化，金属氟化物或氟化氢气体氟化，置换氟化以及其他氟化物的制备等工艺过程的操作作业。该工艺危险特点为：反应物料具有燃爆危险性；氟化反应为强放热反应，不及时排除反应热量，易导致超温超压，引发设备爆炸事故；多数氟化剂具有强腐蚀性、剧毒，在生产、储存、运输、使用等过程中，容易因泄漏、操作不当、误接触以及其他意外而造成危险。工艺安全控制要求如下：

（1）设置反应釜内温度和压力与反应进料、紧急冷却系统的报警和联锁系统；

（2）安装搅拌的稳定控制系统；

（3）安装安全泄放系统；

（4）配置可燃和有毒气体检测报警装置等。

八、加氢工艺作业安全控制要求

加氢工艺作业是指加氢反应岗位的作业。它适用于不饱和炔烃、烯烃的三键和双键加氢，芳烃加氢，含氧化合物加氢，含氮化合物加氢以及油品加氢等工艺过程的操作作业。该工艺危险特点为：反应物料具有燃爆危险性，氢气的爆炸极限为4%~75%，具有高燃爆危险特性；加氢为强烈的放热反应，氢气在高温高压下与钢材接触，钢材内的碳分子易与氢气发生反应生成碳氢化合物使钢制设备强度降低，发生氢脆；催化剂再生和活化过程中易引发爆炸；加氢反应尾气中有未完全反应的氢气和其他杂质在排放时易引发着火或爆炸。工艺安全控制要求如下：

（1）设置温度和压力的报警和联锁系统；

（2）设置反应物料的比例控制和联锁系统；

(3) 安装紧急冷却系统；

(4) 配置搅拌的稳定控制系统；

(5) 安装氢气紧急切断系统；

(6) 加装安全阀、爆破片等安全设施；

(7) 设置循环氢压缩机停机报警和联锁；

(8) 配置氢气检测报警装置等。

九、氮化工艺作业安全控制要求

重氮化工艺作业是指重氮化反应、重氮盐后处理岗位的作业。它适用于顺法、反加法、亚硝酰硫酸法、硫酸铜触媒法以及盐析法等工艺过程的操作作业。该工艺危险特点为：重氮盐在温度稍高或光照的作用下，特别是含有硝基的重氮盐极易分解，有的甚至在室温时亦能分解。在干燥状态下，有些重氮盐不稳定，活性强，受热或摩擦、撞击等作用能发生分解甚至爆炸；重氮化生产过程所使用的亚硝酸钠是无机氧化剂，175℃时能发生分解，与有机物反应导致着火或爆炸；反应原料具有爆炸危险性。工艺安全控制要求如下：

(1) 设置反应釜温度和压力的报警和联锁系统；

(2) 设置反应物料的比例控制和联锁系统；

(3) 安装紧急冷却系统；

(4) 安装紧急停车系统；

(5) 安装安全泄放系统；

(6) 配置后处理单元配置温度监测、惰性气体保护的联锁装置。

十、氧化工艺作业安全控制要求

氧化工艺作业是指氧化反应岗位的作业。它适用于乙烯氧化制环氧乙烷，甲醇氧化制备甲醛，对二甲苯氧化制备对苯二甲酸，异丙苯经氧化-酸解联产苯酚和丙酮，环己烷氧化制环已酮，天然气氧化制乙炔，丁烯、丁烷、C_4馏分或苯的氧化制顺丁烯二酸酐，邻二甲苯或萘的氧化制备邻苯二甲酸酐，均四甲苯的氧化制备均苯四甲酸二酐，苊的氧化制备1,8-萘二甲酸酐，3-甲基吡啶氧化制备3-吡啶甲酸(烟酸)，4-甲基吡啶氧化制备4-吡啶甲酸(异烟酸)，2-乙基已醇(异辛醇)氧化制备2-乙基已酸(异辛酸)，对氯甲苯氧化制备对氯苯甲醛和对氯苯甲酸，甲苯氧化制备苯甲醛、苯甲酸，对硝基甲苯氧化制备对硝基苯甲酸，环十二醇/酮混合物的开环氧化制备十二碳二酸，环已酮/醇混合物的氧化制已二酸，乙二醛硝酸氧化法合成乙醛酸，丁醛氧化制丁酸，氨氧化制硝酸，克劳斯法气体脱硫，一氧化氮、氧气和甲(乙)醇制备亚硝酸甲(乙)酯，以双氧水或有机过氧化物为氧化剂生产环氧丙烷、环氧氯丙烷等工艺过程的操作作业。该工艺危险特点为：反应原料及产品具有燃爆危险性；反应气相组成容易达到爆炸极限，具有闪爆危险；部分氧化剂具有燃爆危险性，如氯酸钾、高锰酸钾、铬酸酐等都属于氧化剂，如遇高温或受撞击、摩擦以及与有机物、酸类接触，皆能引起火灾爆炸；产物中易生成过氧化物，化学稳定性差，受高温、摩擦或撞击作用易分解、燃烧或爆炸。工艺安全控制要求如下：

(1) 设置反应釜温度和压力的报警和联锁系统；

(2) 安装反应物料的比例控制和联锁及紧急切断动力系统；

(3) 安装紧急断料系统;
(4) 安装紧急冷却系统;
(5) 安装紧急送入惰性气体的系统;
(6) 安装气相氧含量监测、报警和联锁;
(7) 安装安全泄放系统;
(8) 配置可燃和有毒气体检测报警装置。

十一、过氧化工艺作业安全控制要求

过氧化工艺作业是指过氧化反应、过氧化物储存岗位的作业。它适用于双氧水的生产,乙酸在硫酸存在下与双氧水作用制备过氧乙酸水溶液,酸酐与双氧水作用直接制备过氧二酸,苯甲酰氯与双氧水的碱性溶液作用制备过氧化苯甲酰,异丙苯经空气氧化生产过氧化氢异丙苯,以及叔丁醇与双氧水制备叔丁基过氧化氢等工艺过程的操作作业。该工艺危险特点为:过氧化物都含有过氧基(—O—O—),属含能物质,由于过氧键结合力弱,断裂时所需的能量不大,对热、振动、冲击或摩擦等都极为敏感,极易分解甚至爆炸;过氧化物与有机物、纤维接触时易发生氧化、产生火灾;反应气相组成容易达到爆炸极限,具有燃爆危险。工艺安全控制要求如下:

(1) 设置反应釜温度和压力的报警联锁;
(2) 安装反应物料的比例控制和联锁及紧急切断动力系统;
(3) 安装紧急断料系统;
(4) 安装紧急冷却系统;
(5) 安装紧急送入惰性气体的系统;
(6) 设置气相氧含量监测、报警和联锁系统;
(7) 安装紧急停车系统;
(8) 安装安全泄放系统;
(9) 配置可燃和有毒气体检测报警装置。

十二、胺基化工艺作业安全控制要求

胺基化工艺作业是指胺基化反应岗位的作业。它适用于邻硝基氯苯与氨水反应制备邻硝基苯胺,对硝基氯苯与氨水反应制备对硝基苯胺,间甲酚与氯化铵的混合物在催化剂和氨水作用下生成间甲苯胺,甲醇在催化剂和氨气作用下制备甲胺,1-硝基蒽醌与过量的氨水在氯苯中制备1-氨基蒽醌,2,6-蒽醌二磺酸氨解制备2,6-二氨基蒽醌,苯乙烯与胺反应制备*N*-取代苯乙胺,环氧乙烷或亚乙基亚胺与胺或氨发生开环加成反应制备氨基乙醇或二胺,甲苯经氨氧化制备苯甲腈,丙烯氨氧化制备丙烯腈,以及氯氨法生产甲基肼等工艺过程的操作作业。该工艺危险特点为:反应介质具有燃爆危险性;在常压下20℃时,氨气的爆炸极限为15%~27%,随着温度、压力的升高,爆炸极限的范围增大。因此,在一定的温度、压力和催化剂的作用下,氨的氧化反应放出大量热,一旦氨气与空气比失调,就可能发生爆炸事故;由于氨呈碱性,具有强腐蚀性,在混有少量水分或湿气的情况下无论是气态或液态氨都会与铜、银、锡、锌及其合金发生化学作用;氨易与氧化银或氧化汞反应生成爆炸性化合物(雷酸盐)。工艺安全控制要求如下:

(1) 设置反应釜温度和压力的报警和联锁；
(2) 设置反应物料的比例控制和联锁系统；
(3) 安装紧急冷却系统；
(4) 设立气相氧含量监控联锁系统；
(5) 设置紧急送入惰性气体的系统；
(6) 安装紧急停车系统；
(7) 安装安全泄放系统；
(8) 设置可燃和有毒气体检测报警装置。

十三、磺化工艺作业安全控制要求

磺化工艺作业是指磺化反应岗位的作业。它适用于三氧化硫磺化法、共沸去水磺化法、氯磺酸磺化法、烘焙磺化法以及亚硫酸盐磺化法等工艺过程的操作作业。该工艺危险特点为：原料具有燃爆危险性；磺化剂具有氧化性、强腐蚀性；如果投料顺序颠倒、投料速度过快、搅拌不良、冷却效果不佳等，都有可能造成反应温度异常升高，使磺化反应变为燃烧反应，引起火灾或爆炸事故；氧化硫易冷凝堵管，泄漏后易形成酸雾，危害较大。工艺安全控制要求如下：

(1) 设置反应釜温度的报警和联锁；
(2) 设置搅拌的稳定控制和联锁系统；
(3) 安装紧急冷却系统；
(4) 安装紧急停车系统；
(5) 安装安全泄放系统；
(6) 安装三氧化硫泄漏监控报警系统。

十四、聚合工艺作业安全控制要求

聚合工艺作业是指聚合反应岗位的作业。它适用于聚烯烃、聚氯乙烯、合成纤维、橡胶、乳液生产以及氟化物聚合等工艺过程的操作作业。该工艺危险特点为：聚合原料具有自聚和燃爆危险性；如果反应过程中热量不能及时移出，随物料温度上升，发生裂解和暴聚，所产生的热量使裂解和暴聚过程进一步加剧，进而引发反应器爆炸；部分聚合助剂危险性较大。工艺安全控制要求如下：

(1) 设置反应釜温度和压力的报警和联锁系统；
(2) 安装紧急冷却系统；
(3) 安装紧急切断系统；
(4) 安装紧急加入反应终止剂系统；
(5) 设置搅拌的稳定控制和联锁系统；
(6) 设置料仓静电消除、可燃气体置换系统，可燃和有毒气体检测报警装置；
(7) 高压聚合反应釜设有防爆墙和泄爆面。

十五、烷基化工艺作业安全控制要求

烷基化工艺作业是指烷基化反应岗位的作业。它适用于C-烷基化反应，N-烷基化反应，O-烷基化反应等工艺过程的操作作业。该工艺危险特点为：反应介质具有燃爆危险性；烷基化催化剂具有自燃危险性，遇水剧烈反应，释放出大量热量，容易引起火灾甚至爆炸；烷基化反应都是在加热条件下进行，原料、催化剂、烷基化剂等加料次序颠倒、加料速度过快或者搅拌中断停止等异常现象容易引起局部剧烈反应，造成跑料，引发火灾或爆炸事故。工艺安全控制要求如下：

(1) 设置反应物料的紧急切断系统；

(2) 安装紧急冷却系统；

(3) 安装安全泄放系统；

(4) 设置可燃和有毒气体检测报警装置。

十六、新型煤化工工艺作业安全控制要求

新型煤化工是指煤化工新工艺岗位的作业。它适用于煤制油(甲醇制汽油、费-托合成油)、煤制烯烃(甲醇制烯烃)、煤制二甲醚、煤制乙二醇(合成气制乙二醇)、煤制甲烷气(煤气甲烷化)、煤制甲醇、甲醇制醋酸工艺过程的操作作业。该工艺危险特点为：反应介质涉及一氧化碳、氢气、甲烷、乙烯、丙烯等易燃气体，具有燃爆危险性；反应过程多为高温、高压过程，易发生工艺介质泄漏，引发火灾、爆炸和一氧化碳中毒事故；反应过程可能形成爆炸性混合气体；多数煤化工新工艺反应速度快，放热量大，造成反应失控；反应中间产物不稳定，易造成分解爆炸。工艺安全控制要求如下：

(1) 设置反应器温度、压力报警与联锁；

(2) 设置进料介质流量控制与联锁；

(3) 设置反应系统紧急切断进料联锁；

(4) 料位、液位控制回路；

(5) 设置 H_2/CO、NO/O_2 比例控制与联锁；

(6) 设置外取热器蒸汽热水泵联锁；

(7) 设置主风流量联锁；

(8) 设置可燃和有毒气体检测报警装置；

(9) 安装紧急冷却系统；

(10) 安装安全泄放系统。

十七、电石生产工艺作业安全控制要求

电石生产工艺作业是指电石生产岗位的作业。它适用于石灰和碳素材料(焦炭、兰炭、石油焦、冶金焦、白煤等)反应制备电石工艺过程的操作作业。该工艺危险特点为：电石炉工艺操作具有火灾、爆炸、烧伤、中毒、触电等危险性；电石遇水会发生激烈反应，生成乙炔气体，具有燃爆危险性；电石的冷却、破碎过程具有人身伤害、烫伤等危险性；反应产物一氧化碳有毒，与空气混合到12.5%~74%时会引起燃烧和爆炸；生产中漏糊造成电极软断时，会使炉气出口温度突然升高，炉内压力突然增大，造成严重的爆炸事故。工艺安全控制要求如下：

(1) 设置紧急停炉按钮；

(2) 设置电炉运行平台和电极压放视频监控、输送系统视频监控和启停现场声音报警；

(3) 安装原料称重和输送系统控制；
(4) 安装电石炉炉压调节、控制；
(5) 安装电极升降控制；
(6) 安装电极压放控制；
(7) 安装液压泵站控制；
(8) 设置炉气组分在线检测、报警和联锁；
(9) 设置可燃和有毒气体检测和声光报警装置；
(10) 设置紧急停车按钮。

十八、偶氮化工艺作业安全控制要求

偶氮化工艺作业是指偶氮化反应、偶氮化合物后处理岗位的作业。它适用于脂肪族偶氮化合物合成，芳香族偶氮化合物合成等工艺过程的操作作业。该工艺危险特点为：部分偶氮化合物极不稳定，活性强，受热或摩擦、撞击等作用能发生分解甚至爆炸；偶氮化生产过程所使用的肼类化合物，高毒，具有腐蚀性，易发生分解爆炸，遇氧化剂能自燃；反应原料具有燃爆危险性。工艺安全控制要求如下：
(1) 设置反应釜温度和压力的报警和联锁；
(2) 设置反应物料的比例控制和联锁系统；
(3) 安装紧急冷却系统；
(4) 安装紧急停车系统；
(5) 安装安全泄放系统；
(6) 设置后处理单元配置温度监测、惰性气体保护的联锁装置。

案　例

案例1

某公司净化工段变压吸附岗位气动切断球阀出现异常情况(管道内输送介质为一氧化碳)，当班操作工打开旁路，切断变压吸附系统，随后电话通知仪表工段，一名仪表工来变压吸附岗位询问情况后，独自一人到现场去查找问题，操作人员在操作室操作开关配合，过了一会，仪表工告诉操作人员说阀门出现故障，需要维修。十几分钟后，操作人员到外面看，没有看到人，以为仪表工回去了，便没有在意。大约3h后，仪表工段当班的另一名仪表工发现去变压吸附岗位维修的仪表工还未回来，就立即赶到维修现场寻找，发现他躺在变压吸附平台上，随后立即将他送往医院抢救，经诊断确认已死亡。事故发生后经过对其他仪表维修人员的询问发现，维修人员对吸附岗位存在的危险因素和应采取的防范措施都不清楚，也未有人告知。

小提示：该公司未向仪表维修人员告知在变压吸附岗位维修仪表时存在的危险因素、防范措施，造成仪表维修人员的安全防范意识不强，事故发生时虽然系统已紧急切断，但系统内仍有压力，由于切断球阀阀杆密封垫片密封不严，造成高浓度的一氧化碳泄漏，致使正在现场维修又未采取任何防范措施的仪表维修人员中毒死亡。

案例 2

2008 年 2 月 23 日上午 8 时左右，某公司安排对气化装置的煤灰过滤器（S1504）内部进行除锈作业。在没有对作业设备进行有效隔离、没有对作业容器内氧含量进行分析、没有办理进入受限空间作业许可证的情况下，作业人员进入煤灰过滤器进行作业，约 10 点 30 分，1 名作业人员窒息晕倒坠落作业容器底部，在施救过程中另外 3 名作业人员相继窒息晕倒在作业容器内。随后赶来的救援人员在向该煤灰过滤器中注入空气后，将 4 名受伤人员救出，其中 3 人经抢救无效死亡，1 人经抢救脱离生命危险。

小提示：事故发生的直接原因：煤灰过滤器（S1504）下部与煤灰储罐（V1505）连接管线上有一膨胀节，膨胀节设有吹扫氮气管线。2 月 22 日装置外购液氮气化用于磨煤机单机试车。液氮用完后，氮气储罐（V3052，容积为 $200m^3$）中仍有 0.9MPa 的压力。2 月 23 日在调试氮气储罐（V3052）的控制系统时，连接管线上的电磁阀误动作打开，使氮气储罐内氮气串入煤灰过滤器（S1504）下部膨胀节吹扫氮气管线，由于该吹扫氮气管线的两个阀门中的一个没有关闭，另一个因阀内存有施工遗留杂物而关闭不严，氮气串入煤灰过滤器中，导致煤灰过滤器内氧含量迅速减少，造成正在进行除锈作业的人员窒息晕倒。由于盲目施救，导致伤亡扩大。

复习思考题

1. 简述开车、停车操作安全管理要求。
2. 生产要害岗位安全管理要求有哪些？
3. 化工企业检修作业中的安全要求有哪些？
4. 简述自己工作岗位涉及的工艺安全控制要求有哪些？

第七章 班组作业现场安全管理工作

本章学习要点

1. 掌握交接班管理工作要点；
2. 掌握班组生产作业的基本要求及生产工艺管理工作要点；
3. 掌握巡检工作内容与方法。

第一节 危险化学品企业生产班组交接班管理

化工生产企业连续运行班组，要求实行交接班过程管理，进行班间交接，召开班前会、班后会，并建立交接班日记、班后会日记。如果你是生产单位班组长，在交接班过程中你该如何管理呢?

一、班前会管理

班前会是化工企业连续运行班组(或生产岗位)实行交接班过程管理的第一步，开好班前会有助于现场交接班工作，更有助于班组团队建设。在班前会中，交接班班长的职责和任务不同，交班班长要详细、清楚地介绍当班的生产、设备运行、质量、6S、安全情况等指标完成情况，遗留或待处理问题等情况，接班班长要对本班工作进行布置，并强调一些重点注意事项。车间管理人员或值班人员参加班前会，负责向职工传达上级指示，安排部署工作，班前会要求着装整齐、队列整齐、口号整齐，实行考勤管理，不能迟到，控制好时间。具体班前会的工作程序和要求如下：

(1) 接班人员必须穿戴好各种劳保用品，进行岗位预检，提前进入工作岗位，准时参加班前会。

(2) 班前会由当班班长负责点名考勤、点名声与答到声要清晰洪亮。

(3) 开班会时，由交班班长全面介绍当班的生产情况、设备运行、质量、6S、安全、环保、仪表情况，遗留或待处理问题等，接班班长及岗位人员根据预检情况提出相应的问题，由接班班长与交班班长进行协商。

(4) 车间(或直属单位)管理人员、值班人员结合交接班情况及装置实际生产情况和任务，布置工作任务，提出工作要求、生产注意事项及遗留问题处理要求等。有时还讲一些上传下达的事务。

(5) 接班班长布置本班工作，班组安全员提出安全要求，集体高声整齐喊出班组口号。

(6) 全体接班人员及交班班长必须参加交接班会；值班人员必须参加值班期间全部班次的交接班；车间(或直属单位)的主管领导和技术人员在日常工作期间要参加主管区域的交接班。

二、现场交接班管理

班组现场交接班是上、下班之间的责任交接，是保证生产连续进行的一项重要制度，是企业的作业文件，每次交接班实质是一次以岗位为主的岗位责任制检查。现场交接要坚持“你不接我不走，对口交接”的原则，交接双方严格按照“十交”“五不接”内容进行交接，遇到“五不接”中的不能接班的情况或双方有争议的问题，要逐级反映汇报，不越级，并服从领导统一安排。各种记录做到完好、详细、准确、及时、整洁，接班者要在交接班日记上及时签字，车间管理人员或值班人员要及时签字，并协调交接班过程中出现的问题。交接班双方要服从领导统一安排。交接班原始记录和交接班日记要按照保存期要求，由专人妥善保管。

（一）现场交接班的工作程序和要求

（1）班前会结束后，接班人员立即到达各自岗位和交班人员共同进行“双人交接”。在操作室查看记录和报表，按规定路线现场交接。

（2）交接双方按“十交”“五不接”内容，严肃认真实事求是地当面交接清楚。认真核对各项交接内容，做到讲清、问清、看清、查清、点清。

（3）如遇到“五不接”中的不能接班的情况，双方要向各自班长汇报、班长向车间值班人员或车间领导汇报，逐级汇报、领导知情后，或指示交班人员处理，或指示接班人员共同处理(领导根据具体情况作指示)。

（4）接班人员若有疑问，交班人员一定要讲解清楚。若存在分歧，汇报各自班长，协调解决。

（5）交接完毕，接班者要及时在“交接班日记”上签字，交班人员就可以下班了。签字后生产中发生的问题应由接班者负责。

（6）接班人员未到岗签字，交班人员应继续进行生产，不得离岗。

（二）“十交”“五不接”

1.“十交”

（1）交生产任务。即交生产情况和任务完成情况。

（2）交设备情况。当班人员应严格按工艺操作规程和设备操作规程认真操作，对管辖范围内的设备状况负责，交班时应向接班人员移交完好的设备。交代所有动静设备的现状，尤其是大型设备的情况。如遇检修，则要讲明检修的部位与进度。

（3）交当班问题。

（4）交指标。即交工艺指标的执行情况和为下一个班的准备工作。

（5）交质量。即交原材料使用和产品质量情况及存在的问题。

（6）交操作。

（7）交经验。

（8）交工具。交接班时，工具应摆放整齐，无油污、无损坏、无遗失。

（9）交安全环保和卫生。交安全环保，即交不安全因素采取的预防措施和事故的处理情况等。交卫生，当班人员应做好设备、操作台、仪表、工具柜、玻璃、区域的卫生清洁工作，交班时交接清楚。

（10）交记录。交接班时，岗位原始记录、交接班日记等应完整、真实、准确、整洁。(有的企业还规定交指示，即交上级指示、要求和注意事项)

2.“五不接”

(1) 操作条件大幅度波动，岗位人员正在处理不接。

(2) 设备运行情况、生产条件情况交代不清不接。

(3) 操作记录、交接班日记不全、不清不接。

(4) 环境卫生不清洁、工具用品不齐全不接。

(5) 上级指示、要求不清不接。

(有的企业还规定“操作情况不明不接、设备不好不接、记录不全不接、工具不全不接、卫生不好不接”)

(三) 交接班日记的填写要求

交接班日记是连续运转班组用于交接生产、设备、安全等方面情况的记录。

(1) 交接班日记根据岗位设定，要求运行班组的每一个岗位必须设立一个交接班日记。注明当班日期、时间、轮班号。交接班日记必须把当班本位情况详细记录下来，向下班交代清楚，不得故意隐瞒实情。

(2) 交接班日记包括“接班、本班及交班”等内容。

① “接班情况”的填写。要求在接班检查后 0.5h 内填写，如检查出的问题与“交班情况”中不同时，应如实填写接班后的情况。

② “班中操作”的填写。以下各项都要进行及时、详细、准确、具体的记录。

- 当班各项生产任务的执行与完成情况；
- 工艺操作调整的时间、原因、方法及结果，车间下达的各项生产操作指令；
- 当班生产中出现的参数居标、生产波动，报警、联锁的投用和切除及其他异常情况的处理过程、应对措施与原因分析；
- 设备切换时间，维护检修交付使用时间；
- 班中检查出的问题、处理方法、时间及结果等。

③ “交班情况”的填写。交班时各个设备的运行情况及状态(包括“生产”“备用”“检修”三个运行状态)，要进行如实填写，避免漏项、缺项。

“交班者签名”须在接班会之前 1h 内完成，“接班者签名”必须在班会后 30min 内，交接班签名要求签全名。

(3) 交接班日记的填写要求字迹工整清晰、版面整洁；须用蓝黑墨水或碳素墨水使用仿宋体书写，不得使用铅笔书写；同一记录的字迹颜色要相同。

(四) 班长交接班记录的内容

班长交接班记录包括以下内容：

(1) 接班情况，主要包括重点部位预检情况；

(2) 本班工艺卡执行情况、操作平稳情况；

(3) 重点部位、隐患部位监控情况；

(4) 原料切换、生产方案变化情况；

(5) 上级指令执行情况；

(6) 设备运行情况，包括动设备、静设备、控制仪表；

(7) 安全、消防设施及现场安全状况；

(8) 环保及现场环境卫生情况；

（9）劳动纪律及班组成员出勤情况；

（10）其他需要说明的情况，包括工器具交接等。

三、班后会管理

班后会是化工企业连续运行班组（或生产岗位）实行交接班过程管理的最后一步，开好班后会有助于总结生产工作经验和教训，有利于集中解决问题，有助于班组团队建设。召开班后会时，班长要清点人数，对当班生产情况进行总结讲评，及时总结经验教训，表扬好人好事，批评违章违纪，必要时违章违纪人员要进行检讨。车间管理人员或值班人员参加班后会，负责向职工传达上级指示，安排部署工作。总之，班后会是总结生产、评工记分、分析事故、确定差异的收工会。班后会要求着装整齐、队列整齐、口号整齐，不能迟到，控制好时间。班后会的工作程序和要求如下：

（1）完成现场岗位交接后，下班班组全体人员到交接班室集合，由班长召集开班后会，值班人员（非日常工作时间）或其他管理人员（日常工作时间）必须按时参加。

（2）班后会队列整齐有序，由班长负责清点人数，点名声与答到声清晰洪亮。

（3）岗位人员报告当班重点工作。

（4）由班长对当班生产情况进行总结，及时总结经验教训，表扬好人好事，批评违章违纪，其他的一些上传下达事务，进行相应的培训工作。

（5）必须建立班后会日记，由班长派专人记录，班长和车间管理人员签字确认，车间要定期检查与考核。

第二节　危险化学品企业生产班组生产操作管理

在生产的管理组织上，班组成员在班长的组织下，按照车间技术员、生产主任或企业调度的指令，具体负责本岗位的生产操作。在生产操作中，主要工作是保证生产进度，按时完成生产任务；及时调整操作，保证操作平稳，在完成某一项具体工作时，要严格执行操作卡，按照操作卡规定程序进行操作，保证生产操作安全。如果你是生产单位班组长，你该怎样进行生产操作管理呢？

一、生产进度管理

化工企业车间生产管理的任务之一是按企业月生产计划编制车间生产作业计划，并组织生产班组实施，随时掌握装置负荷、任务完成进度，按装置达标的要求，全面完成生产任务。班组在实施生产作业计划时，班组长要掌握生产动态、产品产量、生产计划执行情况，并能根据任务完成的不同进度、临时性的上级变动和生产装置的大幅度变动情况，如实及时向调度汇报，在企业调度长的指令下，采取相应的控制方法，按时、保质、保量、安全地完成当班的生产作业计划。

（一）化工企业生产计划管理流程（见图 7-1）

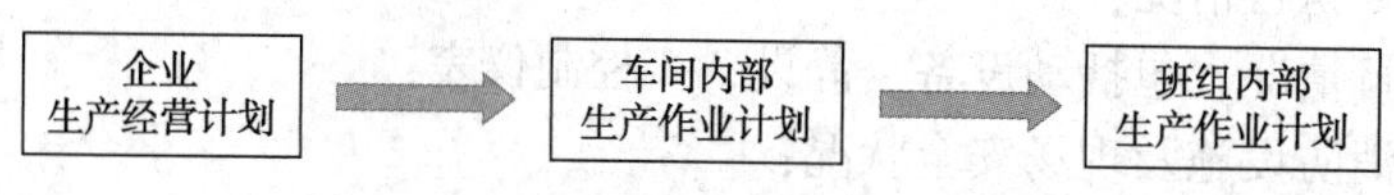

图 7-1　化工企业生产进度计划流程图

(二) 企业生产经营计划

生产经营计划是经济体制改革以后企业计划的一种新的形式。其特点是，在满足社会需要的基础上，把提高经济效益作为中心，不仅考虑企业内部各种因素的平衡，而且还考虑企业同外部条件的平衡，以适应社会的要求。企业生产经营计划包括生产作业计划，主要规定计划期内企业拟生产的全部产品品种、产量、完成期限及进度要求。在空间上可把生产计划中规定的生产任务细分到车间。规定各生产装置的加工量、产品或中间产品的产量、生产天数和各生产车间主要化工原材料(辅助材料)的消耗定额及消耗计划。

(三) 车间生产作业计划的基本内容

化工企业车间内部的生产方式是连续流水线式自动化生产，产品品种、生产工艺比较稳定，生产的各道工序都是严格协调、联动工作的，生产速度基本上由管线传送速度所决定。车间分配各班组生产任务时，要保证各生产班组之间生产过程的连续性、均衡性、适应性。

对于化工企业车间来说不必编制标准作业计划，只要将企业下达的月生产计划按日、按班组分配即可，也叫排产。化工企业车间生产作业计划的内容一般包括生产班组、起止时间、产品产量、直接材料数量或成本(原料及主要材料、辅助材料、燃料、动力)、直接人工数量或成本等。月生产作业计划样表见表 7-1。

表 7-1　某车间 1 月份生产作业计划表(开工天数 31 天)

生产部门	起止时间	产品名称	产量/10^4t	原料/10^4t	辅助材料/t

(四) 班组生产作业的基本要求

由于化工企业的生产特点，生产车间各班组的生产任务就是按照不同的岗位(内操、外操等)进行操作，保证装置物料平衡、平稳操作、降低消耗。所以对于班组内部来说，不必编制标准作业计划，只要有计划地控制燃料、动力、辅助材料消耗，按照岗位操作指南和工艺卡片进行操作，保证装置平稳率、馏出口合格率、自控率、产品收率。同时，班组长要及时确认车间下达的生产计划完成情况，以便如实按时向值班调度汇报。临时性的上级变动，要按照上级部门要求进行操作调整；因生产装置有临时性大幅度变动，生产方案改变较大，影响到产品质量、产量变化、原料进厂、产品输出时，当班调度要立即请示调度长，并按照公司生产调度长安排及时调整生产计划，组织班组成员保质保量安全地完成生产任务。有下列情况的单位，公司做出相应的考核。

(1) 对不服从计划安排或主观努力不够，未完成计划指标的单位；

(2) 对要求限产却超产不服从计划安排的单位；

(3) 对未经批准超计划完成任务幅度大于 5%并对公司整体运行产生较大影响的单位。

二、执行操作卡管理

化工装置具有高温、易燃、易爆、流程操作复杂等特点。为了保证操作受控、避免违章操作，化工企业一般根据装置操作规程，制定操作卡。操作卡的执行可有效保证操作准确，避免出现误操作，影响操作平稳率。尤其是在装置开、停工过程中，由于是多项操作作业，极易由于流程错误、确认不到位或者室内外联系不到位出现问题。因此，要进行操作卡模拟演练，目的就是要保证调整操作及时准确，保证操作平稳率。操作卡在执行时要符合执行程序和执行要求。

（一）开车前的准备

（1）施工工程安装完毕后的验收工作；

（2）开车所需原料、辅助原料、公用工程，以及生产所需要物质的准备工作；

（3）技术文件、设备图纸及使用说明和各专业的施工图，岗位操作法和试车文件的准备工作；

（4）健全的车间组织，人员配备及考核工作；

（5）配管、机械设备、仪表电气、安全设施及盲板和过滤网的最终检查工作。

（二）开车

开车必须在开车前的准备工作全部结束，并做好系统管道和单机设备内部的吹扫，对其完好、干净、畅通确认无误后才能进行。试车的规模有单机试车、联动试车和化工试车，内容有试温、试压、试漏、试安全装置及仪表灵敏度等。

1. 试车内容

（1）试温。指高温设备，如加热器、反应炉等，按工艺要求升温至最高温度，验证其散热、耐火、保温的功能是否符合标准。

（2）试压。严格按规定进行。

（3）试速。指对转动设备的验证，如搅拌器、离心机、鼓风机等。以规定的速度运转，观察其摩擦、振动等情况。试车时切勿站立在转动部件的切线方向，以免零件或异物飞出伤人。

（4）安全装置及附件校验。安全阀按规定进行检验、定压、铅封；爆破片进行检查、测试和更换；压力表按规定校验、调试，达到灵敏可靠。

（5）试漏。校验常压设备、管线的连接部位是否严密。可先以低于0.1MPa的空气（正负均可）或蒸汽试漏，观察其是否漏水漏气或很快降压，然后再注入液体循环运行试漏，以防止开车后的“跑”“冒”“滴”“漏”。

2. 试车规模

（1）单机试车。其主要目的是对化工装置中的所有运转设备（如机、泵）的机械性能通过实际运转进行初步检验，以求尽早发现设计、制造或安装过程中存在的缺陷，并能采取相应的措施予以消除，从而保证后续开车的顺利进行。单机试车阶段还包括供、配电系统的投入使用和仪表组件的单校等。

（2）联动试车。由建设单位编制方案并组织实施，在试车期间车间技术人员及操作工全部进场，紧急抢修力量也同时进场。

联动试车工作一般包括：系统置换、气密性实验、干燥、填料和三剂（催化剂、干燥剂和化学试剂）充填、加热炉烘炉、循环水系统预膜等，最后在系统充入假定介质（如水、气、油）后全系统设备进行一定时间的联动运转，充入的介质应尽量与以后正式生产所用工艺介质的性质相近。

对某些特定的场合，在主要工序投料之前，还要对部分工序的催化剂进行升温及还原、氧化、硫化等化学方法处理，对催化剂进行活化，以缩短整个化工投料到生产出合格产品的周期，减少投料期间大量物料放空的经济损失。

(3) 化工试车。当以上各项工作都完成后，则进入化工试车阶段。化工试车是按照已制订的试车方案，在统一指挥下，按化工生产工艺的前后顺序进行，化工试车因生产类型的不同而各异。

(三) 停车

1. 正常停车

生产进行到一段时间后，设备需要检查或检修进行的有计划的停车，称为正常停车。这种停车，是逐步减少物料的加入，直至完全停止加入，待所有物料反应完毕后，开始处理设备内剩余的物料，处理完毕后，停止供气、供水，降温降压，最后停止转动设备的运转，使生产完全停止。

停车后，对某些需要进行检修的设备，要用盲板切断该设备上物料管线，以免可燃气体、液体物料漏过而造成事故。要把其中的物料彻底清洗干净，并经过安全分析合格后方可进行动火或进入设备内检查作业。

2. 局部紧急停车

生产过程中，在一些想象不到的特殊情况下的停车，称为局部紧急停车。如某设备损坏、某部分电气设备的电源发生故障、某一个或多个仪表失灵等，都会造成生产装置的局部紧急停车。

当这种情况发生时，应立即通知前步工序采取紧急处理措施。把物料暂时储存或部分排放(如火炬、放空等)，并停止入料，转入停车待生产的状态(绝对不允许再向局部停车部分输送物料，以免造成重大事故)。同时，立即通知下步工序，停止生产或处于待开车状态。此时，应积极抢修，排除故障。待停车原因消除后，再按化工开车的程序恢复生产。

3. 全面紧急停车

当生产过程中突然发生停电、停水、停汽或发生重大事故时，则要全面紧急停车。这种停车事前是不知道的，操作人员要尽力保护好设备，防止事故的发生和扩大。对有危险的设备，如高压设备应进行手动操作，以排出物料：对有凝固危险的物料要进行人工搅拌(如聚合釜的搅拌器可以人工推动，并使本岗位的阀门处于正常停车状态)。

(四) 操作卡

1. 室内操作卡

室内操作卡明确规定了整个操作需要进行的所有步骤，以及在操作中需要注意的事项。

2. 室外操作卡

室外操作卡主要基于外操现场操作，是建立在原室内操作卡基础上，将主要在"室外完成的操作按照操作顺序"形成的操作卡。操作卡有挂绳易于携带。室外操作卡主要用于单项操作和多项操作。

(五) 操作卡片执行程序

操作卡片是生产受控的关键技术文件，操作过程中操作员必须严格执行"只有规定动作，没有自选动作"的持卡操作原则。操作卡片最终由生产班组执行，执行时要结合装置操作的实际情况。具体操作流程如下：

(1) 技术人员提前分发室内、室外操作卡。

(2) 各级人员要详细交代下达操作指令的目的、人员分工、具体要求和注意事项。

(3) 外操按照室外操作卡步骤实现现场改流程操作，完成每步操作后在相应操作卡上画“√”。外操完成全部操作后，由内操到现场进行步步确认。

(4) 操作完成后，外操回到操作室对照室外操作卡进行销项签字，由外操将相关操作步骤在操作卡片上画“√”。内操经确认流程无误后，在操作卡片上签字确认。

(5) 技术人员现场确认后并签字，签字后的操作卡由车间负责存档。

(六) 操作卡片的执行要求

1. 各装置室内操作卡和室外操作卡

室内操作卡由车间管理，放在操作室，作为最终填写并存档备查的资料；室外操作卡做成便携式，根据工作分工、工作进度，分发给相关的操作员，作为现场提示卡，不作为存档资料。

2. 职责

原则上，装置开、停工操作由当班班长统一指挥，班长下达操作指令，运行工程师监督操作规程执行，遇有问题及时向车间汇报。

3. 操作过程

(1) 单项操作，外操完成操作后需要内操、技术人员进行操作步骤的确认，操作确认完成后，外操回到操作室对照室内操作卡标记完成“√”工作，外操、内操、技术人员完成相应签字工作。

(2) 多项操作，由班长或内操指挥外操严格按照操作步骤执行操作，外操须把执行完成后的操作汇报给班长或内操，每步操作完成后在相应室内、室外操作卡片上标记“√”完成工作，多项操作完成后外操、内操或班长以及技术人员在室内完成相应签字工作。车间负责监督检查操作人员执行操作卡的情况，以有效避免操作失误的发生。

4. 操作指令的下达

为保证装置停开工过程各项工作的有序进行，各车间应根据《装置开/停工方案》，明确细化相关工作的责任分工，指定责任人，统一操作，避免重复指挥。正常情况下，操作指令的下达，应执行以下原则程序。

装置开、停车指令步骤：

(1) 技术人员(或生产主任)向班长下达操作指令；

(2) 班长向内操下达操作指令；

(3) 内操指挥外操进行现场操作；

(4) 内操、班长或技术人员进行相关的现场多级确认；

(5) 填写相关操作卡片，完成操作指令。

5. 现场操作的确认

开、停工过程中，现场操作的确认按以下原则进行。

一级确认：对于特别简单的流程动改和操作，可由操作人对照随身携带的提示卡，在操作完成后，直接进行现场确认。

二级确认：对于只涉及一个岗位或一般的流程动改和操作，由内操(或班组长)、技术员进行两级现场确认。

三级确认：对于涉及多个岗位或重要的、复杂的流程动改和操作，应由内操(或班组长)、技术人员、生产主任进行三级确认，保证操作无误，开、停工顺利进行。

6. 操作卡的填写

(1) 外操持便携式操作卡，进行现场操作和必要的一级确认后，回操作室填写操作卡，对已完成的操作或确认画"√"、签字并填写时间；

(2) 内操、班组长、技术人员、主管主任按多级确认要求，完成相应的现场确认工作后，回操作室对已完成的确认步骤画"√"、签字并填写时间；

(3) 原则上，每天都应根据工作完成情况完成操作卡的填写，禁止突击签字、确认。

7. 操作内容的临时变更

当装置现场实际情况发生变化，操作程序和步骤需要变动时，开、停工操作卡片应根据实际需要进行修改，要严格履行变动(变更)审批程序后方可执行，并做好备案，禁止随意变动。

8. 操作卡的执行检查

车间技术人员应每次对操作卡片的填写情况进行检查，并提醒相关人员及时签字确认。技术科也将根据装置开、停工进度和操作情况，不定期进行督促检查。

第三节 危险化学品企业生产班组生产巡检管理

生产运行期间，为使生产巡回检查规范化，提高巡回检查的作用和效率，确保产品质量和生产安全稳定运行，化工企业要制定生产巡回检查管理制度：外操负责对所辖生产现场装置进行巡回检查。内操负责在DCS画面上对全装置运行状态进行巡回检查。班长负责对全装置进行巡回检查，并对本班操作工巡回检查情况进行监督、检查。生产部门管理人员负责监督生产巡回检查情况。公司相关职能部门负责巡检制度的落实检查。所有检查结果都和部门及个人利益挂钩。如果你是生产单位班组长，你该怎样巡回检查和管理呢？

一、生产班组劳动纪律巡检管理

对于劳动纪律的检查是逐级进行的，班组长主要负责本组员工的检查和违纪员工的处理工作，检查结果和个人利益挂钩。员工要遵守各项制度规定，这是作为一名合格员工的基本要求，也是劳动的基本态度。

生产班组长当班时检查所属岗位操作人员劳动纪律，一般每2~4h检查一次。

员工违反劳动纪律行为的基本表现：

(1) 迟到、早退及无故旷工；

(2) 当班不及时巡检；

(3) 班前、班中饮酒，工作时间洗澡、理发、看杂志、看报纸、下棋、打扑克、赌博、搞娱乐活动等；

(4) 工作时间脱岗、串岗、打盹、睡觉、打闹、干私活、打架斗殴，带烟带火进厂等；

(5) 公司检查劳动纪律时通风报信或包庇、隐瞒，检查时反锁房门、挂窗帘；

(6) 不请假私自换班；

(7) 为隐瞒责任，编造生产记录及数据；

(8) 不穿戴劳保用品。

班组长要根据公司制度，结合班组的生产实际情况，制定出适合本班组管理的标准和制度，让这些制度和标准从现场来，到现场去，更具有可操作性和实用性，更符合现场管理的特点，然后严格执行，实施制度化管理，才能使班组建设步入规范、科学、系统的轨道，形成良性循环。

二、生产班组设备维护保养巡检管理

化工机电设备正常运转的重要条件是正确进行设备的维护保养，润滑是设备维护保养工作的重要内容。合理地选择润滑装置和润滑系统，科学地使用润滑剂和搞好油品的管理，才能做到减少设备的磨损，降低动力消耗，延长设备寿命，保证设备安全运行。操作工要认真学习设备管理手册及有关润滑知识，做好设备润滑记录，维护好润滑用具，严格专油专具，定期清洗，并纳入交接班主要内容；操作员要按照设备维护保养的要求进行保养，按照巡回检查的内容坚持装置巡回检查，如发现异常现象应及时向班组长汇报，并写入交接班日记；班组长负责对化工装置维护保养的经常性监督检查，并做好装置维护保养的指导工作和违纪人员的处理工作，确保生产正常平稳运行，提前消除安全隐患。

（一）班组长的职责

班长负责对全装置进行巡回检查，并对本班操作工巡回检查情况进行监督、检查，指导设备操作人员对使用的设备加以检查、保养和调整，使设备处于最佳的技术状态。

（二）巡回检查要求

（1）各岗操作工必须按规定时间和要求对所属责任范围装置、系统进行巡回检查。巡回检查时间范围为正点±30min 内，如发现问题能处理的必须及时处理，并向班长报告，不能处理的立即向班长报告。

（2）巡回检查必须如实认真做好记录，字迹必须整洁，禁止弄虚作假。

（3）遇有特殊情况不能按时进行巡回检查时，必须汇报当班班长及车间值班人员，以便安排人员代替巡检。

（4）针对岗位生产和工艺流程特点，建立巡回检查路线，按照定人、定时、定点、定路线、定内容的要求，进行严格、科学的巡回检查，按顺序逐点翻(挂)牌或刷卡。

（5）上班期间必须按照本企业《生产巡回检查管理制度》对有关设备进行巡视检查。在正常生产情况下，员工每 2h 对现场进行巡回检查一次，抄下该读的现场仪表数据。班长每 4h 巡回检查一次。

（6）如有特殊情况时，巡检人员在巡检时应重点进行检查，并增加巡检次数，必要时另行安排人员重点巡检或派专人就地监视。

（三）巡回检查内容

（1）查看各法兰接口有无渗漏；检查各密封点有无泄漏等；检查设备与容器外壳有无局部变形、鼓包和裂纹。

（2）检查设备、容器壁温有无超温现象。

（3）检查设备、容器和管道内介质流速情况，判断是否畅通无阻。

（4）检查设备、容器和管道有无振动；检查设备有关部位的压力、振动和杂音；检查轴承及有关部位的温度与润滑情况；检查泵类设备运行平稳情况。

（5）检查螺丝是否松动。

（6）检查备用机泵盘车。

(7) 检查控制计量仪表与调节器的工作情况。

(8) 检查冷却系统的情况。

(9) 检查设备卫生。

(四) 化工设备的维护保养

设备在使用过程中会发生污染、松动、泄漏、堵塞、磨损、振动、发热、压力异常等各种故障，影响设备的正常使用，严重时会酿成设备事故。因此，班组长应指导设备操作人员经常对使用的设备加以检查、保养和调整，使设备处于最佳的技术状态。

班组设备维护保养一般由设备使用人员担当，主要是对设备进行清洁、润滑、紧固、调整、防腐和安全检视。这种维护保养难度不大，通常作为日常的工作内容来要求，但分工更细、要求更高，比较烦琐，关键要形成制度化，持之以恒。班组长负责对此进行经常性的检查。

(五) 操作人员的润滑职责及工作细则

(1) 熟悉所管设备的润滑点分布，所需油料品种和用量。

(2) 对设备实行正确润滑，所加润滑油(脂)必须符合相对应的设备的规定，不得滥用和混用。

(3) 自动注油的润滑点要经常检查滤网、油位、油压、油温、稀油站的注油泵和油箱油位，保护油位、油温、油压在规定范围内，注油泵工作正常。

(4) 按设备换油计划负责设备的清洗换油，保证油箱内清洗质量。

(5) 按规定填写润滑记录。

(6) 按规定回收废油，及时反映和处理漏油情况。

(7) 保护润滑工具齐全、完整、清洁，对油杯及油盒应定期清洗、疏通。

三、生产班组生产工艺卡巡检管理

操作不稳定是影响产品质量的主要因素之一，要减少操作波动，尤其是要减少人为因素造成的因操作不按规程进行、工艺执行不严等引起的异常波动，保证平稳操作是提高产品质量的关键环节。这就要求员工按工艺要求严格控制工艺参数在工艺指标范围以内，这也是实现化工安全生产的基本保证。在生产过程中，中控室操作工应注意观察仪表所显示的工艺参数，判断是否正常，并按时做好记录，如果工艺操作参数超出工艺卡片正常值控制范围时，就需要采取适当措施，根据装置工艺卡片指标对实际生产操作进行调节控制，使其实际工艺操作参数达到工艺卡片指标要求，如果调解无效，就需要层层汇报，按上级的指示进行调解，直到操作参数正常为止，并写入交接班日记。班组长负责对化工工艺参数的经常性监督检查，并做好工艺参数的调节控制指导工作和违纪人员的处理工作，确保生产装置平稳运行，消除安全隐患，保证产品质量。

(一) 班组长的职责

班长具体负责各级控制点的监控，随时检查操作工艺参数的波动情况，发现问题，及时调整并记入交接班日记。对工艺参数的调节控制进行指导。对操作人员违反工艺指标考核制度的行为进行处理。

(二) 巡回检查内容

检查工作介质的压力、温度、流量、液面和成分是否在工艺控制指标范围以内。

（三）主要的工艺操作参数

化工生产过程中主要的工艺操作参数有温度、压力、流量、液位。

1. 温度

运行温度越高，危险性越大。多数化学反应是放热反应，硝化、卤化、强氧化反应是剧烈的放热反应；磺化、重氮化、加氢反应是强放热反应。随着反应温度的升高，通常情况下反应速率将会加快，反应热也将随之增加，使温度继续上升，没有可靠的移除反应热的措施，反应不稳定，将会超温，而超温会引起超压，引发事故；温度过低，则有时会因反应速率减慢或停滞造成反应物积聚，一旦温度正常时，往往会因未反应物料过多而发生剧烈反应引起爆炸。温度过低还可能使某些物料冻结，造成管路堵塞或破裂，致使易燃物泄漏引起燃烧、爆炸。所以，控制温度在化工生产中是十分重要的。

2. 压力

运行压力越高越危险。加压操作在化工生产中普遍采用，一般来讲，不管是气相还是液相反应，随着反应压力的升高，反应速率将会加快，没有可靠的措施，反应不稳定，引发爆炸事故。

3. 流量

工艺过程中物料量大危险性大。设备的进料流量要小于设备的传热能力，否则设备内温度将会急剧升高，引起物料的分解突沸，发生事故。投入物料配比也要适宜，配比应在爆炸极限之外，物料配比适宜，反应既安全又经济，否则，既不安全又增加消耗。因此，投料量和配比必须严格控制。

4. 液位

液位越高，设备的压力越大。如果超过容器设计值，危险性就会加大。所以，要保持液位恒定，超过正常液位时，要泄放到正常液位。

（四）影响班组产品质量的因素

影响班组产品质量的因素有操作质量不稳定、班组员工错误的思想观念、班组长领导意识淡薄和缺乏有效的质量监督机制等。其中，操作质量不稳定也称为操作波动。质量波动一般分为正常波动和异常波动。正常波动般因原材料质量差异，设备磨损，操作调节微小变化，工艺偏差控制范围的正常变动等因素引起，对产品质量影响不大。异常波动一般因操作不按规程进行，工艺执行不严，设备带病运转，监视测量不准，原料不符合质量标准等因素引起，对产品质量影响较大。

影响班组生产质量的主要因素是人、设备、材料、工艺、环境，切实有效地把这五个因素控制起来，及时消除异常波动，就能生产出优质的产品。而五个因素中最主要的是人的因素，因为班组生产是靠人监控的，监控者的工作质量直接影响产品的最终的结果。

所以，平稳操作、减少操作波动是提高产品质量的关键环节，平稳操作就是要稳定工艺。一是要抓好交接班，交接班是了解上一班生产、工艺、质量、安全、设备运行及遗留问题等的过程，对于稳定下一班生产工艺和质量至关重要，要严格按交接班要求进行交接。二是严格执行操作规程。要求班组成员能熟练掌握技术规程的主要内容，如工艺操作法、工艺条件、工艺参数、安全技术要求等，都严格按照技术规程进行操作，特殊情况听从班组长或上级指示进行调整。

(五) 工艺卡片内容

工艺卡片是生产管理过程中对主要工艺控制指标以卡片形式发布的法规性文件。生产车间的操作室必须在明显的位置悬挂工艺卡片。内容包括：装置名称、编号、执行日期、主管领导及部门签字、原料及化工原材料质量指标、关键工艺、参数指标、关键设备参数指标、公用工程指标、成品及半成品质量指标、消耗指标、环保监控指标、主要技术经济指标，样表见表 7-2。

表 7-2 某石化公司苯乙烯装置工艺卡片(空白)

一 主要操作条件								
项目	单位	指标	项目	单位	指标	项目	单位	指标

二 主要技术经济指标		

三 公用工程指标		
项目	单位	指标

四 原材料质量指标			
名称	项目	单位	指标

五 消耗指标		

六 环保监控指标		

七 中国产品和成品质量指标		
名称	项目	指标
工业乙苯		
工业苯乙烯		

八 工艺卡片变动卡	

(六) DCS 自动控制系统

DCS 是采用网络通信技术，将分布在现场控制点的仪表与操作中心连接起来，通过采集现场仪表(温度、压力、流量、液位等)的信号，作出判断，输出信号对管道的阀门进行控制，可以人工给值进行阀门控制。目前，DCS 控制系统是化工企业常用的工艺过程自动化控制及安全联锁系统。

对高危作业的化工装置最基本的安全要求应当是实行温度、压力、流量、液位超高(低)自动报警、联锁停车，最终实现工艺过程自动化控制。例如：温度控制，当温度超高时系统报警，同时关闭紧急切断阀切断进料；压力控制，使反应器的压力保持稳定，当反应超压时报警，同时联锁关闭进料阀，若反应器内余料继续反应，压力继续升高，就开启安全泄压系统，尾气进回收装置；流量控制，通过控制进料量使系统反应配比及反应过程稳定，也可以根据实际情况采用比值调节来控制进料配比；液位控制，通过控制出料阀的开启度来控制出料量使反应器液位保持恒定，同时可设液位高低限报警。

（七）工艺操作控制

操作人员通过对工艺操作规程所规定的控制点，以及主要的工艺操作参数(温度、压力、流量、液位)的操作控制(各岗位操作员应按操作规程要求，在工艺卡片范围内调整各部参数)，确保各参数平稳，为装置馏出口质量合格创造必要的条件。具体包括如下方面。

(1) 检测观察仪表所显示的工艺参数。

(2) 对比判断。将观察到的参数值，与工艺卡片所规定的范围进行对比，判断是否正常，是否需要调节。

(3) 操作控制措施。根据以上对比判断决定如何进行操作。假如对比判断的结果是指标超出工艺卡片所规定的控制范围时，岗位必须按照工艺卡片进行调节，如通过加热或冷却、开大或关小阀门、提高或降低液位等来实现对工艺过程的控制。无法调节时，必须及时向班组长汇报，班组长指导调节无效时，必须向车间(分厂)汇报，车间(分厂)指导调节无效时，向主管处室汇报，联合制订实施处理方案。

(4) 根据SIS系统和紧急停车系统的相关要求，进行工艺操作。

四、生产班组安全生产巡检管理

班组安全生产检查是企业安全生产管理工作的一项重要内容，更是班组长履行安全生产职责的重要内容。班组安全检查是发现人的不安全行为、物的不安全状态、环境的不安全因素以及其他不安全因素的有效途径，是消除事故隐患、防止伤亡事故发生、改善劳动条件的重要手段和措施。在班组安全生产管理中具有非常重要的意义。对检查出的安全隐患要及时进行整改和治理，并做好记录。对于违反安全生产管理考核制度的行为要及时治理，以确保班组的安全稳定生产。

（一）班组长的安全生产职责

(1) 贯彻执行企业和车间对安全生产的指令和要求，全面负责本班组(工段)的安全生产工作。

(2) 组织员工学习并贯彻执行企业、车间各项安全生产规章制度和安全技术操作规程，教育员工遵章守纪，制止违章行为。

(3) 组织并参加班组安全活动，坚持班前讲安全、班中检查安全、班后总结安全，经常开展事故案例教育和事故预案演练。

(4) 负责对新工人(包括实习、代培人员)进行岗位安全教育。

(5) 负责班组安全检查，发现不安全因素及时组织处理，不能解决的立即报告车间。发生事故立即报告，并迅速组织抢救，保护好现场，做好详细记录，参与事故调查分析，落实防范措施。

(6) 负责生产设备、安全装备、消防设施、防护器材和急救器具的检查维护工作，使其保持完好。教育员工正确使用劳动防护用品、用具和灭火器材。

(7) 落实直接作业环节各项安全措施(直接作业包括动火、登高、进受限空间，临时用电、破土、放射性探伤、吊装等，检查检维修、施工作业等的作业风险削减措施是否落实)。

(8) 组织班组安全生产竞赛，表彰先进，总结经验。

(9) 负责班组建设，提高班组安全管理水平。保持生产现场整齐、清洁，实现安全文明生产。

（二）岗位操作人员安全生产职责

认真学习和严格遵守各项规章制度作业，遵守劳动纪律，不违章作业，对本岗位的安全生产负直接责任。

精心操作，严格执行工艺纪律和操作纪律，做好各项记录。交接班必须交接安全情况，交班要为接班创造良好的安全生产条件。

按时认真进行巡回检查，正确分析、判断和处理各种异常情况，并及时报告。

在发生事故时，及时地如实向上级报告，并按事故预案正确处理，保护好现场，做好详细记录。

正确操作，精心维护设备，保持作业环境整洁，搞好安全文明生产。

上岗必须按规定着装，妥善保管、正确使用劳动防护用品和灭火器材。

积极参加各种安全活动、岗位技术练兵和事故预案演练。

有权拒绝违章作业的指令，对他人的违章作业要加以劝阻和制止。

（三）班组的安全巡检制度

班组安全巡检制度是班组日常安全检查的形式之一。为了保证安全巡检的质量，要事先制订巡检计划，明确巡检时间、地点和行进路线。班组安全巡检的内容包括人、机、料、法、环等五个方面。

（1）检查人的安全意识是否牢固，安全管理是否存在薄弱环节，安全管理规章制度是否制订完善，人员操作是否符合安全操作规程等要求。

（2）检查机器设备是否处于正常运行状态，防护装置状态是否良好，是否存在缺陷及不完善的情况。

（3）检查物料、工作方法及周围环境是否存在不安全因素，是否需要采取特殊的安全措施。

（4）在班组巡检中，每个巡检人员都要耳聪目明、反应敏捷，要运用“望、闻、听、问”四大法宝，广泛关注每一个细节，不放过任何事故隐患。

望：望的含义是认真、仔细地查看各个要害部位和各个巡检点，并及时发现问题；

闻：闻的含义是留心作业场所有无异常气味或刺鼻的气味等；

听：听的含义是注意倾听设备运行过程中的异常声响，如有异常声音往往是紧急情况或故障出现的预兆；

问：问的含义是询问岗位上员工的工作情况，及时解决员工提出的各种问题和发现的各种隐患，问明隐患发生的时间、地点，并认真做好记录，能解决的当场进行解决处理，不能解决的应及时上报上一级的主管领导。

（四）现场安全管理

生产现场是由人、物和环境所构成的一个场所，在这个环境里，有生产工人、设备装置、原材料、产成品、各类工具和杂物，还有作为设备动力源的蒸汽、电、燃油等。

现场安全管理应从三个因素入手：一是人的不安全行为；二是物的不安全状态；三是作业环境条件的调节和治理。

1. 对人的不安全行为的管理

违章指挥和操作失误（或存在缺陷）是造成事故的直接原因之一。例如化工生产中开错阀门而加错原料（人工间断加料的反应器特别危险），造成剧烈反应引起着火爆炸；禁火区违章动火引起着火爆炸；置换不合格引起着火爆炸；挂钩未挂牢，起吊后重物滑脱砸伤人员等，都是人的不安全行为造成的。

(1) 人的不安全行为

① 违章指挥。领导人不懂作业规范，盲目指挥，或者只追求经济利益，不注意安全，违章指挥(主任违章安排修阀门，不开工作票案例)。

② 职工操作失误，习惯性操作，忽视安全，粗心大意忽视警告。具体表现为：未严格按操作规程操作，开错按钮或阀门；酒后作业；疲劳工作；禁火区抽烟；无证操作等(操作规程不规范的问题)。

③ 攀、坐不安全位置(坐在栏杆上坠落事故案例)。

④ 未正确使用个人防护用品(未戴安全护品事故案例)。

⑤ 存放物体不当。例如对易燃易爆危险品和有毒物品处理不当：仓库内物质混放等(两种禁忌物质在一个罐区内的事故案例)。

⑥ 冒险进入危险场所。具体表现为：无人监护就进入油罐、气柜；在起吊物下停留；非岗位人员进入危险区等。

(2) 控制人的不安全行为的途径

① 企业领导、安全管理人员、操作人员要积极参加安全培训，持证上岗。要明白安全生产和经济利益的关系，杜绝违章指挥，违章作业。

② 规范操作人员的安全行为。制定完善的规章制度和操作规程，经常教育操作人员自觉遵章守纪。

③ 根据工作任务的要求选择合适的人员。作业人员要满足从事该职业或操作应该具备的基本条件，即人员的能力应符合该种职业的要求。尤其是特种作业人员一定要持证上岗，特殊危险岗位作业一定要有监护人员。

④ 合理地安排工作任务，避免过度疲劳。有的企业“重生产、轻安全”，为了获取更大的经济利益，使得作业人员过度疲劳，在生产过程中精力不能集中，产生误操作，从而导致事故发生。

⑤ 安全确认。安全确认是指在操作之前对被操作对象、作业环境和即将执行的作业行为实行的确认制度。它可以有效防止误操作的产生，因为在操作时能够发现和纠正异常情况或其他不安全问题，从而可以有效消除事故的隐患，免意外发生。如动火作业前对发现的隐患采取的削减措施进行的确认。又如“明票制”用嘴喊着操作要点，来确认即将进行的动作。

⑥ 作业审批。危险性较高的作业开工之前，为了保证作业在有充分准备可靠的安全措施下进行，一般由相关管理部门进行作业审批，并办理作业手续，例如动火作业审批制度、密闭空间作业审批制度。

2. 对物的不安全状态的管理

物的不安全状态引发的事故，一般是指物体以某种方式向外释放能量并作用于人体和其他物体，导致人体受到伤害，其他物体遭到损坏。例如物料仓库混放造成氧化燃烧着火引发爆炸。罐区设置不合理泄漏时产生化学反应，产生毒气飘散造成人员中毒等。

(1) 物的不安全状态的类型

① 防护、保险、信号等装置不全或存在缺陷，如无防护罩、无安全保险装置、无报警装置、无安全标志、电气带电部分裸露等。

② 设备、设施、附件存在缺陷。

③ 个人防护用品用具缺少或存在缺陷。

④ 生产场地环境不良。如照明不足、场所狭窄、工序设计不合理等。

(2) 加强物的不安全状态的管理

① 经常检查隐患并及时进行整改。

② 加强设备管理，始终保持良好状态。

③ 尽可能采用自动化作业。

④ 设备布置、物料堆放要科学合理，保持通道畅通。

⑤ 现场一定要清洁。

⑥ 严禁火种等危险源的管理。

⑦ 正确佩戴防护用品。

⑧ 保持作业现场适宜的通风、温度、湿度、照明度。

⑨ 整个厂区设计布局要合理，达到设计规范。

3. 作业现场环境的清理和整顿

主要是在职工中开展“6S”活动。“6S”活动即整理、整顿、清扫、清洁、素养，安全。在职工中开展“6S”活动，营造一个清洁、整齐、宽敞、明亮的工作环境，不仅能使物流一目了然，大大提高现场作业的安全性，而且能提升职工的归属感，形成自觉按要求生产作业、按规定使用各种工器具的良好习惯。

(五) 特殊作业票证的管理

1. 动火管理

(1) 动火作业：指能直接或间接产生明火的工艺设置以外的非常规作业，如使用电焊、气焊(制)、喷灯、电钻、砂轮等进行可能产生火焰、火花和炽热表面的非常规作业。

(2) 动火作业的一般要求：动火证未批，禁止动火；不与生产系统可靠隔绝，禁止动火；清洗置换不合格，禁止动火；不清除周围易燃物，禁止动火；不按时做动火分析，禁止动火；没有消防措施，禁止动火。

动火作业必须做到以下几点：一是必须办理动火证；二是必须落实安全措施；三是必须做动火分析；四是动火间断 30min 以上要重做动火分析；五是现场周围 10m 范围内易燃可燃物清除干净；六是动火人员要有资格；七是其他注意事项。

2. 进入受限空间作业管理

进入受限空间作业指进入或探入化学品生产单位的受限空间进行的作业。受限空间包括各类塔、釜、槽、罐、炉膛、锅筒、管道、容器以及地下室、客井、坑(池)、下水道或其他封闭、半封闭场所。

进入受限空间作业安全规定：

(1) 必须办理好进入塔、罐作业证方可作业。

(2) 必须进行系统安全隔绝。

(3) 必须切断动力电，并使用安全灯具。

(4) 必须进行置换，通风换气合格。

(5) 必须按规定时间要求进行安全分析。

(6) 必须佩戴规定的防护用具。

（7）必须有人在罐外监护并坚守岗位。

（8）必须有抢救后备措施。

3. 其他特种作业票证管理

包括：动土作业、临时用电作业、吊装作业、高处作业、抽堵盲板作业和断路作业等，均须办理作业许可证，落实安全防范措施等才能作业，以确保作业安全。

（六）作业现场隐患检查和治理

（1）在找事故隐患的途中，把运行系统、设备和设施存在的缺陷和危险因素以及人的不安全行为(包括习惯性违章)查找出来。

（2）从本企业已发生过的事故中，吸取经验教训。分析本企业的安全现状，检查判断本企业还存在发生哪些事故的可能。

（3）对已发生的事故或未遂事件进行分析，检查仍然存在的危险和隐患，检查事故防范措施是否真正落到实处。

（4）对职工的习惯性违章行为一一列出，对照操作规程提出具体的整改措施。

（5）现场检查危险隐患的重点

① 厂区周边到居民区、公共场所、交通要道等的安全距离是否符合规定。

② 贮罐区的设计布局、储存量、储存物质、进出口管道、围堰、消防、监控、装卸车方式及接地线等是否符合规定。

③ 库房的结构、储存物质的类别、最大储存量是否符合规定。

④ 企业建筑物的安全状况。

⑤ 锅炉压力容器和压力管道的制造、检验、使用证件是否齐全并在有效期内，附件目前是否完好。

⑥ 厂区厂房、物流道路、消防通道、设备、工艺管线、库区、办公区平面布置是否符合设计规范。

⑦ 运行设备、检修设备的安全措施，安全标志，危险品安全告知是否符合有关规定和标准要求。

⑧ 运行设备、工艺系统有无异常情况，如振动、温升、磨损、腐蚀、渗漏等。

⑨ 设备的各种保护，如电气保护、自动装置、机械保护装置等是否准确、灵敏，是否定期进行校验。

⑩ 危险品的储存、易燃物品的保管和领用是否存在隐患，动火作业是否按规定进行。

⑪ 作业场所的粉尘浓度是否达到工业卫生控制标准，防尘设施是否正常投用。

⑫ 现场照明是否充足，作业是否使用低压安全行灯。

⑬ 现场的井、坑、孔、洞、栏杆、围栏、转动装置的防护跟是否符合要求，脚手架、平台、扶梯是否符合设计要求。

⑭ 职工在作业时是否正确使用防护用品，工作中有无习惯性违章行为。

⑮ 职工在工作时是否按规定使用安全工器具，是否进行定期检查实验。

⑯ 安全培训、应急救援演练、特殊工种持证上岗情况。

（七）事故管理

1. 事故原因分析

分析事故原因的时候，要从直接原因入手，逐步深入间接原因，从而掌握事故的全部原因。再分清主次，进行责任分析。

(1) 直接原因：人的不安全行为和机械、物质或环境的不安全状态。

(2) 间接原因：

① 技术和设计上的缺陷。

② 教育培训不够、未经培训、缺乏或不懂安全操作技术知识。

③ 劳动组织不合理。

④ 对现场工作缺乏检查或指导错误。

⑤ 没有安全操作规程或不健全。

⑥ 没有或不认真实施事故防范措施，对事故隐患整改不力。

⑦ 其他原因。

2. 事故的防范措施

一般应从以下几个方面入手进行防范：

(1) 所有设备操作人员必须经过技术培训，经考核合格后方可上岗操作，公司及相关单位要有计划地对设备操作人员进行岗位技能培训教育，努力提高职工的技术素质和应变能力。

(2) 要严格执行岗位责任制，加强责任心；设备操作、使用、维修、保养、润滑、检修规程等各项规章制度是防范设备事故的措施和手段，必须认真贯彻落实。

(3) 认真做好计划检修，及时处理设备的缺陷、消除设备隐患：定额储备易损备件，保证设备正常运转，对主要设备的关键部件，必须做到有备无患。

(4) 对主要设备开展状态监测和故障诊断工作；定期检查设备的保护装置和防火、防爆、防雷等设施，做到齐全、灵敏、可靠。

五、生产班组生产环保巡检管理

班组生产环保检查是企业生产管理工作的一项重要内容，也是班组长履行生产环保职责的重要内容。班组长要在生产安全管理的基础上，认真开展环保知识教育，增强每个职工的环保意识，加强对生产过程中的“跑”“冒”“滴”“漏”的查找整改，确保装置达到无泄漏。在正常生产和大检修过程中制订出切实可行的环保措施，并认真进行巡回检查，及时发现和处理对环保不利的事故隐患。发生环保事故要及时汇报并积极采取补救措施，对环保事故有关责任者，按有关规定进行考核和处理。

(一) 班组长的环保职责

掌握本车间污染物的特性及危害，对当班期间各污染的排放进行监控、对员工加强环保教育和培训、积极落实环保防治措施，加强巡回检查工作，发现问题应尽快上报，及时查明原因并迅速解决，积极搞好隐患整改，对操作人员违章行为及时制止和处理，并记入交接班日记，对当班环保达标负责。

(二) 化工企业主要污染物

根据化工行业特点，化工企业污染物一般为废水(包括 COD、氨氮、石油类、挥发酚、汞、镉、铅、铬、氯化物)、废气(包括烟尘、工业粉尘、二氧化硫、氮氧化物)、工业固体废物(包括危险废物、粉煤灰、炉渣、污水处理厂产生的污泥和危险废物焚烧的残渣)和噪声。

“三废”(废水、废气、废渣)是化工企业主要环境污染物。

（三）污染的削减措施

1. 生产过程中污染的削减措施

（1）废水削减措施

化工生产过程中的废水中含有生产用料、中间产物、副产品以及生产过程中产生的污染物。生产工艺和生产方式不同，废水中含有的上述物质成分及水质也不同，采取的削减措施也不尽相同，一般常用的削减措施有以下几种。

① 化学法。包括化学混凝法、化学氧化法等。化学混凝法是利用化学药剂产生的凝聚和絮凝作用，破坏污染物形成的胶体分散体系，使胶体失去稳定性，从而形成沉淀去除；化学氧化法是利用氧化还原原理，将废水中所含的有毒污染物转化成毒性较小或无毒的物质，达到废水净化的目的。

② 物理法。物理法主要是降低水中的悬浮物含量，包括过滤法、沉淀法、气浮法等。过滤法是以多孔性的物料层截留水中的杂质；沉淀法是利用水中悬浮颗粒的可沉淀性能，在重力作用下自然沉淀，从而达到固液分离；气浮法是通过生成吸附的微小气泡，附裹携带悬浮颗粒并将其带出水面的方法。

③ 物理化学法。包括离子交换法、萃取法、膜分离法等。离子交换法是借助于离子交换树脂上的离子和水中的离子进行交换反应，除去废水中有害离子态物质的方法；萃取法是利用污染物在水中和萃取剂中溶解度的不同，达到分离、提取污染物和净化废水的目的；膜分离法是利用半渗透膜进行分子过滤，它可选择性地通过水分子，而不能使水中的悬浮物及溶质通过。

④ 生物法。包括好氧处理和厌氧处理两种类型。好氧处理法分为活性污泥法和生物膜法。活性污泥法是利用好氧微生物降解废水中有机污染物；生物膜法是通过生物膜吸附和氧化废水中的有机物。厌氧处理法是通过厌氧微生物的作用，在无氧条件下，将废水中的有机物分解转化为CH_4和CO_2的过程。

（2）废气削减措施

化工生产过程中排出大量的气体，含有致癌、恶臭、强腐蚀性、易燃、易爆等组分，对生产装置、人体健康及大气环境造成严重危害。一般常用的削减措施有以下几种。

① 吸收净化法。采用特定的吸收液对废气进行洗涤，使气体中的有害物被吸附在吸收液中，或与吸收液中的特定物质进行化学反应，然后再对吸收液进行回收利用，达到收集、转化有害物的目的。常用的吸收液有水、有机溶剂等，反应装置主要是废气洗涤塔。

② 催化燃烧法。让有害废气通过催化装置，在高温下有害物质被燃烧、热解、转化。其典型装置是催化燃烧器、催化热解炉。

③ 生物氧化法。以泥炭为主要生物填料的生物填料塔工艺治理含硫恶臭污染。该工艺处理含硫恶臭废气，不仅运行稳定、费用低，而且去除臭味效果好，无二次污染。

（3）废渣削减措施

废渣是在化工生产过程中，因工艺因素而产生的一定量的无法利用而被丢弃的污染环境的固体、半固体废弃物质。分有毒和无毒废渣两大类，凡含有氟、汞、砷、铬、镉、铅等及其化合物和氰化物、酚、放射性物质的，均为有毒废渣。它们可通过皮肤、消化系统、呼吸系统等侵犯人体，引起中毒。

化工生产中产生的许多废渣都是具有再利用价值的物质，但相对于目前的科技水平还不够高、经济条件还不允许的情况下暂时还无法加以利用，但随着时间的推移，科学技术和经济的发展，今天的废渣必定会成为明日的资源。为有效控制废渣的产生量和排放量，相关技术的开发主要在三个方向：过程控制技术(减量化)、处理处置技术(无害化)、回收利用技术(资源化)。其中，资源化回收利用技术是目前重点研究的内容。

(4) 噪声削减措施

化工企业中生产性噪声多为高强度的连续性稳态混合噪声。化工生产过程中噪声来源非常广。有由于气体压力突变产生的气流噪声，如压缩空气、高压蒸汽放空、加热炉、催化“三机”室等的噪声；有由于机械的摩擦、振动、撞击或高速旋转产生的机械性噪声，如球磨机、空气锤、原油泵、粉碎机、机械性传送带等的噪声；有由于磁场交变、脉动引起电气件振动而产生的电磁噪声，如变压器的噪声。一般常用的削减措施有以下几种。

① 主要是改进工艺，改造机械结构，提高精密度。对室内噪声，可采用多孔吸声材料(玻璃纤维、矿渣棉、毛毡、甘蔗纤维、木丝板、聚氨基甲酸酯泡沫塑料、膨胀珍珠岩、微孔吸声砖)进行吸声，如此项措施使用得当可降低噪声5~10dB。装置中心控制室采用双层玻璃隔声，加大压缩机机座重量，对机泵、电机等设备设计消声罩。另外，用橡胶等软质材料制成垫片或利用弹簧部件垫在设备下面以减振，也能收到降低噪声效果。同时，也要研制、推广实用舒适的新型个人防护用品，如：耳塞、耳罩、防噪声头盔，实行噪声作业与非噪声作业轮换制度。这些是一级预防措施。

② 对接触噪声的作业工人定期进行听力检查。依据《职业健康监护技术规范》(GBZ 188—2014)规定，噪声的职业健康检查周期为：作业场所噪声8h等效声级≥85dB，1年1次；作业场所噪声8h等效声级≥80dB，<85dB，2年1次。

2. 大检修期间污染的削减措施

(1) 废水削减措施

① 大修改造施工作业产生的废水组成较为复杂，污染物浓度较低的废水可以引入附近的下水井，进入厂含油废水系统进行处理；无法判断排放废水的性质时，由环保管理部门安排监测后，根据监测结果确定处置方式。

② 大修改造停工期间产生的含硫废水、酸碱废水、含醛废水严禁排入下水系统，应储存到专用的容器中待开工后处理。

③ 大修改造施工清洗、防腐、再生等过程中产生的有毒有害废水和废液以及检修放空和吹扫产生的油、瓦斯或天然气残液、废碱液、酸液等必须设置专门的储存器具储存；排放时须填报废渣排放申报表，由环保管理部门确定处置方式。

(2) 废气削减措施

① 检修装置的工艺废气尽可能排放至火炬管网，由公司低压气柜回收利用，需采取高空排放、焚烧处置的废气应经生产运行处批准。

② 吹扫放空时应避免产生恶臭和大量挥发性烃类，应尽可能密闭或高空排放，含恶臭的容器吹扫前必须经过脱臭处理或置换。

③ 四级以上大风天气应避免进行拆除岩棉、装卸催化剂或白土等作业，防止粉尘污染。

④ 施工装挖土方、装卸焦炭(煤炭)、装卸粉煤灰等应通过密闭、喷水等措施避免周围环境的污染，运输时应采取措施避免沿途粉尘飞扬污染。

（3）固体废物处置措施

大修改造期间最难处置的是固体废物，固体废物产生量很大，且危险废物量占很大比重，如清罐和清池油泥、脱硫废氨废碱液、加氢重整装置催化剂、保护剂等，检修前环保管理部门通过环境影响因素识别已基本掌握固体废物的产生量及分类情况，要提前做好废渣处置准备工作。

① 为合理统筹安排，公司设置大检修临时垃圾存放点，对产生量少的一般固体废物分类存放，及时清理，做到"工完、料尽、场地清"。

② 对需厂家回收再生的催化剂提前联系有相关固废处置资质的厂家，按固废管理要求到环保行政管理部门办理手续。大修改造时产生的催化剂、分子筛、干燥剂、吸附剂、清罐清池油泥等物质经相关部门确认不可回收利用后，按公司废物确认制度办理相关手续。

③ 大检修期间厂区内大量外来施工作业人员进厂，产生生活垃圾量也增加，严禁将建筑垃圾、工业垃圾倒入生活垃圾池，物业公司也应增加清运频次。

④ 大修改造产生的建筑垃圾、工业垃圾等由检修作业队伍填报《检修垃圾清运单》，经机动设备处批准后，清运到公司工业垃圾场的建筑垃圾区和工业垃圾区，岩棉等废弃保温材料应填埋处置。

⑤ 大修改造期间产生的废旧设备、管线等金属物资以及废弃包装物等可回收物资，由工程管理部门组织回收，产生的污油可以收集到废油回收桶或倒入就近的集油池。

⑥ 检修期间清理容器、塔器产生的焦渣中含硫化亚铁等可自燃的固体废物，必须喷淋降温后及时清运到工业垃圾场填埋处置。

（4）噪声削减措施

大修改造期间的吹扫放空、施工作业应避免噪声污染，凡超过85dB(A)的声源点必须采取消音降噪或吸音措施，夜间作业产生噪声不得大于65dB(A)，以防扰民，因检修需要必须排放高噪声的作业应向环保管理部门申请，拉警戒绳隔离，限制排放时间，周边作业人员采取相应防护措施。

六、生产班组生产现场6S巡检管理

6S管理内容推行工作是一项复杂的系统工程，是一项长期的、艰巨的任务，需要全体管理人员身体力行地推动，需要所有员工坚持不懈地参与。实施6S管理内容，最重要也是最难的是每个人都要和自己头脑中的习惯势力做最坚决、最彻底的斗争。这一点说起来容易，做起来很难。在日常生产中，班组长要按照车间《6S检查项目表》的内容进行检查，发现问题应立即通知责任者改善并防止再发生，并在自己的权限内给予处罚或提请上级处罚。

（一）班组长的6S职责

（1）每日应巡视本车间责任区域，发现问题应立即通知责任者改善并防止再发生。

（2）必要时，可临时召开会议或现场教育，指导改善。当发现不符合、不合理、浪费的现象时，多想为什么。找出问题点的源头，想办法去改善。

（3）在自觉遵守相关制度的前提下，督导下属执行相关制度，对不执行的下属，在自己的权限内可以给予处罚或提请上级处罚。

（二）6S检查方法

4以和4法。4以：以眼观之，以耳听之，以鼻闻之，以手摸之。4法：蟑螂搜寻法、向上巡视法、向下巡视法、静观5min法。

检查时要做好记录，记录4要点：何时、何地、何事、何人。也可用数码相机拍摄，然后注明地点及担当。这是现场6S评审的客观证据。

检查评审结果和员工绩效考核挂钩。

(三) 检查评审标准

6S检查评审标准是组织(企业)6S实施与检查的标准或规范，各部门可依本标准结合部门具体情况再具体化。将现场观察发现的事实与该标准相对照，不符合标准的则记不符合，标准内未涵盖的，则修订补充标准。

(四) 6S实施细则与检查标准

1. 室内操作区

(1) 计量间的6S管理

流程上无灰尘、油污等；地上、门窗、墙壁是否保持清洁；流程走向标识是否准确、清晰、规范；室内防爆照明设施完好，并标识清楚；室内通风良好，无油污等易燃易爆物品；仪表、仪器及安全附件工作正常，在其安全使用范围之内，无损坏；设备、设施数据4h录取一次；设备、设施完好，无"跑""冒""滴""漏"现象；计量间设备、设施一个月保养一次；警示牌、标识是否清晰、干净；灭火器摆放在门口容易拿取处，保养卡是否定人、定期记录。

(2) 泵房的6S管理

门窗清洁无粘贴附着物，玻璃清洁透明；泵房有明显标识，并且规范、统一；室内、机泵清洁无污物；室内通风设施良好；室内要有充足的照明设施及应急照明设施；机泵、照明开关要有良好的接地；室内设备、设施布局合理，机泵安装水平，管网安装横平竖直；机泵安全附件齐全(压力表、温度计、过滤器、阀门)，安装方向统一，便于操作，便于巡检；室机泵安全附件量程在要求范围；内照明设施统一型号规格，且必须采用隔热防爆型灯具；门区域用电设施的连接采用全封闭管路连接，达到企业要求的防爆等级；灭火器摆放在门口容易拿取处，保养卡是否定人、定期记录；对泵要定期进行保养，一保720h，二保3600h；注水泵房：工具使用后摆放回原位，安全阀每年校验一次；外输泵房：清过滤缸后上全螺丝；加药泵房：加药后保持卫生，加药后要盖上加药管的盖。

(3) 中控室的6S管理

门窗清洁无粘贴附着物，玻璃清洁透明；室内防爆照明设施完好，并标识清楚；门区域用电设施的连接采用全封闭管路连接，达到企业要求的防爆等级；电脑前物品摆放整齐，无无关物品；设备、设施数据2h录取一次；室内无裸线头，且布线要横平竖直；灭火器摆放在门口容易拿取处，保养卡定人、定期记录。

(4) 配电室的6S管理

地上、门窗、墙壁保持清洁；室内配电柜安装、摆放整齐，且色调一致(为乳白色)；配电柜清洁无灰尘、杂物；配电柜前、后有门锁管理；室内无裸线头，且布线要横平竖直；各配电柜要有良好的接地柱及良好的漏电保护设施；各配电柜前、后地面要有良好绝缘垫；室内通风良好，保持干燥，无易燃易爆物品；配电室、配电柜内外各控制点、指示点要有明显的标识；室内要有充足的照明设施及应急照明设施；配备"严禁合闸""严禁入内"警语标识；灭火器摆放在门口容易拿取处，保养卡定人、定期记录。

（5）化验室的6S管理

门窗清洁无粘贴附着物，玻璃清洁透明；室内照明设施完好；通风扇设施完好、仪表仪器完好；化验室墙面、地面、设备面无灰尘、杂物；化验室只存储当天所用的化验药品、样品；化验室不存余样、废样，应及时送往指定地方处理；化验室工作人员规范操作，作业时佩戴好防护用具；非工作人员不能进入化验室；电气设备有良好的漏电保护、接地装置；真实准确地出具化验报告单，化验报告单保存一年；灭火器摆放在门口容易拿取处，保养卡是否定人、定期记录。

2. 室外设备、设施及相关区域

（1）设备设施、流程标识的6S管理

标识完好，无破损、褪色现象。

标识准确规范、无遗漏。

管线标识颜色(黄、红、蓝、绿等)，用箭头标识流向，并注明使用名称，加热炉、分离器、缓冲罐等压力容器标识在罐体中间，位置明显。要求白底红字红边框，规格白底55cm×35cm，红边3cm，字体黑体加粗，字号150号，要求布局合理。标识内容：名称、(定温、定压)、规格、设备号。运转设备中输油设备刷灰漆、输水设备刷绿漆，电机保持原厂本色(设备铭牌不得刷漆覆盖)，并要求有状态标识，运转设备挂“完好”牌，备用设备挂“备用”牌，待修设备挂“待修”牌。

新换设备设施、管线的标识必须在24h之内完成。

检查标识与HSE现场检查表同时进行。

各设备、工艺流程管线、阀门安装规范、齐全、完好，不松、不缺、不渗、不漏、不锈，符合安全规范。压力表量程适当，所有阀门丝杠均用黄油防腐保护，室外阀门还须用锡纸包裹。

管线包扎均匀一致，不脱不露，外观规整美观。

（2）室内外监视系统的6S管理

室外监视系统安装位置与现场相符合；室外监视系统完整，无遗漏；室外监视设备无随意挪动现象；室外监视设备干净，无灰尘、油污；室外监视设备无褪色、破损。

（3）雨水池、污水(污油)池的6S管理

雨水池、污水/油池四周须有防护措施；雨水池、污水/油池应有液位计：雨水池、污水/油池应在醒目处挂警示牌，提醒员工注意；雨水池、污水/油池周围无油污；雨水池、污水/油池须定人、定期清理维护。

（4）消防设施的6S管理

消防设施标识清晰、清楚。消防设施完好，无故障；消防设施无“跑”“冒”“滴”“漏”现象；消防设施要有规范的记录台账，定人、定期记录。

3. 公共区域

（1）库房的6S管理

门窗清洁无粘贴附着物，玻璃清洁透明，室内无异味；物架排列整齐，编号、标识清晰；物料归类摆放，编号、存储数量、标识清晰；建立管理台账，有领用登记记录；库房内无尘土、杂物、包装物等非生产用物品；灭火器摆放在门口容易拿取处，保养卡有每个星期记录；库房有专人管理。

(2) 废料存放点的6S管理

废料存放点选址合理，便于清理；废料分类摆放，不堆放，尽量不占用过多的地方；废料存放点及存放物品标识清晰；废料存放点不堆放易燃易爆物品；废料存放点要建立台账、资料；废料存放点要有专人或兼人管理；废料存放点要做好定时清理工作，配备消防器材。

案 例

案例1：某蒸馏车间交接班、日记、操作记录管理条例

(1) 接班岗位人员应提前10min到达岗位，做好本岗位工序的预检工作，并按要求劳保着装，发现问题及时与上班人员交涉并妥善解决好。

(2) 交接班人员将班中情况交代清楚，不给下班留隐患。

(3) 交接班实行双人现场交接，确认无问题后接班人员在交接班日记上签字。

(4) 接班人员发现的问题由交班人员负责处理，如果问题比较严重及时向车间汇报，车间协助处理，视问题程度扣交班人员奖金。

(5) 接班时没发现的问题由接班人员负责。

(6) 交接班期间发现的问题如有纠纷，以交接班日记是否签字为根据，没签字由交班人员负责，签字后由接班人员负责。

(7) 日记书写工整，项目齐全，真实反映接班、班中、交班的实际情况。

(8) 操作记录要及时、准确、具有真实性，反映出操作条件的变化。

(9) 车间发现假记录，作出相应处罚；不按时记录每次扣部分奖金。

(10) 日记、操作记录一律用仿宋体书写，车间每天打分一次。

案例2：计算生产任务完成情况

某化工厂4月份计划生产消毒液10000kg，前6天生产了2100kg。

[参考答案]

(1) 生产计划完成情况

$$完成率=(实际完成数/计划完成数)\times100\%=(2100/10000)\times100\%=21\%$$

(2) 设本月完成$x$kg

$$6:30=2100:x$$

$$x=2100\times30\div6=10500$$

所以，可以完成本月的生产任务。

案例3：编制班组《设备巡回检查记录表》

某企业班组《设备巡回检查记录表》见表7-3。

表7-3 设备巡回检查记录表

时间	设备运行情况	现场仪表数据	巡检内容及情况	问题处理结果	巡检人	备注

案例4：编制班组《工艺检查记录表》

某企业班组《工艺检查记录表》见表7-4。

表7-4 工艺检查记录表

岗位：　　　　班次：　　　　年　　月　　日

时间	工艺卡执行情况	主要工艺参数	操作平稳率	操作变动情况	检查人	备注

案例5：某化工公司催化车间工艺指标考核制度

在生产操作中要严格执行操作程序卡和工艺卡片，车间主管人员每天巡检。

- 发现一次违反工艺卡片扣2分。
- 发现一次不按时记录或与实际不符合扣2分。
- 由于调节不及时造成生产波动的扣5分。
- 班中发生事情，日记中不交代或交代不清扣5分。
- 交接班日记中出现一个“3分”扣1分；一个“2分”扣2分。
- 仪表记录纸和交接班日记不签字扣2分。
- 正常生产中，每月每班不合格样≤2时，月考核嘉奖20元，当不合格>2时，从第3个样开始，每增加一个样，按累计结果扣分，具体如表7-5所示。

表7-5 馏出口取样扣分表

不合格样数	3	4	5	6	7	8	……	n
n个样扣分数	0.5	1	1.5	2	2.5	3	……	$0.5(n-2)$
累计扣分数	0.5	1.5	3	5	7.5	10.5	……	$\sum 0.5(n-2)$

- 出现不合格应积极调整，并协调中心化验室加样，不得有两个连续样不合格如有此类情况发生，除按上条办法考核外，每发生一次，加扣2分。

案例6：根据下面案例以当班班组长身份解决问题

某化工公司蒸馏车间正在生产中，当班班长在例行巡检中发现二套常减压装置减黏4#反应器C泵端面密封有点漏，于是安排检修，修完后，试车运转，第一次试车发现端面密封还是有点满，停泵钳工紧了几下后，人离开，又试车，运转后约10min端面密封突然喷溅着火。泵轴不同心，运转中振动造成密封壁开，热油喷出与空气接触引起着火。

当时火势较大。在消防队的掩护下，甩掉减黏，将泵出入口阀关闭，将火扑灭。经检查其他设备无问题，开D泵运转，减黏并入系统。

由于时间短，影响不大，对后序装置没有影响。

[参考答案]

(1) 要立即切断电源，并迅速组织抢救，保护好现场，采取应急措施，防止损失扩大。按设备分级管理的有关规定上报，配合设备管理部门或事故调查组进行调查分析，做好详细记录，落实防范措施，严肃处理事故责任人，从中吸取经验教训。

(2) 详细分析事故发生的原因

直接原因：由于检修人在设备试车时离开现场，造成这起事故是检修人员违反操作规程、检修规程等人为原因引起的事故。由于经济损失不大，加上时间短，影响不大，对后序装置没有影响，所以，属于一般事故。

间接原因：对检修人员教育培训不够或检修人员未经培训、缺乏或不懂安全操作技术知识；相关人员对现场工作缺乏检查监督。

(3) 详细制订事故的防范措施

① 今后要提高机泵检修质量，增强责任心，提高技术素质。

② 试车后应观察一会，确认无问题然后离开。

③ 第一次试车发现泄漏，应督促钳工查找问题隐患。

④ 操作员应提高技术素质和应变能力。

案例7：根据下面案例制定酸罐泄漏的现场处理办法和程序

某化工公司蒸馏车间正在生产中，当班班长在例行巡检中发现一套常减压装置酸罐泄漏(事故确认：①空气中有刺激性气味。②酸罐液位下降。③泄漏点附近有大量的黄色液体)。事故现象：大量刺激性白色酸雾。事故原因：罐体腐蚀泄漏。

[参考答案]

事故处理办法和程序："M"代表班长，"P"代表外操，"( )"表示对某项操作的确认，"[ ]"表示操作动作。

(P)—确认泄漏部位，并向班长汇报。

(M)—确认泄漏情况和泄漏部位，并向车间汇报。

[P]—关闭两罐之间的连通阀。

(M)—确认泄漏罐与系统脱离后。

[P]—进行倒罐操作。

[P]—用大量清水稀释地面的盐酸，降低酸浓度，防止酸雾扩散。

[M]—现场警戒，挂好警示牌。

[P]—用碱中和大量泄漏的酸。

[M]—联系检修。

注意：确认有人员烧伤后，迅速用大量清水冲洗15min以上，用2%~5%碳酸氢钠中和处理，人员严重烧伤时，立即拨打120联系急救中心救治。

案例8

某企业生产现场6S检查表(见表7-6)。

表7-6 生产现场6S检查表

被检查班组： 月 周 检查日期

序号	改善项目	检查标准	判定	次数
1	地面通道墙壁	1. 通道顺畅无物品		
		2. 通道标识规范划分清楚		
		3. 地面无纸屑、产品、油污积尘		
		4. 物品摆放不超出定位线		
		5. 墙壁无手印、脚印，无乱涂乱画面及蜘蛛网		
2	作业现场	1. 现场标识规范，区域划分清楚		
		2. 机器清扫干净，配备工具摆放整齐		
		3. 物料置放于指定标识区域		
		4. 及时收集整理现场剩余物料并放于指定位置		
		5. 生产过程中物品有明确状态标识		
3	料区	1. 各料区有标识牌		
		2. 摆放的物料与标识牌一致		
		3. 物料摆放整齐		
		4. 合格品与不合格品区分，且有标识		
4	机器设备配备工具	1. 常用的配备工具集放于工具箱内		
		2. 机器设备零件擦拭干净并按时点检与保养		
		3. 现场不常用的配备工具应固定存放并做标识		
		4. 机器设备标明保养责任人		
		5. 机台上无杂物，无锈蚀等		
5	安全与消防设施	1. 消防器材随时保持使用状态，并标识明显		
		2. 定期检验维护，专人负责管理		
		3. 灭火器材前方无障碍物		
		4. 危险场所有警告标识		
6	标识	1. 标签、标识牌与被示物品、区域一致		
		2. 标识清楚完整、无破损		
7	人员	1. 穿着规定厂服，保持仪容整洁		
		2. 按规定作业程序、标准作业		
		3. 谈吐礼貌		
		4. 工作认真，不闲谈、不怠慢，不打瞌睡、工作认真专心		
		5. 生产时戴手套或防护安全工具操作		
8	仓库	1. 仓库有平面标识图及物品存放区域位置标识		
		2. 存放的物品与区域及标识牌一致		
		3. 物品摆放整齐、安全		
		4. 仓库按原料、半成品、成品、不合格品、待检品等进行规划		
9	其他	1. 茶杯放置整齐		
		2. 易燃、有毒物品放置在特定场所，专人负责管理		
		3. 清洁工具放于规定位置		
		4. 屋角、楼梯间、厕所等无杂物		
		5. 生产车间有“6S”责任区域划分		
		6. 垃圾摆放整齐、定期清理		
		7. 磅秤、叉车放于规定位置		
		8. 雨具放置在规定的位置		
		9. 协助陪同6S检查员工作		

续表

序号	改善项目	检查标准	判定	次数	序号	改善项目	检查标准	判定	次数
	被检查班组：	月 周				检查日期			
不合格项	1.				6.				
	2.				7.				
	3.				8.				
	4.				9.				
	5.				10.				
检查员姓名			小组确认				得分		

注：1. 检查每违反一个小项目扣1分，总分为100分。

2. 6S检查员每日巡检查到上表未提及之缺失酌情扣分。

3. 判定合格打“√”，判定不合格打“×”；并在不合格项填写整改措施及整改情况。例：①口头教育，立即纠正；②后续改善。后续改善情况追踪要对临时改善对策的长期性和有效性进行追踪。

复习思考题

1. 请简述“十不交”的内容。
2. 班组生产作业的基本要求有哪些？
3. 班组安全生产巡检工作有哪些？
4. 班组生产现场6S巡检管理工作有哪些？

第八章 作业现场危险有害因素辨识与风险控制

本章学习要点

1. 了解危险、有害因素的术语及定义；
2. 掌握危险、有害因素的分类；
3. 掌握危险、有害因素的辨识及控制。

第一节 危险化学品生产过程危险有害因素辨识

一、危险、有害因素的定义

根据《生产过程危险和有害因素分类与代码》(GB/T 13861—2022)，危险和有害因素指可对人造成伤亡、影响人的身体健康甚至导致疾病的因素。

危险因素：是指能够对人造成伤亡或对物造成突发性损害的因素。

有害因素：是指能影响人的身体健康，导致疾病，或对物造成慢性损害的因素。

危险、有害因素主要指客观存在的危险有害物质或能量超过一定限值的设备、设施和场所等。

二、危险、有害因素的分类

(一) 原因分类

事故的发生是由于存在危险有害物质、能量和危险有害物质、能量失去控制两方面因素的综合作用，并导致危险有害物质的泄漏、散发和能量的意外释放。因此，存在危险有害物质、能量和危险有害物质失去控制是危险、有害因素转换为事故的根本原因。

根据《生产过程危险和有害因素分类与代码》(GB/T 13861—2022)的规定，将生产过程中的危险、有害因素分为四类：人的因素、物的因素、环境因素、管理因素。

1. 人的因素

(1) 心理、生理性危险和有害因素

① 负荷超限(体力负荷超限、听力负荷超限、视力负荷超限、其他负荷超限)；

② 健康状况异常；

③ 从事禁忌作业；

④ 心理异常(情绪异常、冒险心理、过度紧张、其他心理异常)；

⑤ 辨识功能缺陷(感知延迟、辨识错误、其他辨识功能缺陷)；

⑥ 其他心理、生理性危险和有害因素。

（2）行为性危险和有害因素

① 指挥错误：指挥失误（包括生产过程中的各级管理人员的指挥）、违章指挥、其他指挥错误；

② 操作错误：误操作、违章作业、其他操作错误；

③ 监护失误；

④ 其他行为性危险和有害因素（包括脱岗等违反劳动纪律行为）。

2. 物的因素

（1）物理性危险和有害因素

① 设备、设施、工具、附件缺陷（强度不够、刚度不够、稳定性差、密封不良、耐腐蚀性差、应力集中、外形缺陷、外露运动件、操纵器缺陷、制动器缺陷、控制器缺陷、设计缺陷、传感器缺陷以及设备、设施、工具、附件缺陷、其他缺陷）；

② 防护缺陷（无防护、防护装置和设施缺陷、防护不当、支撑或支护不当、防护距离不够、其他防护缺陷等）；

③ 电危害（带电部位裸露、漏电、静电和杂散电流、电火花、电弧、短路、其他电危害等）；

④ 噪声危害（机械性噪声、电磁性噪声、流体动力性噪声、其他噪声等）；

⑤ 振动危害（机械性振动、电磁性振动、流体动力性振动、其他振动危害等）；

⑥ 电离辐射（包括X射线、γ射线、α粒子、β粒子、中子、质子、高能电子束等）；

⑦ 非电离辐射（包括紫外线、激光辐射、微波辐射、超高频辐射、高频电磁场、工频电场、其他非电离辐射）；

⑧ 运动物危害（抛射物、飞溅物、坠落物、反弹物、土或岩滑动、料堆或料垛滑动、气流卷动、撞击、其他运动物危害）；

⑨ 明火；

⑩ 高温物质（高温气体、高温液体、高温固体、其他高温物质）；

⑪ 低温物质（低温气体、低温液体、低温固体、其他低温物质）；

⑫ 信号缺陷（无信号设施、信号选用不当、信号位置不当、信号不清、信号显示不准、其他信号缺陷）；

⑬ 标志标识缺陷（无标志标识、标志标识不清晰、标志标识不规范、标志标识选用不当、标志标识位置缺陷、标志标识设置顺序不规范、其他标志标识缺陷）；

⑭ 有害光照；

⑮ 信息系统缺陷（数据传输缺陷、自供电装置电池寿命过短、防爆等级缺陷、等级保护缺陷、通信中断或延迟、数据采集缺陷、网络环境保护过低）；

⑯ 其他物理性危险和有害因素。

（2）化学性危险和有害因素

① 理化危险（爆炸物、易燃气体、易燃气溶胶、氧化性气体、压力下气体、易燃液体、易燃固体、自反应物质或混合物、自燃液体、自燃固体、自热物质或混合物、遇水放出易燃气体的物质或混合物、氧化性液体、氧化性固体、有机过氧化物、金属腐蚀物）；

② 健康危险（急性毒性、皮肤腐蚀/刺激、严重眼损伤/眼刺激、呼吸或皮肤过敏、生殖细胞致突变型、致癌性、生殖毒性、特异性靶器官系统毒性一次接触、特异性靶器官系统毒

性-反复接触、吸入危险）；

③ 其他化学性危险和有害因素。

（3）生物性危险和有害因素

① 致病微生物(细菌、病毒、真菌、其他致病微生物)；

② 传染病媒介物；

③ 致害动物；

④ 致害植物；

⑤ 其他生物性危险和有害因素。

3. 环境因素

（1）室内作业环境不良；

① 室内地面滑；

② 室内作业场所狭窄；

③ 室内作业场所杂乱；

④ 室内地面不平；

⑤ 室内梯架缺陷；

⑥ 地面、墙和天花板上的开口缺陷；

⑦ 房屋基础下沉；

⑧ 室内安全通道缺陷；

⑨ 房屋安全出口缺陷；

⑩ 采光照明不良；

⑪ 作业场所空气不良；

⑫ 室内温度、湿度、气压不适；

⑬ 室内给排水不良；

⑭ 室内涌水；

⑮ 其他室内作业场所环境不良。

（2）室外作业场地环境不良；

① 恶劣气候与环境；

② 作业场地和交通设施湿滑；

③ 作业场地狭窄；

④ 作业场地杂乱；

⑤ 作业场地不平；

⑥ 交通环境不良(航道狭窄、有暗礁或险滩、其他道路、水路环境不良、道路急转陡坡、临水、临崖)；

⑦ 脚手架、阶梯或活动梯架缺陷；

⑧ 地面及地面开口缺陷；

⑨ 建(构)筑物和其他结构缺陷；

⑩ 门和周界设施缺陷；

⑪ 作业场地地基下沉；

⑫ 作业场地安全通道缺陷；

⑬ 作业场地安全出口缺陷；
⑭ 作业场地光照不良；
⑮ 作业场地空气不良；
⑯ 作业场地温度、湿度、气压不适；
⑰ 作业场地涌水；
⑱ 排水系统故障；
⑲ 其他室外作业场地环境不良。
(3) 地下(含水下)作业环境不良：
① 隧道/矿井顶板或巷帮缺陷；
② 隧道/矿井作业面缺陷；
③ 隧道/矿井底板缺陷；
④ 地下作业面空气不良；
⑤ 地下火；
⑥ 冲击地压(岩爆)；
⑦ 地下水；
⑧ 水下作业供氧不当；
⑨ 其他地下作业环境不良。
(4) 其他作业环境不良。
① 强迫体位；
② 综合性作业环境不良；
③ 以上未包括的其他作业环境不良。

4. 管理因素

(1) 职业安全卫生组织机构设置和人员配备不健全；
(2) 职业安全卫生责任制不完善或未落实；
(3) 职业安全卫生管理制度不完善或未落实，包括：
① 建设项目“三同时”制度；
② 安全风险分级管控；
③ 事故隐患排查治理；
④ 培训教育制度；
⑤ 操作规程；
⑥ 职业卫生管理制度；
⑦ 其他职业安全卫生管理规章制度不健全(包括事故调查处理等制度不健全)。
(4) 职业安全卫生投入不足；
(5) 应急管理缺陷，包括：
① 应急资源调查不充分；
② 应急能力、风险评估不全面；
③ 事故应急预案缺陷；
④ 应急预案培训不到位；
⑤ 应急预案演练不规范；

⑥ 应急演练评估不到位；

⑦ 其他应急管理缺陷。

（6）其他管理因素缺陷。

（二）事故伤害分类

参照《企业职工伤亡事故分类》（GB 6441—1986）综合考虑起因物、引起事故的诱导性原因、致害物、伤害方式等，将危险因素造成的事故伤害分为20类，其中化工企业常见的有16类。

（1）物体打击：是指物体在重力或其他外力的作用下产生运动，打击人体造成人身伤亡事故，不包括因机械设备、车辆、起重机械、坍塌等引发的物体打击；

（2）车辆伤害：是指企业机动车辆在行驶中引起的人体坠落和物体倒塌、下落、挤压伤亡事故，不包括起重设备提升、牵引车辆和车辆停驶时发生的事故；

（3）机械伤害：是指机械设备运动（静止）部件、工具、加工件直接与人体接触引起的夹击、碰撞、剪切、卷入、绞、碾、割、刺等伤害，不包括车辆、起重机械引起的机械伤害；

（4）起重伤害：是指各种起重作业（包括起重机安装、检修、试验）中发生的挤压、坠落、（吊具、吊重）物体打击和触电；

（5）触电：指电流流经人体，造成生理伤害的事故，包括雷击和电击伤亡事故；

（6）淹溺：包括高处坠落淹溺，不包括矿山、井下透水淹溺；

（7）灼烫：是指火焰烧伤、高温物体烫伤、化学灼伤（酸、碱、盐、有机物引起的体内外灼伤）、物理灼伤（光、放射性物质引起的体内外灼伤），不包括电灼伤和火灾引起的烧伤；

（8）火灾：指造成人员伤亡或财产损失的企业火灾事故。不适用于非企业原因造成的火灾。如：居民火灾蔓延到企业，这是由消防部门统计的事故。

（9）高处坠落：是指在高处作业中发生坠落造成的伤亡事故，不包括触电坠落事故；

（10）坍塌：是指物体在外力或重力作用下，超过自身的强度极限或因结构稳定性破坏而造成的事故，如挖沟时的土石塌方、脚手架坍塌、堆置物倒塌等，不适用于矿山冒顶片帮和车辆、起重机械、爆破引起的坍塌；

（11）火药爆炸：是指火药、炸药及其制品在生产、加工、运输、储存中发生的爆炸事故；

（12）锅炉爆炸：指锅炉发生的物理性爆炸事故；

（13）容器爆炸：容器（压力容器）指比较容易发生事故且承受压力载荷的密闭装置；

（14）其他爆炸：不属于上述爆炸事故的均列为其他爆炸。如蒸汽、粉尘（煤矿、煤厂粉尘除外）、钢水包都属于此类爆炸；

（15）中毒和窒息：指人接触有毒物质，呼吸有毒气体引起的人体急性中毒事故；或在通风不良的地方作业因为缺乏氧气而引起的晕倒，甚至死亡事故。不适用于病理变化导致的中毒和窒息，也不适用于慢性中毒的职业病导致的死亡；

（16）其他伤害：不属于上述伤害的事故均属于其他伤害。如：扭伤、跌伤、冻伤、野兽咬伤、钉子扎伤等。

三、危险、有害因素辨识的方法

(一) 直观经验分析方法

(1) 对照、经验法

对照有关标准、法规、检查表或依靠分析人员的观察分析能力，借助于经验和判断能力直观对评价对象的危险、有害因素进行分析的方法。

(2) 类比方法

利用相同或相似工程系统或作业条件的经验和劳动安全卫生的统计资料来类推、分析评价对象的危险、有害因素。

(3) 案例法

收集整理国内外相同或相似工程发生事故的原因和后果，相类似的工艺条件、设备发生事故的原因和后果，对辨识对象的危险、有害因素进行分析的方法。

直观经验分析方法常用于相对简单的、经常性的作业过程。如：日常的巡检过程、日常的开关阀门操作过程等。

(二) 系统安全分析方法

应用某些系统安全工程辨识方法进行危险、有害因素辨识。系统安全分析方法常用于复杂、没有事故经历的新开发系统。下面介绍几种常见的辨识方法：

1. 工作危害分析 JHA

工作危害分析(JHA)又称工作安全分析(JSA)，该法是为了识别和控制操作危害的预防性工作流程。通过对工作过程的逐步分析，找出具有危险的工作步骤，进行控制和预防，是辨识危害因素及其风险的方法之一。适合于对工艺操作，设备设施检修作业活动中存在的风险进行分析。包括作业活动划分、选定、危险源辨识等步骤。

该方法辨识过程将一项工作活动分解为相关联的若干个步骤，根据 GB/T 13861 的规定，辨识每一步骤的危险源及潜在事件，然后根据 GB 6441 规定，分析造成的后果。

作业危害分析按生产流程、区域位置、装置、作业任务、生产阶段/服务阶段或部门划分。包括但不限于：

① 日常操作：工艺、设备设施操作、现场巡检；

② 异常情况处理：停水、停电、停气(汽)、停风、停止进料的处理，设备故障处理；

③ 开停车：开车、停车及交付前的安全条件确认；

④ 作业活动：动火、受限空间、高处、临时用电、动土、断路、吊装、盲板抽堵等特殊作业；采样分析、检尺、测温、设备检测(测厚、动态监测)、脱水排凝、人工加料(剂)、汽车装卸车、火车装卸车、成型包装、库房叉车转运、加热炉点火、机泵机组盘车、铁路槽车洗车、输煤机检查、清胶清聚合物、清罐内污油等危险作业；场地清理及绿化保洁、设备管线外保温防腐、机泵机组维修、仪表仪器维修、设备管线开启等其他作业；

⑤ 管理活动：变更管理、现场监督检查、应急演练、公众聚集活动等；

具体步骤如下：

(1) 确定(或选择)待分析的作业

在确定(或选择)待分析的作业时，首先要确保对关键性的作业实施分析。优先考虑以下作业活动：

① 事故频率和后果：频繁发生或不经常发生但可导致灾难性后果的；

② 严重的职业伤害或职业病：事故后果严重、危险的作业条件或经常暴露在有害物质中；

③ 新增加的作业：由于经验缺乏，明显存在危害或危害难以预料；

④ 变更的作业：可能会由于作业程序的变化而带来新的危险；

⑤ 不经常进行的作业：由于从事不熟悉的作业而可能有较高的风险。

(2) 将作业划分为一系列的步骤

选择作业活动之后，将其划分为若干步骤，划分步骤不能太笼统，也不宜太细，一般遵循以下原则：

① 根据经验，一项作业活动的步骤一般不超过 10 项；

② 特别注意要保持各个步骤正确的顺序，按照顺序在分析表中记录每一步骤。

(3) 辨识每一步骤的潜在危害

根据对作业活动的观察、掌握的事故(伤害)资料以及经验，依照危害辨识清单依次对每一步骤进行危害的辨识。辨识的危害列入分析表中。辨识的过程需要对作业活动做进一步的观察和分析。辨识危害应该思考的问题包含但不限于以下内容：

① 可能发生的故障或错误是什么？

② 其后果如何？

③ 事故是怎样发生的？

④ 其他的影响因素有哪些？

⑤ 发生的可能性有多大？

(4) 确定相应的预防措施

根据辨识出的各项危害情况，分别采取相应预防措施。比如：穿戴劳动防护用品；进行通风置换、检测；对地槽、坑进行遮盖防护；对需要作业的设备进行有效隔离等。

2. 安全检查表

安全检查表(SCL)，是依据相关的标准、规范，对工程、系统中已知的危险类别、设计缺陷以及与一般工艺设备、操作、管理有关的潜在危险性和有害性进行判别检查，适用于工程、系统的各个阶段，是系统安全工程的一种最基础、最简便、广泛应用的系统危险性辨识方法。该方法把系统加以剖析，列出各层次的不安全因素，然后确定检查项目，以提问的方式把检查项目按系统的组成顺序编制成表，以便进行检查或评审。

安全检查表是进行安全检查，发现和查明各种危险和隐患、监督各项安全规章制度的实施，及时发现并制止违章行为的一个有力工具。只能作定性的评价，不能给出定量评价结果。

(1) 安全检查表的编制程序

① 确定人员。要编制一个符合客观实际，能全面识别系统危险性的安全检查表，首先要建立一个编制小组，其成员包括熟悉系统的各方面人员。

② 熟悉系统。包括系统的结构、功能、工艺流程、操作条件、布置和已有的安全、卫生设施。

③ 收集资料。收集有关安全法律、法规、规程、标准、制度及本系统过去发生的事故资料，作为编制安全检查表的依据。

④ 判别危险源。按功能或结构将系统划分为子系统或单元，逐个分析潜在的危险因素。

⑤ 列出安全检查表。针对危险因素和有关规章制度、以往的事故教训以及本单位的检验，确定安全检查表的要点和内容，然后按照一定的要求，列出表格。

(2) 编制安全检查表应注意的问题

① 检查表的项目内容应繁简适当、重点突出、有启发性；

② 检查表的项目内容应针对不同对象有侧重点，尽量避免重复；

③ 检查表的项目内容应有明确的定义，可操作性强；

④ 检查表的项目内容应包括可能导致事故的一切不安全因素，确保能及时发现各种安全隐患。

3. 预先危险性分析

预先危险性分析(PHA)也称初始危险分析，是在每项生产活动之前，对系统存在危险类别、出现条件、事故后果等进行概略地分析，尽可能辨识出潜在的危险性。预先危险性分析适用于固有系统中采取新的方法，接触新的物料、设备和设施的危险性辨识。该法一般在项目的发展初期使用。当只希望进行粗略的危险和潜在事故情况分析时，也可以用 PHA 对已建成的装置进行分析。

(1) 预先危险性分析的主要功能

① 识别与系统有关的一切主要危害；

② 鉴别产生危险的原因；

③ 估计事故出现后产生的后果；

④ 提出消除或控制危险性的防范措施。

(2) 辨识步骤

① 危害辨识：通过经验判断、技术诊断等方法，查找系统中存在的危险、有害因素。

② 确定可能事故类型：根据过去的经验教训，分析危险、有害因素对系统的影响，分析事故的可能类型。

③ 针对已确定的危险、有害因素，制定预先危险性分析表。

④ 确定危险、有害因素的危害等级，按危害等级排定次序，以便按计划处理。

⑤ 制定预防事故发生的安全对策措施。

4. 危险与可操作性分析(HAZOP)

危险与可操作性分析(HAZOP)，是以系统工程为基础的一种可用于定性分析或定量评价的危险性评价方法，用于探明生产装置和工艺过程中的危险及其原因，寻求必要对策。通过分析生产运行过程中工艺状态参数的变动，操作控制中可能出现的偏差，以及这些变动与偏差对系统的影响及可能导致的后果，找出出现变动与偏差的原因，明确装置或系统内及生产过程中存在的主要危险、危害因素，并针对变动与偏差的后果提出应采取的措施。

(1) 危险与可操作性分析研究工具

① 工艺管线和仪表图。

② 带控制点的工艺流程图。

③ 工厂的仿真模型。

（2）危险与可操作性分析研究范围

① 正常运行。

② 减产运行图。

③ 计划开车。

④ 计划停车。

⑤ 紧急停车。

（3）危险与可操作性分析研究内容

① 分析由管路和每一个设备操作所引发潜在事故的影响。

② 检查每一个参数偏离设计条件的影响。

③ 识别出所有的故障原因。

（4）分析步骤

① 成立工作组

工作组成员应该包括工艺设计人员、装置操作人员、仪表控制人员、安全/环境人员、机械电气人员等。

② 选取节点，生成过程偏离

根据工艺管线和仪表图、带控制点的工艺流程图、工厂的仿真模型等资料选取待分析的工作节点，工作节点可以是一段管道或一个设备等，然后逐一分析每个单元可能产生的偏离，一般从工艺过程的起点、管线、设备等一步步分析可能产生的偏差，直至工艺过程结束，比如高流量、低液位等。

③ 分析产生偏离的原因及后果

根据设计文件、工艺流程、设备原理及操作规程等逐一分析产生偏离的原因以及导致的后果。

④ 评估后果的风险程度，并确定管控措施

分析每一项危害后果的严重程度，确定其风险的可接受程度，从而判定现有安全措施是否满足要求，并根据风险情况提出安全措施的意见和建议，确定相应管控措施。

四、危险、有害因素的辨识

（一）设备或装置的危险有害因素辨识

1. 生产工艺设备、装置

生产工艺设备、装置的危险、有害因素一般从以下几个方面辨识：

（1）设备本身是否能满足工艺的要求。这包括标准设备是否由具有生产资质的专业工厂所生产、制造；特种设备的设计、生产安装、使用是否具有相应的资质或许可证。

（2）是否具备相应的安全附件或安全防护装置，如安全阀、压力表、温度计、液压计、阻火器、防爆阀等。

（3）是否具备指示性安全技术措施，如超限报警、故障报警、状态异常报警等。

（4）是否具备紧急停车的装置。

（5）是否具备检修时不能自动投入，不能自动反向运转的安全装置。

2. 电气设备

电气设备的危险、有害因素辨识，应紧密结合工艺的要求和生产环境的状况来进行，一般可从以下几方面进行辨识：

(1) 电气设备的工作环境是否属于爆炸和火灾危险环境，是否属于粉尘、潮湿或腐蚀环境。在这些环境中工作时，对电气设备的相应要求是否满足。

(2) 电气设备是否具有国家指定机构的安全认证标志，特别是防爆电气的防爆等级。

(3) 电气设备是否为国家颁布的淘汰产品。

(4) 电力装置是否满足用电负荷等级的要求。

(5) 是否有电气火花引燃源。

(6) 触电保护、漏电保护、短路保护、过载保护、绝缘、电气隔离、屏护、电气安全距离等是否可靠。

(7) 是否根据作业环境和条件选择安全电压，安全电压值和设施是否符合规定。

(8) 防静电、防雷击等电气联结措施是否可靠。

(9) 管理制度方面的完善程度。

(10) 事故状态下的照明、消防、疏散用电及应急措施用电的可靠性。

(11) 自动控制系统的可靠性，如不间断电源、冗余装置等。

3. 机械设备

(1) 机泵类设备

化工企业机泵类设备主要有压缩机、鼓引风机、各类输送用泵。机泵类主要分以下几个过程进行危险、有害因素辨识：

① 试车前

- 管线接口有无松动等不合要求的地方，是否有可能在设备运转后造成泄漏伤人；
- 电机接地线是否达到规范要求；
- 转动部件附近是否有人；
- 气动、冷却、润滑等系统是否畅通，是否进行过放气和排污；
- 阀门和机构等的动作，是否达到正确、灵活、可靠；

② 运行中

- 是否有跑冒滴漏现象；
- 设备是否有异响；
- 轴承温度是否符合要求；
- 润滑油及冷却系统是否畅通，是否充足。

③ 停运后

- 是否断开电源，是否消除压力和负荷；
- 相应阀门开关是否正确；
- 长期停运防冻、防腐工作是否已做好。

(2) 起重机械

有关机械设备的基本安全原理对于起重机械都适用。这些基本原理有：设备本身的制造质量应该良好，材料坚固，具有足够的强度而且没有明显的缺陷。所有的设备都必须经过测试，而且进行例行检查，以保证其完整性。应使用正确设备。

起重机械主要辨识以下危险、有害因素：

① 翻倒：由于基础不牢、超机械工作能力范围运行和运行时碰到障碍物等原因造成。

② 超载：超过工作载荷、超过运行半径等。

③ 碰撞：与建筑物、电缆线或其他起重机相撞。

④ 基础损坏：设备置放在坑或下水道的上方，支撑架未能伸展，未能支撑于牢固的地面。

⑤ 操作失误：由于视界限制、技能培训不足等造成。

⑥ 负载失落：负载从吊轨或吊索上脱落。

(3) 厂内机动车

厂内机动车辆应该制造良好、没有缺陷，载重量、容量及类型应与用途相适应。车辆所使用的动力的类型应当是经过检查的，因为作业区域的性质可能决定了应当使用某一特定类型的车辆，在不通风的封闭空间内不宜使用内燃发动机的动力车辆，因为要排出有害气体。车辆应加强维护，以免重要部件如刹车、方向盘及提升部件发生故障。任何损坏均需报告并及时修复。操作员的头顶上方应有安全防护措施。应按制造者的要求来使用厂内机动车辆及其附属设备。

对于厂内机动车辆主要辨识以下危险、有害因素：

① 翻倒：提升重物动作太快，超速驾驶，突然刹车，碰撞障碍物，在已载重物时使用前铲，在车辆前部有重载时下斜坡，横穿斜坡或在斜坡上转弯、卸载，在不适的路面或支撑条件下运行等，都有可能发生翻车。

② 超载：超过车辆的最大载荷。

③ 碰撞：与建筑物、管道、堆积物及其他车辆之间的碰撞。

④ 楼板缺陷：楼板不牢固或承载能力不够。在使用车辆时，应查明楼板的承重能力(地面层除外)。

⑤ 载物失落：如果设备不合适，会造成载荷从叉车上滑落的现象。

⑥ 爆炸及燃烧：电缆线短路、油管破裂、粉尘堆积或电池充电时产生氢气等情况下，都有可能导致爆炸及燃烧。运载车辆在运送可燃气体时，本身也有可能成为火源。

(4) 传送设备

最常用的传送设备有胶带输送机、滚轴和齿轮传送装置，对其主要辨识以下危险、有害因素。

① 夹钳：肢体被夹入运动的装置中。

② 擦伤：肢体与运动部件接触而被擦伤。

③ 卷入伤害：肢体绊卷到机器轮子、带子之中。

④ 撞击伤害：不正确的操作或者物料高空坠落造成的伤害。

4. 锅炉及压力容器的危险、有害因素辨识

(1) 锅炉及压力容器的分类

锅炉及压力容器是广泛用于工业生产、公用事业和人民生活的承压设备，包括锅炉、压力容器、有机载热体炉和压力管道。我国政府将锅炉、压力容器、有机载热体炉和压力管道等定为特种设备，即在安全上有特殊要求的设备。

① 锅炉及有机载热体炉：都是一种能量转换设备。其功能是用燃料燃烧或其他方式释放的热能加热给水或有机载热体，以获得规定参数和品质的蒸汽、热水或热油等。锅炉的分类方法较多，按用途可分为工业锅炉、电站锅炉、船舶锅炉、机车锅炉等；按出口工作压力

的大小可分为低压锅炉、中压锅炉、高压锅炉、超高压锅炉、亚临界压力锅炉和超临界压力锅炉。

② 压力容器：广义上的压力容器就是承受压力的密闭容器，因此，广义上的压力容器包括压力锅、各类储罐、压缩机、航天器、核反应罐、锅炉和有机载热体炉等。但为了安全管理上的便利，往往对压力容器的范围加以界定。按《特种设备安全监察条例》(国务院令 549 号) 中规定，最高工作压力大于或者等于 0.1MPa(表压)，且压力与容积的乘积大于或者等于 2.5MPa·L 的气体、液化气体和最高工作温度高于或者等于标准沸点的液体的固定式容器和移动式容器；盛装公称工作压力大于或者等于 0.2MPa(表压)，且压力与容积的乘积大于或者等于 1.0MPa·L 的气体、液化气体和标准沸点等于或者低于 60℃液体的气瓶；氧舱等。

③ 压力管道：是在生产、生活中使用，用于输送介质，可能引起燃烧、爆炸或中毒等危险性较大的管道。压力管道的分类方法也较多，按设计压力的大小分为真空管道、低压管道、中压管道和高压管道；从安全监察的需要分为工业管道、公用管道和长输管道。

(2) 锅炉与压力容器危险、有害因素辨识

对于锅炉与压力容器，主要从以下几方面对危险、有害因素进行辨识：

① 锅炉压力容器内具有一定温度的带压工作介质是否失效；

② 承压元件是否失效；

③ 安全保护装置是否失效。

由于安全防护装置失效、承压元件的失效，使锅炉压力容器内的工作介质失控，从而导致事故的发生。

常见的锅炉压力容器失效有泄漏和破裂爆炸。所谓泄漏是指工作介质从承压元件内向外漏出或其他物质由外部进入承压元件内部的现象。如果漏出的物质是易燃、易爆、有毒物质，不仅可以造成伤害，还可能引发火灾、爆炸、中毒、腐蚀或环境污染。所谓破裂爆炸是承压元件出现裂缝、开裂或破碎现象。承压元件最常见的破裂形式有韧性破裂、脆性破裂、疲劳破裂、腐蚀破裂、蠕变破裂等。

5. 重大危险源危险因素辨识

危险化学品重大危险源是指长期地或临时地生产、储存、使用和经营危险化学品，且危险化学品的数量等于或超过临界量的单元。

(1) 重大危险源分类

① 重大危险源单元分类

A. 生产单元重大危险源。生产单元是指危险化学品的生产、加工及使用等的装置及设施，当装置及设施之间有切断阀时，以切断阀作为分隔界限划分为独立的单元，在该单元中，危险化学品的数量等于或超过了临界量。

B. 储存单元重大危险源。储存单元是指用于储存危险化学品的储罐或仓库组成的相对独立的区域，储罐区以罐区防火堤为界限划分为独立的单元，仓库以独立库房(独立建筑物)为界限划分为独立的单元，在该单元中，危险化学品的数量等于或超过了临界量。

② 重大危险源物质分类

A. 具有急性毒性的物质；

B. 爆炸物；

C. 易燃气体；

D. 气溶胶；

E. 氧化性气体；

F. 易燃液体；

G. 自反应物质和混合物；

H. 有机过氧化物；

I. 自燃液体和自燃固体；

J. 易燃固体；

K. 遇水放出易燃气体的物质和混合物。

③ 重大危险源危险程度分类

根据《危险化学品重大危险源监督管理暂行规定》，综合每种危险化学品的危险特性、临界量、实际量以及重大危险源厂区边界外暴露人员数量几项因素，计算得出分级指标值，根据分级指标大小把重大危险源分为四级。见表 8-1。

表 8-1 重大危险源分级表

危险化学品重大危险源级别	分级指标 R 值	危险化学品重大危险源级别	分级指标 R 值
一级	$R \geqslant 100$	三级	$50>R \geqslant 10$
二级	$100>R \geqslant 50$	四级	$R<10$

（2）重大危险源危险因素辨识

危险源辨识重点应考虑以下四个方面：

① 能量的种类和危险物质的危险性质；

② 能量或危险物质的量；

③ 能量或危险物质意外释放的强度；

④ 意外释放的能量或危险物质的影响范围。

重大危险源的辨识依据是单元中危险化学品的性质及其数量。在辨识过程中就是要充分考虑重大危险源单元中物质的危险性、危险物质的量的大小，发生意外释放时可能波及的范围及可能的人员伤亡数量来进行其危险性辨识的。

重大危险源根据其生产或储存的危险物质性质、其设施设备以及人员作业内容，主要危险有火灾爆炸、触电、机械伤害、高处坠落、中毒与窒息等。

在重大危险源辨识的基础上，对其进行安全风险评估，进一步确定事故发生的可能性和严重程度。重大危险源辨识中常见危险化学品名称及其临界量见表 8-2。

表 8-2 常见危险化学品名称及其临界量

序号	化学品名称	别名	CAS 号	临界量/t
1	氨	液氨；氨气	7664-41-7	10
2	二氧化氮	—	10102-44-0	1
3	二氧化硫	亚硫酸酐	7446-09-5	20
4	环氧乙烷	氧化乙烯	75-21-8	10
5	硫化氢	—	7783-06-4	5

续表

序号	化学品名称	别名	CAS 号	临界量/t
6	氯	液氯；氯气	7782-50-5	5
7	煤气（CO、CO 和 H_2、CH_4的混合物等）			20
8	三氧化硫	硫酸酐	7446-11-9	75
9	硝酸铵（含可燃物>0.2%，包含以碳计算的任何有机物，但不包含任何其他添加剂）	—	6484-52-2	5
10	硝酸铵（含可燃物≤0.2%）	—	6484-52-2	50
11	硝酸铵肥料（含可燃物≤0.4%）	—	—	200
12	氯乙烯	乙烯基氯	75-01-4	50
13	氢	氢气	1333-74-0	5
14	乙炔	电石气	74-86-2	1
15	乙烯	—	74-85-1	50
16	氧（压缩的或液化的）	液氧；氧气	7782-44-7	200
17	苯	纯苯	71-43-2	50
18	丙酮	二甲基酮	67-64-1	500
19	二硫化碳	—	75-15-0	50
20	环己烷	六氢化苯	110-82-7	500
21	甲苯	甲基苯；苯基甲烷	108-88-3	500
22	甲醇	木醇；木精	67-56-1	500
23	乙酸乙酯	醋酸乙酯	141-78-6	500
24	发烟硝酸	—	52583-42-3	20
25	硝酸（发红烟的除外，含硝酸>70%）	—	7697-37-2	100
26	碳化钙	电石	75-20-7	100

（二）作业环境的危险、有害因素辨识

作业环境中的危险、有害因素主要有危险物品、工业噪声与振动、温度与湿度和辐射等。

1. 危险物品

生产中的原料、材料、半成品、中间产品、副产品以及储运中的物质分别以气、液、固态存在，它们在不同的状态下分别具有相对应的物理、化学性质及危险、危害特性。危险物品的危险、有害因素辨识应从其理化性质、稳定性、化学反应活性、燃烧及爆炸特性、毒性及健康危害等方面，以及在生产过程中是否有这些物质产生或泄漏，是否没有采取防控或防控失效等方面进行分析与辨识。

2. 工业噪声与振动的危险、有害因素辨识

噪声能引起职业性噪声聋或引起神经衰弱、心血管疾病及消化系统等疾病的高发，会使操作人员的失误率上升，严重的会导致事故发生。

工业噪声可以分为机械噪声、空气动力性噪声和电磁噪声等三类。

噪声危害的辨识主要根据已掌握的机械设备或作业场所的噪声确定噪声源、声级和频率。

振动危害有全身振动和局部振动，可导致中枢神经、植物神经功能紊乱、血压升高，也

会导致设备、部件的损坏。

振动危害的辨识则应先找出产生振动的设备，然后根据国家标准，参照类比资料确定振动的危害程度。

3. 温度与湿度的危险、有害因素辨识

(1) 高温、高湿的危险、危害

① 高温除能造成灼伤外，高温、高湿环境可影响劳动者的体温调节，水盐代谢及循环系统、消化系统、泌尿系统等。当劳动者的热调节发生障碍时，轻者影响劳动能力，重者可引起别的病变，如中暑。劳动者水盐代谢的失衡，可导致血液浓缩、尿液浓缩、尿量减少，这样就增加了心脏和肾脏的负担，严重时引起循环衰竭和热痉挛。在比较分析中发现，高温作业工人的高血压发病率较高，而且随着工龄的增加而增加。高温还可以抑制人的中枢神经系统，使工人在操作过程中注意力分散，肌肉工作能力降低，有导致工伤事故的危险。

② 高温、高湿环境会加速材料的腐蚀。

③ 高温环境可使火灾危险性增大。

(2) 低温的危险、危害

① 低温可引起冻伤。

② 温度急剧变化时，因热胀冷缩，造成材料变形或热应力过大，会导致材料破坏，在低温下金属会发生晶型转变，甚至因破裂而引发事故。

(3) 温度、湿度危险、危害的辨识方法

温度、湿度危险、危害因素的辨识应主要从以下几方面进行：

① 了解生产过程的热源、发热量、表面绝热层的有无，表面温度，与操作者的接触距离等情况。

② 是否采取了防灼伤、防暑、防冻措施，是否采取了空调措施。

③ 是否采取了通风(包括全面通风和局部通风)换气措施，是否有作业环境温度、湿度的自动调节、控制。

4. 辐射的危险有害因素辨识

随着科学技术的进步，在化学反应、金属加工、医疗设备、测量与控制等领域，接触和使用各种辐射能的场合越来越多，存在着一定的辐射危害。

辐射主要分为电离辐射(如 α 粒子、β 粒子、γ 粒子和中子、X 粒子)和非电离辐射(如紫外线、射频电磁波、微波等)两类。

电离辐射伤害则由 α 粒子、β 粒子、X 粒子、γ 粒子和中子极高剂量的放射性作用所造成。

射频辐射危害主要表现为射频致热效应和非致热效应两个方面。

(三) 作业过程的危险、有害因素辨识

1. 生产工艺过程

生产过程中因工艺过程本身的特点具有一定的危险性，如反应条件为高温、高压状态，反应物料的危险性、容易有副反应等，使得生产过程会因操作控制不当，引发泄漏、火灾爆炸、中毒窒息、设备损毁、人员伤亡等事故。针对不同的工艺过程采取不同的工艺控制方式，编写操作规程、安全规程、对作业人员进行培训教育，使其熟练掌握工艺原理、工艺指标、操作技能、应急技能。生产中严格控制工艺指标。

2. 试生产过程危险性

试生产过程存在很多不确定因素，是一个不断试验、不断调整的过程，在此过程中，不断暴露的问题可能引发泄漏、燃烧爆炸、中毒窒息、机械伤害、触电，物体打击等危险，主要原因如下：

(1) 现场有些安装扫尾工作需要完善；

(2) 设备安装中存在互相不匹配、不合套问题，需要不断调整；

(3) 试车方案需要通过试验进一步优化；

(4) 试车过程需要企业、设计、施工、监理方等多方人员协调配合，岗位设置、人员职责分工需要进一步优化；

(5) 操作规程、安全规程需要进一步完善；

(6) 作业人员对于操作过程不够熟练，操作技能还需要进一步提高；

(7) 其他不确定因素。

3. 开停车过程危险性辨识

(1) 管道、设备、阀门、人孔、手孔是否损坏；

(2) 供水、供电、仪表用气是否存在故障；

(3) 电气仪表等设备指示是否正确；

(4) 安全附件是否启用，是否准确；

(5) 作业场所是否整洁，是否存在杂物、易燃物质、无关设备工器具，无关人员等；

(6) 作业方案是否合理。

4. 一般作业过程

(1) 作业方案或步骤不清，操作错误；

(2) 对过程涉及危险物质危险性认识不清，缺乏防护措施；

(3) 相关设施设备、管道阀门的安全条件未确认，引发事故发生；

(4) 人员未经培训不熟悉操作步骤、应急技能，造成误操作。

5. 特殊作业过程危险因素

(1) 动火作业

动火作业的工作内容主要包括：清洗置换设备、管线；设备、管线与系统的彻底隔绝；检查现场环境，清理易燃物品；准备动火工器具；作业部位取样分析；防护及其他安全措施的落实；实施动火作业；完工后现场的清理等。

动火作业过程中主要的危险有害因素：

① 置换不彻底及未实现彻底隔绝导致火灾爆炸、人员中毒窒息；

② 现场存在安全隐患，易燃物品没有清理、下水道、井盖没封堵，防火措施未落实导致火灾爆炸及其他人员伤害事故；

③ 作业人员防护器具不齐全、不完好导致人员眼睛灼伤、中毒等伤害；

④ 动火工器具准备不充分、存在隐患导致触电及其他机械伤害；

⑤ 取样分析不规范，危险物质含量超标导致着火爆炸；

⑥ 消防等安全措施未落实导致火灾爆炸事故扩大；

⑦ 完工后现场清理不彻底引发火灾爆炸。

（2）受限空间作业

受限空间作业的工作内容主要包括清洗置换设备、管线；设备、管线与系统的彻底隔绝；空间内自然或强制通风（不能通入氧气或富氧空气）；受限空间内及出入口的安全状况检查；作业前取样分析；作业工器具的准备（包括登高、焊接、堵漏、清除、照明等用具）；呼吸防护器具及其他安全措施的落实；实施作业；完工后现场的清理等。

受限空间作业主要的危险有害因素：

① 置换不彻底及未实现彻底隔绝导致火灾爆炸、人员中毒窒息；

② 空间存在安全隐患，用电设备未断电，登高用脚手架搭设不牢、动火工器具存在隐患、照明不良等造成人员触电、坠落及其他伤害；

③ 作业人员防护器具不齐全、不完好导致人员中毒窒息等伤害；

④ 取样检测不规范导致人员中毒窒息、火灾爆炸；

⑤ 完工后现场清理不彻底引发人员中毒窒息、火灾爆炸。

（3）吊装作业

吊装作业的工作内容主要包括合理计算设备重量，选用吊装设备；制定方案；吊装前设备的安全检查；作业环境的隐患排查，设定警戒区域；防护及安全措施的落实；试吊；正式起吊；完工后现场的整理等内容。

吊装作业主要的危险有害因素：

① 设备质量的计算，吊装设备的选用不合理造成起重伤害或坍塌事故；

② 吊装前设备的安全检查不到位造成起重伤害、机械伤害或坍塌事故；

③ 作业环境隐患排查不到位，警戒区域的设定不合理，防护等安全措施落实不到位造成起重伤害或机械伤害；

④ 作业过程相关人员站位不当，配合不当，操作不规范造成起重伤害、机械伤害或坍塌事故；

⑤ 完工后现场整理不到位造成起重伤害、机械伤害。

（4）动土作业

动土作业的工作内容主要包括作业现场各种埋地设施的布置、涉及物料等情况的确认；制定方案、绘制方案图、选用合适的工作器具；划定警戒区；落实各项安全防护措施；实施作业；完工后现场的整理和恢复等。

动土作业主要的危险有害因素：

① 各种埋地设施的布置、影响范围、涉及物料性质等情况未确认清楚导致坍塌、火灾爆炸、设备损毁、人员中毒等；

② 动土方案未制定或制定不合理导致作业过程中发生物体打击、火灾爆炸、坍塌、起重伤害、淹溺等；

③ 安全措施落实不到位造成物体打击、起重伤害、坍塌、淹溺、中毒等事故；

④ 完工后现场清理不到位、恢复工作未做好引发坍塌、坠落等事故。

（5）断路作业

断路作业的工作内容主要包括联络相关部门熟悉作业现场情况，有无埋地设施及其具体情况；制定作业方案并通知相关部门；准备合适的工器具；划定警戒区；落实各项安全防护措施；实施作业；完工后现场的整理和恢复等。

断路作业主要的危险有害因素：

① 作业现场情况不清，未核实埋地设施具体情况导致坍塌、火灾爆炸、设备损毁、人员伤害等；

② 工器具准备不合适导致作业过程中发生物体打击、坍塌、起重伤害、淹溺等；

③ 安全措施落实不到位造成物体打击、起重伤害、坍塌、淹溺事故；

④ 完工后现场清理不到位、恢复工作未做好导致坍塌、坠落，阻塞交通等。

(6) 登高作业

登高作业的工作内容主要包括核实作业高度及作业点周围环境具体情况(有无有毒有害介质及易燃易爆介质释放、有无电气线路布设等)；根据作业高度及现场具体情况确定作业方案及搭设脚手架等防护措施；准备好作业工器具；划定警戒区；落实各项安全防护措施；实施作业；完工后现场的整理和恢复等。

登高作业主要的危险有害因素：

① 作业现场情况不清导致火灾爆炸、人员中毒、触电、坠落等伤害；

② 工器具准备不合适导致作业过程中发生物体打击、坠落等；

③ 安全措施落实不到位造成物体打击、火灾爆炸、中毒、触电、坠落事故；

④ 完工后现场清理不到位、恢复工作未做好导致坍塌、坠落，物体打击、阻塞通道等。

(7) 抽堵盲板作业

抽堵盲板作业的工作内容主要包括核实作业部位管道、设备具体情况(包括介质性质、温度、压力等)性质，确定盲板及垫片规格(大小、材质，厚度等)以及数量；根据作业现场具体情况确定作业方案及各项防护措施；准备好作业工器具及盲板；划定警戒区；落实各项安全防护措施；实施作业(同一管道上不应同时进行两处及两处以上的盲板抽堵作业)；完工后现场清理及作业确认等。

抽堵盲板作业主要的危险有害因素：

① 作业现场设备管道具体情况核实不清导致火灾爆炸、人员中毒、灼烫伤、坠落等伤害；

② 盲板、垫片及工器具不符合要求导致作业过程中发生泄漏、火灾爆炸、系统串料、人员中毒、灼烫伤、坠落等；

③ 安全措施落实不到位造成火灾爆炸、中毒、物体打击、灼烫、坠落事故；

④ 完工后未经现场确认造成泄漏、火灾爆炸、人员中毒、系统串料等。

(8) 临时用电作业

临时用电作业的工作内容主要包括作业现场勘测、确定线路走向，进行负荷计算；确定并落实防护措施；检查电气装置及保护设施，并准备好各种工器具；实施作业；结束后的拆除及检查验收等。

临时用电作业主要的危险有害因素：

① 现场勘测、线路走向，负荷计算不准确导致用电过程发生触电、设备损毁、着火等；

② 防护措施落实不到位、电气装置及保护设施不完好，工器具准备不当导致触电、着火；

③ 实施作业过程不规范、误操作导致触电或电灼伤；

④ 结束后的拆除工作不规范及检查验收不到位导致触电、设备损毁等。

第二节 危险化学品生产过程风险控制

一、风险控制的基本知识

安全风险是某一特定危害事件发生的可能性与其后果严重性的组合；安全风险点是指存在安全风险的设施、部位、场所和区域，以及在设施、部位、场所和区域实施的伴随风险的作业活动，或以上两者的组合；对安全风险所采取的管控措施存在缺陷或缺失时就形成事故隐患，包括物的不安全状态、人的不安全行为和管理上的缺陷等方面。

风险分析是检验现有安全控制措施是否能消除、减弱现有危险、危害因素，控制现有危险、危害因素在相对安全范围内及预防新的危险、危害因素产生的有效方法。

按照危害—事件—控制措施的关系，针对每一种危害可能造成的事故，制定严格的控制措施。在制定控制措施时应有一定的顺序：先列出预防性措施，即防止危害导致事故发生的措施；再列出应急性措施，即事件一旦发生，防止发生造成人员、财产和环境方面事故的措施。为便于职工在工作中落实、采取现有控制措施，在排列预防性措施和应急性措施时，应注意都要从最简单、可行的措施开始，依次排列。

企业应根据风险评价的结果及经营运行情况等，确定不可接受的风险，结合安全风险特点和安全生产法律、法规、规章、标准、规程的规定制定风险控制措施，包括以下方面的内容：

（1）工程技术。包括基于工艺的技术要求，安全设施，联锁，安全仪表系统，惰性气体保护系统，物理保护，隔离设施，基于设备自身检修维护的设施，设备设施、建构筑物本体等。

（2）安全管理。主要指管理制度、操作规程等文件中的管理要求。

（3）人员培训。包括员工三级教育，每年的再培训教育，转岗培训，新产品、新技术、新设备、新工艺的培训，三项岗位人员培训，设备操作人员培训等。

（4）个体防护。员工个体劳动防护装备，包括防尘口罩、防毒面罩、防护手套、防护眼镜、防护鞋、防化服、安全帽等。

（5）应急处置。主要指发生异常或事故状态采取的控制措施。

（6）企业应按照消除、限制和减少、隔离、个体防护、安全警示、应急处置的顺序控制风险。并将风险评价的结果及所采取的控制措施对从业人员进行宣传、培训，使其熟悉工作岗位和作业环境中存在的危险、有害因素，掌握、落实应采取的控制措施。

二、安全技术控制

1. 工艺安全对策措施

有爆炸危险的生产过程，应尽可能选择物质危险性较小、工艺条件较缓和和成熟的工艺路线；生产装置、设备应具有承受超压性能和完善的生产工艺控制手段，设置可靠的温度、压力、流量、液面等工艺参数的控制仪表和控制系统，对工艺参数控制要求严格的，应设置双系列控制仪表和控制系统；还应设置必要的超温超压的报警、监视、泄压、抑制爆炸装置和防止高低压窜气(液)、紧急安全排放装置。

2. 电气安全对策措施

① 防触电安全对策措施。

② 电气防火防爆安全对策措施。

③ 防静电安全对策措施。

④ 防雷安全对策措施。应当根据建筑物和构筑物、电力设备以及其他保护对象的类别和特征，分别对直击雷、雷电感应、雷电侵入波等采取适当的防雷措施。

⑤ 其他。电气设备必须具有国家指定机构认可的安全认证标志。

因停电可能造成重大危险后果的场所，必须按规定配备自动切换的双路供电电源或备用发电机组、保安电源。

3. 自控安全对策措施

尽可能提高系统自动化程度，采用自动控制技术、遥控技术，自动(或遥控)控制工艺操作程序和物料配比、温度、压力等工艺参数；在设备发生故障、人员误操作形成危险状态时，通过自动报警、自动切换备用设备、启动联锁保护装置，实现事故性安全排放，直至安全顺序停机的一系列的自动操作，保证系统的安全。

4. 设备安全对策措施

设备、机器种类繁多，其中化工设备就可分为塔槽类、换热设备、反应器、分离器，加热炉和废热锅炉等；压力容器按工作压力不同、分为低压、中压、高压和超高压四个等级；化工机械是完成化工生产正常运行必不可少的。化工设备、机器在生产过程中接触的物料大多具有易燃易爆、有毒、有腐蚀性，工艺复杂，工艺条件苛刻等特点。材料的正确选择是确保装置安全运行、防火防爆的重要手段。

5. 消防安全对策措施

消防安全措施是确保装置安全运行、防止火灾爆炸的重要手段。在采取有效防火措施的同时，应根据工厂规模、火灾危险性和相邻单位消防协作的可能性，设置相应的灭火设施。

(1) 灭火器

除设置全厂性的消防设施外，还应设置小型灭火机和其他简易的灭火器材。其种类及数量，应根据场所的火灾危险性、占地面积及有无其他消防设施等情况综合全面考虑。灭火器类型的选择应符合下列规定。

① 扑救A类火灾应选用水型、泡沫、磷酸铵盐干粉灭火器。

② 扑救B类火灾应选用干粉、泡沫、二氧化碳型灭火器。扑救极性溶剂B类火灾应选用抗溶泡沫灭火器。

③ 扑救C类火灾应用干粉、二氧化碳型灭火器。

④ 扑救带电火灾应选用二氧化碳、干粉型灭火器。

⑤ 扑救A、B、C类火灾和带电火灾应选用磷酸铵盐干粉型灭火器。

⑥ 扑救D类火灾的灭火器材，应由设计单位和当地公安消防监督部门协商解决。

灭火器的配置可按《建筑灭火器配置设计规范》(GB 50140—2005)进行配置。

(2) 消防站

大型化工企业，应建立本厂的消防站。其布置应满足消防队接到火警后5min内消防车能到达消防管辖区(或厂区)最远点的甲、乙、丙类生产装置、厂房或库房；按行车距离计，消防站的保护半径不应大于2.5km，对于丁类、戊类火灾危险性场所，也不宜超过4km。

消防车辆应按扑救工厂一处最大火灾的需要进行配备。消防站应装设不少于2处同时报警的报警电话和有关单位的联系电话。

（3）消防供电

消防供电应考虑建筑物的性质、火灾危险性、疏散和火灾扑救难度等因素以保证消防设备不间断供电。

6. 特种设备安全对策措施

《安全生产法》和《特种设备法》对特种设备的安全管理都有明确的规定。对特种设备的设计、制造、安装、使用、检验、修理改造和报废等环节实施严格的控制和管理。各类生产经营单位必须严格按照有关法律、法规的要求进行运作。

7. 其他安全对策措施

（1）安全色、安全警示标志。企业中存在危险、有害因素的部位，都必须按照《安全色》（GB 2893—2008）、《安全标志及其使用导则》（GB 2894—2008）、《工作场所职业病危害警示标识》（GBZ 158—2003）和《消防安全标志 第1部分：标志》（GB 13495.1—2015）、《消防安全标志设置要求》（GB 15630—1995）的规定悬挂醒目的标牌。这些标牌应保证在夜间仍能起到警示作用。正确使用安全色，使人员能够迅速发现或分辨安全标志，及时得到提醒，以防止危害、事故的发生。

（2）防高处坠落、物体打击安全措施。

（3）防机械伤害安全对策措施。

三、危险化学品安全管理控制

安全管理是以实现生产过程安全为目的的现代化、科学化的管理。其基本任务是按照国家有关安全生产的方针、政策、法律、法规的要求，从企业实际出发，采取相关的安全管理对策措施，以期科学及前瞻地发现、分析和控制生产过程中的危险、有害因素，制定相应的安全技术措施和安全管理规章制度，主动防范、控制事故和职业病的发生，避免、减少有关损失。

1. 建立各项安全管理制度

《安全生产法》第四条规定：生产经营单位必须遵守本法和其他有关安全生产的法律、法规，加强安全生产管理，建立健全全员安全生产责任制和安全生产规章制度，加大对安全生产资金、物资、技术、人员的投入保障力度，改善安全生产条件，加强安全生产标准化、信息化建设，构建安全风险分级管控和隐患排查治理双重预防机制，健全风险防范化解机制，提高安全生产水平，确保安全生产。

企业要建立全员安全责任制，完善各项安全生产的规章制度，并保障落实。

2. 建立风险管控和隐患排查双重预防机制体系

企业要做到安全管理关口前移、事前预防，强化隐患排查治理工作。要将双重预防机制建设与安全生产标准化创建工作有机结合起来，在安全生产标准化体系的创建过程中开展安全风险辨识、评估、管控和隐患排查治理。不断减少事故发生，坚决杜绝重特大事故。

3. 安全管理机构和人员配置

按《安全生产法》的规定，危险物品的生产、经营、储存、装卸单位，应当设置安全生产管理机构或者配备专职安全生产管理人员。

4. 安全培训、教育和考核

生产经营单位的安全教育、培训工作是提高员工安全意识、安全技术素质、防止产生人的不安全行为，减少操作失误的重要方法。通过教育和培训，可以提高单位管理者及员工安全生产的责任感和自觉性，普及和提高员工的安全技术知识，增强安全操作技能，保护自身和他人的安全与健康。

5. 安全投入与安全设施

建立健全生产经营单位安全生产投入的长效保障机制，从资金和设施装备等物质方面保障安全生产工作正常进行，是安全管理对策措施的一项内容。包括满足生产条件所必需的安全投入、安全技术管理对策措施的制定和安全设施的配备等内容。

6. 重大危险源管理

根据国家标准《危险化学品重大危险源辨识》(GB 18218—2018)和《安全生产法》的规定，按照《危险化学品重大危险源监督管理暂行规定》，对重大危险源进行评估，并对评估出的重大危险源实行分级管理。

7. 监督与日常检查

安全管理对策措施的动态表现就是监督与检查，通过对国家有关安全生产方面的法律、法规、标准、规范和本单位所制定的各类安全生产规章制度和责任制的落实情况的监督与检查，促进和保证安全教育和培训工作的正常进行，促进和保证生产投入的有效实施，促进和保证安全设施、安全技术装备能正常发挥作用，促进和保证对生产全过程进行科学、规范、有序、有效的安全控制和管理。

8. 事故应急救援预案

事故应急救援在安全管理对策措施以及在安全评价和安全管理中占有极其重要的地位。可以有效的预防事故和使事故损失降到最低。

第三节 事故隐患排查治理

一、建立健全隐患排查治理管理制度

企业要建立健全隐患排查治理管理制度，包括隐患排查、隐患监控、隐患治理、隐患上报等内容。

(1) 隐患排查：要按专业和部位，明确排查的责任人、排查内容、排查频次和登记上报的工作流程。

(2) 隐患监控：要建立事故隐患信息档案，明确隐患的级别，落实“五定”(定整改方案、定资金来源、定项目负责人、定整改期限、定控制措施)原则。

(3) 隐患治理：要分类实施：能够立即整改的隐患，必须确定责任人组织立即整改，整改情况要安排专人进行确认；无法立即整改的隐患，要按照评估—治理方案论证—资金落实—限期治理—验收评估—销号的工作流程，明确每一工作节点的责任人，实行闭环管理；重大隐患治理工作结束后，企业应组织技术人员和专家对隐患治理情况进行验收，保证按期完成和治理效果。

(4) 隐患上报：要按照安全监管部门的要求，建立与安全生产监督管理部门隐患排查治

理信息管理系统联网的“隐患排查治理信息系统”，每个月将开展隐患排查治理情况和存在的重大事故隐患上报当地安全监管部门，发现无法立即整改的重大事故隐患，应当及时上报。

二、安全风险隐患排查方式及频次

1. 安全风险隐患排查方式

企业应根据安全生产法律法规和安全风险管控情况，按照化工过程安全管理的要求，结合生产工艺特点，针对可能发生安全事故的风险点，全面开展安全风险隐患排查工作，做到安全风险隐患排查全覆盖，责任到人。安全风险隐患排查形式包括：

(1) 日常排查：是指基层单位班组、岗位员工的交接班检查和班中巡回检查，以及基层单位(厂)管理人员和各专业技术人员的日常性检查；日常排查要加强对关键装置、重点部位、关键环节、重大危险源的检查和巡查；

(2) 综合性排查：是指以安全生产责任制、各项专业管理制度、安全生产管理制度和化工过程安全管理各要素落实情况为重点开展的全面检查；

(3) 专业性排查：是指工艺、设备、电气、仪表、储运、消防和公用工程等专业对生产各系统进行的检查；

(4) 季节性排查：是指根据各季节特点开展的专项检查，主要包括：春季以防雷、防静电、防解冻泄漏、防解冻坍塌为重点；夏季以防雷暴、防设备容器超温超压、防台风、防洪、防暑降温为重点；秋季以防雷暴、防火、防静电、防凝保温为重点；冬季以防火、防爆、防雪、防冻防凝、防滑、防静电为重点；

(5) 重点时段及节假日前排查：是指在重大活动、重点时段和节假日前，对装置生产是否存在异常状况和事故隐患、备用设备状态、备品备件、生产及应急物资储备、保运力量安排、安全保卫、应急、消防等方面进行的检查，特别是要对节假日期间领导干部带班值班、机电仪保运及紧急抢修力量安排、备件及各类物资储备和应急工作进行重点检查；

(6) 事故类比排查：是指对企业内或同类企业发生安全事故后举一反三的安全检查；

(7) 复产复工前排查：是指节假日、设备大检修、生产原因等停产较长时间，在重新恢复生产前，需要进行人员培训，对生产工艺、设备设施等进行综合性隐患排查；

(8) 外聘专家诊断式排查：是指聘请外部专家对企业进行的安全检查。

2. 企业安全风险隐患排查频次

开展安全风险隐患排查的频次应满足：

(1) 装置操作人员现场巡检间隔不得大于2h，涉及“两重点一重大”的生产、储存装置和部位的操作人员现场巡检间隔不得大于1h；

(2) 基层车间(装置)直接管理人员(工艺、设备技术人员)、电气、仪表人员每天至少两次对装置现场进行相关专业检查；

(3) 基层车间应结合班组安全活动，至少每周组织一次安全风险隐患排查；基层单位(厂)应结合岗位责任制检查，至少每月组织一次安全风险隐患排查；

(4) 企业应根据季节性特征及本单位的生产实际，每季度开展一次有针对性的季节性安全风险隐患排查；重大活动、重点时段及节假日前必须进行安全风险隐患排查；

(5) 企业至少每半年组织一次，基层单位至少每季度组织一次综合性排查和专业排查，两者可结合进行；

(6) 当同类企业发生安全事故时，应举一反三，及时进行事故类比安全风险隐患专项排查；

(7) 当发生以下情形之一时，应根据情况及时组织进行相关专业性排查：

① 公布实施有关新法律法规、标准规范或原有适用法律法规、标准规范重新修订的；

② 组织机构和人员发生重大调整的；

③ 装置工艺、设备、电气、仪表、公用工程或操作参数发生重大改变的；

④ 外部安全生产环境发生重大变化的；

⑤ 发生安全事故或对安全事故、事件有新认识的；

⑥ 气候条件发生大的变化或预报可能发生重大自然灾害前。

三、安全风险隐患排查内容

企业安全风险隐患排查内容包括但不限于以下方面：

(1) 安全领导能力；

(2) 安全生产责任制；

(3) 岗位安全教育和操作技能培训；

(4) 安全生产信息管理；

(5) 安全风险管理；

(6) 设计管理；

(7) 试生产管理；

(8) 装置运行安全管理；

(9) 设备设施完好性；

(10) 作业许可管理；

(11) 承包商管理；

(12) 变更管理；

(13) 应急管理；

(14) 安全事故事件管理。

四、隐患治理

按照隐患排查治理要求，各单位要对照隐患排查清单进行隐患排查，填写隐患排查记录。根据排查出的隐患类别，提出治理建议，一般应包含：①针对排查出的每项隐患，明确责任单位和主要责任人；②经排查评估后，提出下一步整改或处置建议；③依据隐患治理难易程度或严重程度，确定隐患治理期限。

1. 隐患治理要求

隐患治理实行分级治理、分类实施的原则。主要包括岗位纠正、班组治理、车间治理、部门治理、公司治理等。

隐患治理应做到方法科学、资金到位、治理整改。无法立即整改的隐患，治理前要制定防范措施，落实监控责任，防止隐患发展为事故。

2. 隐患治理流程

隐患治理流程包括通报隐患信息、下发隐患整改通知、实施隐患治理、治理情况反馈、验收等环节。

五、班组长如何做好班组危险、有害因素辨识和隐患排查

（1）明确本班组所有岗位人员的安全生产责任和考核标准。

（2）掌握本班组人员接受培训、特种作业人员取证情况。

（3）确保本班组人员掌握本岗位有关的安全生产信息。

（4）对本班组设备设施、作业活动、作业环境进行安全风险辨识；检查是否存在安全事故及潜在的紧急情况。

（5）对安全风险管控措施的有效性实施监控情况进行巡查，发现措施失效后应及时处置或上报。

（6）对本班组从业人员进行培训，使其熟悉工作岗位和作业环境中存在的危险、有害因素，掌握、落实应采取的管控措施。应定期对本班组岗位人员开展操作规程培训和考核。

（7）掌握并监督班组成员遵守特殊作业现场管理规范：

① 作业人员应持作业票证作业，劳动防护用品佩戴符合要求，无违章行为；

② 监护人员应坚守岗位，持作业票证监护；

③ 作业过程中，管理人员要进行现场监督检查；

④ 现场的设备、工器具应符合要求，设置警戒线与警示标志，配备消防设施与应急用品、器材等；

⑤ 特殊作业现场监护人员应熟悉作业范围内的工艺、设备和物料状态，具备应急救援和处置能力。

（8）应做好岗位操作记录，对运行工况定时进行监测、检查，并及时处置工艺报警并记录。

（9）生产过程中严禁出现超温、超压、超液位运行情况；对异常工况处置应符合操作规程要求。现场表指示数值、DCS 控制值与工艺卡片控制值应保持一致。

（10）切水、脱水作业及其他风险较大的排液作业时，作业人员不得离开现场。

（11）在正常开车、紧急停车后的开车前，都要进行安全条件检查确认。开车前应对如下重要步骤进行签字确认。

① 进行冲洗、吹扫、气密试验时，要确认已制定有效的安全措施；

② 引进蒸汽、氮气、易燃易爆介质前，要指定有经验的专业人员进行流程确认；

③ 引进物料时，要随时监测物料流量、温度、压力、液位等参数变化情况，确认流程是否正确。

（12）应严格控制进退料顺序和速率，现场安排专人不间断巡检，监控有无泄漏等异常现象。

（13）停车过程中的设备、管线低点的排放应按照顺序缓慢进行，并做好个人防护；设备、管线吹扫处理完毕后，应用盲板切断与其他系统的联系。抽堵盲板作业应在编号、挂牌、登记后按规定的顺序进行，并安排专人逐一进行现场确认。

(14) 应对本班组分管设备定期进行巡回检查，并建立设备定期检查记录，对出现异常状况的设备设施应及时处置或报告。

(15)安全生产检查。安全检查是日常安全工作的重要部分，是广泛动员和组织班组成员搞好安全生产工作的有效方法，是发现日常生产中不安全隐患、改善劳动条件的重要手段。通过对生产工艺、机器设备、作业环境、管理制度和操作方法在内的整个生产体系的检查，可以发现并纠正生产过程中存在的不安全行为，发现并改造不安全的环境和危险因素，将发生事故的可能性降至最小，即使出现故障或事故，也可以迅速排除或得以有效控制。

安全检查的内容有：

① 检查职工安全意识与安全责任心是否强，是否已掌握安全操作技能和自觉遵守安全技术操作规程以及各种安全生产制度；是否熟知本岗位危险致灾因素及防范措施，熟练掌握本职岗位所需的安全生产知识和避险应急救援技能；是否能做到"四不伤害"，是否能做到"人人讲安全、事事为安全、时时想安全、处处要安全"的文明生产。

② 检查本班组对安全生产工作的认识是否正确，是否建立了"一岗一清单"安全生产责任制；岗位从业人员的安全生产责任制，是否要切合岗位、简明扼要、实用管用；班组安全生产责任制是否真正落实，考核措施是否恰当；特种作业人员是否经过培训、考核、凭证操作；班组的各项安全规章制度是否建立与健全，并严格贯彻执行。

③ 检查生产现场是否存在物的不安全状态。

检查设备的安全防护装置是否良好。防护罩、防护栏(网)、保险装置、联锁装置、指示报警装置等是否齐全灵敏有效，接地(接零)是否完好。

检查设备、设施、工具、附件是否有缺陷。制动装置是否有效，安全间距是否合乎要求，机械强度、电气线路是否老化、破损、起重吊具与绳索是否符合安全规范要求，设备是否带"病"运转和超负荷运转。

检查易燃易爆物品和剧毒物品的储存、运输、发放和使用情况，是否严格执行了制度，通风、照明、防火等是否符合安全要求。

检查生产作业场所和施工现场有哪些不安全因素。有无安全出口，登高扶梯、平台是否符合安全标准，产品的堆放、工具的摆放、设备的安全距离、操作者安全活动范围、电气线路的走向和距离是否符合安全要求，危险区域是否有护栏和明显标志等。

④ 检查职工在生产过程中是否存在不安全行为和不安全的操作。

检查有无忽视安全技术操作规程的现象。比如：操作无依据、没有安全指令、人为地损坏安全装置或弃之不用，冒险进入危险场所，对运转中的机械装置进行注油、检查、修理、焊接和清扫等。

检查有无违反劳动纪律的现象。比如：在作业场所工作时间开玩笑、打闹、精神不集中、脱岗、睡岗、串岗；滥用机械设备或车辆等。

检查日常生产中有无误操作、误处理的现象。比如：在运输、起重、修理等作业时信号不清、警报不鸣；对重物、高温、高压、易燃、易爆物品等作了错误处理；使用了有缺陷的工具、器具、起重设备、车辆等。

检查个人劳动防护用品的穿戴和使用情况。比如：进入工作现场是否正确穿戴防护服、鞋、面具、眼镜等。

案　例

案例1

2012年12月31日，山西某煤化工公司苯胺泄漏事故，造成区域环境污染事件，直接经济损失约235.92万元。事故直接原因虽然是事故储罐进料管道上的金属软管破裂导致的，但经调查发现安全生产责任制不落实（当班员工18h不巡检）和领导带班值班制度未严格落实是导致事故发生的重要原因。

小提示：

（1）各班组要有“一岗一清单”安全生产责任制；岗位从业人员的安全生产责任制，要切合岗位、简明扼要、实用管用。

（2）班组安全生产责任制要真正落实，考核措施恰当。

（3）每天的日常巡检工作要严格要求，真正落实。

案例2

2019年12月31日晚，江苏某化工公司3名施工人员，进入已经停产的2#脱硫塔设备进行检修作业发生安全事故，意外被困，1月1日下午3名伤者经抢救无效先后死亡。

事故原因主要是作业前风险辨识不到位，相应防护措施缺失导致。

该案例中的风险辨识应如何做？应采取哪些防控措施呢？

1. 确定作业风险点

脱硫塔检修改造工程重点工作有：拆除旧氨水喷头、脚手架搭设、喷砂除锈、喷涂玻璃鳞片。改造工程中容易发生脚手架坍塌、高空坠落、物体打击、触电、人员气体中毒、火灾事故。

其中，引起人员气体中毒的危险点：脱硫塔防腐喷涂使用的是乙烯基鳞片特种涂料。此种涂料化学成分有：苯乙烯、马来酸二丁酯、氢化脱硫重石脑油。作业人员在苯乙烯暴露浓度达到100mg/m^3、15min或50mg/m^3、8h环境下工作时，对眼睛和皮肤有刺激性，吸入后会使黏膜与呼吸系统发炎及严重伤害肾脏肝脏与中枢神经系统。

2. 风险防控措施

（1）安全预控措施

① 现场安全措施布置：开工前对脱硫塔检修现场全部用隔离围栏进行隔离，只留一个出口由安全管理人员负责进出管理。按脱硫区域检修平面布置图要求存放检修材料机具，物品摆放整齐有序。对内部易燃物品进行检查和清理。脱硫塔人孔处设有自发光指示灯。电气

工器具的电源开关设置在吸收塔外面并设置明显标志。

② 电焊机、电源箱做好防雨措施，电焊机可靠接地，并装有漏电保护器。脱硫塔可靠静电接地已落实，脱硫塔内部照明使用低压防爆灯具，变压器及开关放置在人孔门外部。

③ 在脱硫塔作业面的人孔门外侧设置监护人，在防腐喷涂作业期间增减监护人员。

④ 氧气瓶乙炔瓶立放固定，防震圈齐全，气瓶距离 8m，距离明火 10m。拆卸下顶部排气门并加装向塔内送气的风机，在脱硫塔中部人孔门和底部人孔门加装向吸收塔内排气的风机，搭设的脚手架安全牢固、符合安全规范要求。在脱硫塔中部、顶部靠近防腐喷涂作业面的人孔门处、除雾器处接临时消防水管并配备消防报警装置，消防水阀门有人负责保证随时好用，消防水压力正常，随时进行施救。

⑤ 脱硫塔内部作业面和人孔门外各放充足的干粉灭火器，用过的消防器材随时更换。动火作业期间，作业面平台、除雾器之间铺满防火毯、封堵严密。

(2) 检修过程中的预控措施

每天开好班前会，发现着装不符合要求、精神疲劳、喝酒的人员严禁其进入检修现场作业。结合每天的工作对全体检修人员认真进行安全技术交底，被交底人必须在签字栏内签字，做到“作业任务清楚、危险点清楚、作业程序清楚、安全措施清楚”。检修作业前，安全员全面检查个人安全防护用品、安全装置。

小提示：

(1) 风险辨识要针对具体的作业活动过程以及涉及的环境、物质及人员的活动情况，按照作业步骤分析每一步骤的风险。

(2) 针对具体的风险点采取切实可行的控制措施。

复习思考题

1. 危险有害因素按照原因分为哪几类？
2. 风险防控措施有哪些？
3. 隐患排查流程是什么？

第九章　危险化学品事故的现场处置与急救

本章学习要点

1. 了解事故现场处置方法；
2. 掌握常见事故处置方法；
3. 掌握现场急救程序及急救知识。

化工生产过程危险性大，即使采取了完善的预防措施，也仍有可能发生事故。根据《中华人民共和国突发事件应对法》《安全生产法》《环境保护法》《危险化学品安全管理条例》《生产安全事故应急条例》等有关法律法规和《国家安全生产事故灾难应急预案》等文件的相关要求，为了有效预防和妥善处置生产安全事故突发事件，及时有效实施救援工作，最大限度减少安全生产事故造成的人员伤亡和财产损失，维护企业利益和公共利益，各企业应制定化学事故应急救援预案，为了使预案发挥应有的作用，班组长应认真学习和掌握现场应急救援的相关内容，组织班组成员认真参加预案的演练，熟练掌握事故应急措施、急救技术，真正做到临危不惧，迅速、准确、安全地处理事故，以减少损失。

第一节　危险化学品事故现场的应急处置

大多数化学品具有有毒、有害、易燃、易爆等特点，在生产、储存、运输和使用过程中因意外或人为破坏等原因发生泄漏、火灾爆炸后，极易造成人员伤害和环境污染的事故。由于化学品事故发生突然，扩散迅速，持续时间长，涉及面广，所以，化学品事故的发生，往往会引起人们的慌乱，若处理不当，极易引起二次灾害。化工企业班组长要清楚地了解发生这些事故时应急预案要求采取的处置方式，并带领班组员工按照预案要求的方式进行现场处置：抢救受伤人员、控制危险源、隔离危险区、安全撤离人员、排除现场隐患、消除危害后果。

在应急救援过程中，应遵循人身安全第一的原则，要把抢救伤员、确保人员安全作为首要任务，科学施救，防止事故扩大。主要应掌握的事故现场应急处置内容包括：配合设立警戒区、紧急疏散、现场急救、泄漏处理等。

一、建立警戒区域

事故发生后，班组长带领本班组成员配合相关抢险救援人员根据化学品泄漏扩散的情况或火焰热辐射所涉及的范围建立警戒区，并在通往事故现场的主要干道上实行交通管制。班组成员应明确警戒区域建立时的注意事项：

（1）警戒区域的边界应设警示标志，并有专人警戒；

（2）除消防、应急处理人员以及必须坚守岗位的人员外，其他人员禁止进入警戒区；

（3）泄漏溢出的化学品为易燃品时，区域内应严禁火种。

二、紧急疏散

(一) 疏散注意事项

危险化学品泄漏事故发生后，要及时做好周围人员及居民的紧急疏散工作。班组长应带领班组成员，在抢险救援指挥部门的指挥下，以班组、车间为单位清点人数，协助将警戒区及污染区内与事故应急处理无关的人员撤离，以减少不必要的人员伤亡，紧急疏散时应注意以下几点：

(1) 如事故物质有毒，需要佩戴个体防护用品或采用简易有效的防护措施，并有相应的监护措施。

(2) 应向上风方向转移，明确专人引导和护送疏散人员到安全区，并在疏散或撤离的路线上设立哨位，指明方向。

(3) 不要在低洼处滞留。

(4) 要查清是否有人留在污染区与着火区。

(5) 为使疏散工作顺利进行，每个车间应至少有两个畅通无阻的紧急出口，并有明显标志。

(6) 在事故现场，化学品对人体可能造成的伤害有中毒、窒息、化学灼伤等。进行急救时，不论是伤者还是救助人员都需要进行适当防护。

(7) 班组长应当在自救和救助别人时做好自身的防护工作，同时指导班组的员工在自救和救助别人时，做好自身及伤者的个体防护，并应按照2~3人为一组的原则，将班组划分为多个小团体，以集体方式行动，以便相互照应。所用的救援器材需要具备防爆功能。

(8) 可燃物质还有引发火灾爆炸的可能。因此，班组长应当带领班组成员尽自己的最大努力，力争及时、正确处理泄漏事故，防止事故扩大。泄漏处理一般包括泄漏源控制及泄漏物处理两大部分。

(二) 危险区的疏散距离

疏散距离分为两种：

(1) 紧急隔离带是以紧急隔离距离为半径的圆，非事故处理人员不得入内；

(2) 下风向疏散距离是指必须采取保护措施的范围，即该范围内的居民处于有害接触的危险之中，可以采取撤离、密闭住所窗户等有效措施，并保持通信畅通以听从指挥。由于夜间气象条件对毒气云的混合作用要比白天小，毒气云不易散开，因而下风向疏散距离相对比白天的远。

疏散距离还应结合事故现场的实际情况如泄漏量、泄漏压力、泄漏形成的释放池面积、周围建筑或树木情况以及当时风速等进行修正：如泄漏物质发生火灾时，中毒危害与火灾/爆炸危害相比就处于次要地位；如有数辆槽罐车、储罐、或大钢瓶泄漏，应增加大量泄漏的疏散距离；如泄漏形成的毒气云从山谷或高楼之间穿过，因大气的混合作用减小，疏散距离应增加。白天气温逆转或在有雪覆盖的地区，或者在日落时发生泄漏，如伴有稳定的风，也需要增加疏散距离。因为在这类气象条件下污染物的大气混合与扩散比较缓慢(即毒气云不易被空气稀释)，会顺下风向飘得较远。另外，对液态化学品泄漏，如果物料温度或室外气温超过30℃，疏散距离也应增加。

三、现场急救

抢救受害人员是应急救援的首要任务，在应急救援行动中，快速、有序、有效地实施现场急救与安全转送伤员是降低伤亡率、减少事故损失的关键。

1. 伤亡人员

事故发生后，对发现的伤亡人员，应立即进行抢救，该急救的急救、该转运的转运、该入院救治的迅速送往医院。

2. 下落不明的人员

事故发生后，必须坚持“依然活着”的原则，深入现场，采取一切可能的安全方法，在避免造成新的人员伤亡的前提下，积极进行救援，以最大程度地减少人员的伤亡。

3. 周围群众

由于重大事故发生突然、扩散迅速、涉及范围广、危害大，应及时指导和组织群众采取各种措施进行自身防护，并迅速撤离出危险区或可能受到危害的区域，避免造成不应有的人员伤亡。

四、泄漏处理

化学泄漏事故发生后，不仅污染环境，对人体造成伤害，如遇可燃物质，还有引发火灾爆炸的可能。因此，班组长应当带领班组成员尽自己的最大努力，力争及时、正确处理泄漏事故，防止事故扩大。泄漏处理一般包括泄漏源控制及泄漏物处理两大部分。

（一）泄漏源控制

在救人的同时，应迅速采取措施控制危险源和泄漏源，只有控制住了危险源和泄漏源，事故才会从根本上得到控制。特别对发生在城市或人口稠密地区的化学事故，应尽快组织工程抢险队与技术人员一起及时控制事故继续扩展。

关闭阀门(尽可能使用紧急切断阀)、停止作业或改变流程、物料走副线、倒罐、局部停车、打循环、减负荷运行等。

采用合适的材料和技术手段堵住泄漏处。

（二）泄漏物处理

围堤堵截：筑堤堵截液体或者引流到安全地点。储罐区发生液体泄漏时，要及时关闭雨水阀，防止物料沿明沟外流。

稀释与覆盖：向有害物蒸气云喷射雾状水，加速气体向高空扩散。对于可燃物，也可以在现场施放大量水蒸气或氮气，破坏燃烧条件。对于液体泄漏，为降低物料向大气中的蒸发速度，可用泡沫或者其他覆盖物覆盖外泄的物料，抑制其蒸发。

收容：对于大型泄漏，可选用隔膜泵将泄漏的物料回收；当泄漏量小时，可用沙子、吸附材料、中和材料处理；冲洗废水要排入事故池。

现场保护与洗消：

(1) 事故现场的保护措施

事故抢险过程中，在不影响抢险的情况下，事故现场的各种设施(包括已损失或未损失的)能不移位的不要移位，特殊情况需移位时要做出标记，并画出草图。抢险过后，要由相关专业组(必要时由外援专业人员配合)采取保卫措施，为事故的调查提供依据。未经许可，任何人不得进入。

(2) 确定现场净化方式、方法

为防止事故抢险后，特别是泄漏的危险化学品(主要指液体物质)造成中毒、污染等二次灾害，要进行洗消工作。利用喷洒洗消液、抛洒粉状消毒剂等方式消除毒气污染。一般在事故救援现场可采用三种洗消方式。

① 源头洗消。在事故发生初期，对事故发生点、设备或厂房洗消，将污染源严密控制在最小范围内。

② 隔离洗消。当污染蔓延时，对下风向暴露的设备、厂房、特别高大建筑物喷洒洗消液，抛撒粉状消毒剂，形成保护层，污染降落物流经时即可产生反应，降低甚至消除危害。

③ 延伸洗消。在控制住污染源后，从事故发生地开始向下风方向对污染区逐次推进全面而彻底的洗消。

(3) 明确事故现场洗消工作的负责人和专业队伍

重、特大事故发生后，事故现场洗消工作一定要由专业消防人员进行，其负责人要有专业的资质，洗消队伍必须装备齐全。所有进入轻危区的人员必须佩戴空气呼吸器，对进入重危区的消防人员要加强个人防护，佩戴空气呼吸器、穿着全封闭式防化服，进行逐一登记。

(4) 洗消后的二次污染防治

当重、特大事故发生时，使用大量消防水，消防水中含有大量有毒、有害物质，不得排出厂外。根据本单位消防水设计用量，以及外部救援消防用水，在厂区内设置消防水罐，提供消防水源；设置事故水池及配套的管网布设，保证事故水全部进入事故水池，满足消防及事故状态下废水的接纳。

第二节　危险化学品事故现场的自救与互救

一、急性中毒的现场自救与互救

(一) 急性中毒现场的自救

如果身上备有防毒面具，则应憋住一口气，快速、熟练地戴上防毒面具，立即离开中毒环境。若没有，则应憋住气，迅速脱离中毒环境或移到上风侧，发出呼救信号。如果是氨、氯等刺激性气体，掏出手帕浸上水，捂住鼻子向外跑。如果是在无围栏的高处，要以最快的速度抓住东西或趴倒在上风侧，尽量避免坠落受伤。如有警报装置，应立即启用。被毒物污染的衣物，应迅速脱去或剪去。被毒物污染的部位，及时用流动清水进行冲洗，时间不少于15min。

(二) 急性中毒现场的互救

1. 救护者的个人防护

急性中毒发生时毒物多由呼吸系统和皮肤进入人体。因此，救护者在进入危险区抢救之前，首先要做好呼吸系统和皮肤的个人防护，佩戴好供氧式防毒面具或氧气呼吸器，穿好防护服。进入设备内抢救时要系上安全带，然后再进行抢救。否则，不但中毒者不能获救，救护者也会中毒，致使中毒事故扩大。

2. 切断毒物来源

救护人员进入现场后，除对中毒者进行抢救外，同时应侦查毒物来源，并采取果断措施切断其来源，如关闭泄漏管道的阀门、堵加盲板、停止加送物料、堵塞泄漏设备等，以防止毒物继续外溢(逸)。对于已经扩散的有毒气体或蒸气应立即启动通风排毒设施或开启门、窗，以降低有毒物质在空气中的含量，为抢救工作创造有利条件。

3. 采取有效措施防止毒物继续侵入人体

（1）救护人员进入现场后，应迅速将中毒者转移至空气新鲜处，并解开中毒者颈、胸部纽扣及腰带，以保持呼吸通畅。同时对中毒者要注意保暖和保持安静，严密注意中毒者神志、呼吸状态和循环系统的功能。在抢救搬运过程中，要注意人身安全，不能强硬拖拉以防造成外伤，致使病情加重。

（2）清除毒物，防止其沾染皮肤和黏膜。当皮肤受到腐蚀性毒物灼伤，不论其吸收与否，均应立即采取下列措施进行清洗，防止伤害加重。

① 迅速脱去被污染的衣服、鞋袜、手套等。

② 立即彻底清洗被污染的皮肤，清除皮肤表面的化学刺激性毒物，冲洗时间要达到15~30min。

③ 如毒物是水溶性，现场无中和剂，可用大量水冲洗。用中和剂冲洗时，酸性物质用弱碱性溶液冲洗，碱性物质用弱酸性溶液冲洗。非水溶性刺激物的冲洗剂，须用无毒或低毒物质。对于遇水能反应的物质，应先用干布或者其他能吸收液体的东西抹去污染物，再用水冲洗。

④ 对于黏稠的物质，如有机磷农药，可用大量肥皂冲洗(敌百虫不能用碱性溶液冲洗)，要注意皮肤皱褶、毛发和指甲内的污染物。

⑤ 较大面积的冲洗，要注意防止着凉、感冒，必要时可将冲洗液保持在适当的温度，但以不影响冲洗剂的作用和及时冲洗为原则。

⑥ 毒物进入眼睛时，应尽快用大量流水缓慢冲洗眼睛15min以上，冲洗时把眼睑撑开，让伤员的眼睛向各个方向缓慢移动。

4. 促进生命器官功能恢复

中毒者若停止呼吸，应立即进行人工呼吸，心跳停止应立即进行人工复苏胸外挤压。与此同时，还应尽快请医生进行急救处理。

5. 及时解毒和促进毒物排出

发生急性中毒后应及时采取各种解毒及排毒措施，降低或消除毒物对机体的作用。如采用各种金属配位剂与毒物的金属离子配成稳定的有机配合物，随尿液排出体外。

毒物经口引起的急性中毒。若毒物无腐蚀性，应立即用催吐或洗胃等方法清除毒物。对于某些毒物亦可使其变为不溶的物质以防止其吸收，如氯化钡、碳酸钡中毒，可口服硫酸钠，使胃肠道尚未吸收的钡盐成为硫酸钡沉淀而防止吸收。氨、铬酸盐、铜盐、汞盐、羧酸类、醛类、脂类中毒时，可给中毒者喝牛奶、生鸡蛋等缓解剂。一氧化碳中毒应立即吸入氧气，以缓解机体缺氧并促进毒物排出。

二、危险化学品灼伤的现场自救与互救

化学腐蚀物品对人体有腐蚀作用，易造成化学灼伤。腐蚀物造成的灼伤与一般火灾的烧

伤烫伤不同，开始时往往感觉不太疼，等发觉时组织已灼伤。所以，对触及皮肤的腐蚀物品，应迅速采取急救措施。化学烧伤一旦发生后，现场急救极为重要。如在同等条件下出现几例烧伤，但由于伤后各自的急救处理方法不同，则可以有完全不同的后果。因此，如何采取正确的现场急救方法，使损伤能减小到最低程度，这是每位从事危险化学品行业的班组长和员工必须掌握的知识。

（一）化学灼伤的自救

（1）迅速脱离现场，立即脱去被污染的衣服。

（2）立即用大量流动的清水清洗创伤面，冲洗时间不应小于20～30min。液态化学物质溅入眼睛应当首先在现场迅速进行冲洗，不要搓揉眼睛，以免造成失明。冲洗时眼皮一定要掰开，冲洗要有一定的水压及较大流量的水，才能使化学物质稀释或冲洗掉。另外也可把头部埋入水盆中，用手把眼皮掰开，眼球来回活动，使酸碱物质冲洗掉。

（3）酸性物质引起的灼伤，其腐蚀作用只在当时，经急救处理，伤势往往不加重。碱性物质引起的灼伤会逐渐向周围和深部组织蔓延，应迅速处理，用大量清水冲洗。化学灼伤的急救处理见表9-1。

表9-1 化学灼伤急救处理表

灼伤物质名称	急救处理方法
碱类：氢氧化钠、氢氧化钾、氨、碳酸钠、碳酸钾、氧化钙	立即用大量水冲洗，然后用2%醋酸溶液洗涤中和，也可用2%以上的硼酸水湿敷。氧化钙灼伤时，可用植物油洗涤
酸类：硫酸、盐酸、硝酸、高氯酸、磷酸、醋酸、蚁酸、草酸、苦味酸	立即用大量水冲洗，再用5%碳酸氢钠水溶液洗涤中和，然后用净水冲洗
碱金属、氰化物、氰氢酸	用大量的水冲洗后，0.1%高锰酸钾溶液冲洗后再用5%硫化铵溶液冲洗
溴	用水冲洗后，再以10%硫代硫酸钠溶液洗涤，然后涂碳酸氢钠糊剂或用1体积(25%)+1体积松节油+10体积乙醇(95%)的混合液处理
铬酸	先用大量的水冲洗，然后用5%硫代硫酸钠溶液或1%硫酸钠溶液洗涤
氢氟酸	立即用大量水冲洗，直至伤口表面发红，再用5%碳酸氢钠溶液洗涤，再涂以甘油与氧化镁(2∶1)悬浮剂，或调上如意金黄散，然后用消毒纱布包扎
磷	如有磷颗粒附着在皮肤上，应将局部浸入水中，用刷子清除，不可将创面暴露在空气中，或用油脂涂抹，再用1%～2%硫酸铜溶液冲洗数分钟，然后以5%碳酸氢钠溶液洗去残留的硫酸铜，最后用生理盐水湿敷，用绷带扎好
苯酚	用大量水冲洗，或用4体积乙醇(7%)与1体积氯化铁(1/3mol/L)混合液洗涤，再用5%碳酸氢钠溶液湿敷
氯化锌、硝酸银	用水冲洗，再用5%碳酸氢钠溶液洗涤，涂油膏及磺胺粉
三氯化砷	用大量水冲洗，再用2.5%氯化铵溶液湿敷，然后涂上2%二巯基丙醇软膏
焦油、沥青(热烫伤)	以棉花蘸乙醚或二甲苯，消除粘在皮肤上的焦油或沥青，然后涂上羊毛脂

（二）化学灼伤的互救

当员工出现因大面积化学灼伤行动不便、因化学灼伤出现心跳呼吸停止或者是眼睛受化学物质刺激肿胀睁不开等情况时，就需要他人救助。救护者在救助被化学腐蚀物灼伤的伤者时，应将伤者迅速带离现场，立即脱去伤者的衣物，用大量流动的清水或自来水冲洗伤者创面，冲洗完毕后再用中和剂进行处理(互救时采取的急救措施同化学灼伤的自救措施)。

救护者在救助伤者时，要在了解事故情况后迅速做出判断。在救助伤者时避免用手直接接触被化学物污染的衣物或皮肤，必要时选用合适的防护手套，不得用毛巾布片擦拭伤者的皮肤。在帮伤者脱去衣物时，应落实好本人的保护措施，防止衣物上的化学腐蚀物灼伤自己。在伤者因灼伤而呼吸心跳停止时，应迅速采取心肺复苏法抢救伤者。

三、危险化学品火灾的现场自救与互救

(1) 先切断着火源，要选择正确的灭火剂，扑救初期火灾。

(2) 针对危险化学品火灾的火势发展及现场情况，尽快报火警，采取统一指挥、以快制快、堵截火势、防止蔓延；重点突破、排除险情；分割包围、速战速决的灭火战术。

(3) 救火人员应占领上风向或者侧风区域，进行火情观察，迅速查明燃烧范围、燃烧原因以及周围情况，扑救时应有针对性地采取自我保护措施。

(4) 火灾扑灭后，仍然要派人监护现场，应当保护现场，接受事故调查，核定火灾损失，未经相关部门同意，不得擅自清理火灾现场。

第三节　现场急救

危险化学品对人体可能造成的伤害有中毒、窒息、冻伤、化学灼伤、烧伤等。事故发生时以严重创伤、多发伤和同时多人受伤为特点。严重创伤可造成心、脑、肺和脊椎等重要脏器功能障碍，出血过多会导致休克甚至死亡。因此，危险化学品事故中，心肺复苏、止血、包扎、固定和搬运技术是这些事故现场急救的通用技术以及危险化学品伤害急救的技术，作业人员掌握这些技术可以在短时间内挽回事故伤员的生命，为进一步院内治疗争取宝贵的时间。

一、现场急救概述

现场急救，是指在生产过程中和工作场所发生的各种意外伤害事故、急性中毒、外伤和突发危重病员等现场，没有医务人员时，为了防止病情恶化，减少病人痛苦和预防休克等所应采取的一种初步紧急救护措施，又称院前急救。

现场应急救援人员安全进入事故毒物污染区，切断毒物来源，迅速将伤员脱离污染区，转移到通风良好的场所，彻底清除毒物污染，防止继续吸收，对患者进行现场急救治疗，迅速抢救生命。进行现场应急救援时应注意：

(1) 选择有利的地形设置急救点，急救之前救援人员应确认受伤者所在的环境是安全的，并且所有的现场急救方法应防止伤员发生继发性损害。

(2) 进入染毒区域的救援人员应根据染毒区域的地形、建筑物的分布、有无爆炸及燃烧的危险、毒物种类及浓度等情况，正确选择合适的防毒面具和防护服。

(3) 救援人员应至少 2~3 人为一组集体行动，以便互相监护照应，并明确一位负责人，指挥协调在染毒区域的救援行动，最好配备一部对讲机随时与现场指挥部及其他救援队伍联系。

现场救护要遵循先抢后救、先急后缓、先重后轻、边救边送、严密观察的原则。

（一）判断处境、脱离险地

在一些事故现场往往由于环境危险，有可能对伤患造成进一步的威胁，因此，应先加以判断。如有危险因素存在，应立即脱离险境或除去危险因素，否则宜就地加以急救，不可任意移动患者，以免延误抢救时机或造成不必要的损伤。

（二）给予伤患最优先的急救措施

（1）维持呼吸道通畅；

（2）重建呼吸功能：呼吸停止者，施以人工呼吸；

（3）重建血液循环功能：心跳停止者，施以胸外心脏按压，止住严重的出血；

（4）防止休克；

（5）防止继续损伤（如：头胸部或腹腰部的严重创伤、心脏疾病、糖尿病、中毒、灼伤、骨折、脊椎损伤等）。

（三）就医

尽快送往医院或请求医院、急救中心援救，以获得最妥善的治疗。

二、伤者的搬运

托运和输送是挽救病人生命的关键步骤，在救护伤员工作中具有很重要的意义，伤员经过急救处理后，应尽快送往医院，进行进一步检查和更有效的治疗，搬运不当轻者延误检查和治疗，重者可以使病情恶化，甚至死亡，切不可低估搬运的作用。

1. 搬运要求

（1）根据现场条件选择适宜的搬运方法和搬运工具。

（2）用担架搬运伤者时，一般头略高于脚，休克的伤者则脚略高于头。搬运病人时，动作要轻捷、协调一致；行进时伤者的脚在前，头在后，以便观察伤者情况。

（3）对脊柱、骨盆骨折病人，应选择平整的硬担架，尽量减少震动，以免加重病情和给病人带来痛苦，颈椎骨折的伤者除了身体固定外，还要有专人牵引固定头部，避免移动。

（4）用汽车、大车运送时，床位要固定，防止启动、刹车时晃动使伤者再度受伤。

（5）运送途中，最好有卫生人员护送，并要严密观察病情，应采取急救处理。密切观察伤员的呼吸、脉搏和神志的变化，以防止休克发生。

（6）观察伤口渗血的情况，并要及时地妥善处理后再运送，上止血带的伤者，要记录上止血带和放松止血带的时间。

（7）注意保持伤员的特定体位，尤其注意颈部伤员的体位和呼吸道的通畅情况。

（8）应经常观察上有夹板（或石膏）伤员肢体的末端循环情况，如有障碍时要立即处理。

（9）除腹部伤外，可给伤员适量饮水。

（10）到达医院后，向医务人员介绍急救处理经过，以供下一步检查诊断参考。

2. 搬运方法

（1）侧身匍匐搬运法：根据伤员受伤部位，应用左或右侧的匍匐法，搬运时，使伤部向上，将伤员的腰部放在搬运者的大腿上，并使伤员的躯干紧靠在胸前，使伤员的头部和上肢不与地面接触。

（2）牵拖法：将伤员放在油布或雨衣上，将两个对角或两袖结扎固定伤员的身体，然后用绳索与近侧一角联结，搬运者牵拖或匍匐前进。

（3）单人背、抱法：背伤员时，应将其上肢放在搬运者的胸前。抢救伤员时，搬运者一手抱其腰部，另一手托起大腿中部。头部伤员神志清楚，可采用这种方法。

（4）椅子式搬运法：多用于头部伤而无颅脑损伤的伤员。

（5）搬抬式搬运法：对脊柱伤或腹部伤员不宜采用。

三、人工心肺复苏术

（一）心肺复苏的目的

大脑是对缺氧最敏感的高度分化和高氧耗的组织，大脑缺氧4~6min后脑细胞会发生不可逆的损害，因此要求在心脏骤停4min内开始心肺复苏。心肺复苏开始得越早，其成功率越高。

（二）心肺复苏的步骤

首先判断伤员呼吸、心跳，一旦判定呼吸、心跳停止，立即捶击心前区(胸骨下部)并祛除病因，采取下列步骤进行心肺复苏。

1. 畅通气道

（1）解开上衣，暴露胸部，松开裤带；

（2）急救者位于伤员一侧，一手插入颈后向上托起，手按压前额使头后仰；

（3）用手指去除口咽内异物，有活动假牙应去掉；

（4）将耳朵贴近伤员口鼻，面对胸部，倾听有无呼吸声，观看胸部起伏，确认呼吸恢复或停止。

畅通气道是三大步骤中非常重要的一步，畅通气道的方法有：仰头举颏法、抬颈法、双下颌上提，通常使用仰头举颏法。

2. 人工呼吸

人工呼吸方法很多，有直接入气法如：口对口(鼻)吹气法，间接人工呼吸法，如仰卧压胸法、俯卧压背法，目前公认最有效的人工呼吸法是直接入气法，且以口对口吹气式人工呼吸最为方便和有效。此法操作简便容易掌握，而且气体的交换量大，接近或等于正常人呼吸的气体量。

（1）将耳贴近伤患者与鼻尖上3cm处，观察其胸部的起伏，听及感觉其呼吸流动情况10s(即观察—听—感觉)。

（2）捏紧鼻孔及用双唇紧盖伤患者口部。吹气2次。每次吹气用1.5~2s，吹气完毕观察胸部3s，吹气量为0.8~1.2L。每次吹气后，急救员将双唇离开伤患者口部使其自发性排气并留意患者胸部的起伏。

（3）将托下颌的手取下，用食指及中指轻轻放在伤患者近身的颈动脉上。另一手继续按颌保持气道畅通。同时间检查呼吸。检查颈动脉至少要5s，但不可超过10s。若有脉搏跳动，但呼吸停止应继续进行吹气动作：每5s吹气一次(即每分钟吹气12次)，直至伤患者有自发性呼吸或其他急救员到场接替为止。注意：应每分钟检查呼吸、脉搏各一次。

3. 胸外心脏按压(图9-1)

将病人置于平卧位躺在硬板床、担架或地上，去枕，解开衣扣，松解腰带。

按压部位：胸骨中下1/3处，双乳头连线中点处。

按压手法：一手掌根部放于按压部位，另一手平行重叠于此手背部，手指并拢，只以掌根部接触按压部位，双肩位于患者胸骨的正上方，双肘关节伸直，利用上身重量垂直下压。胸外按压时，肩、肘、腕在同一直线上，并与患者身体长轴垂直。保证手掌用力在胸骨上，避免肋骨骨折，不要按压剑突。按压时，手掌根部不能离开胸壁。

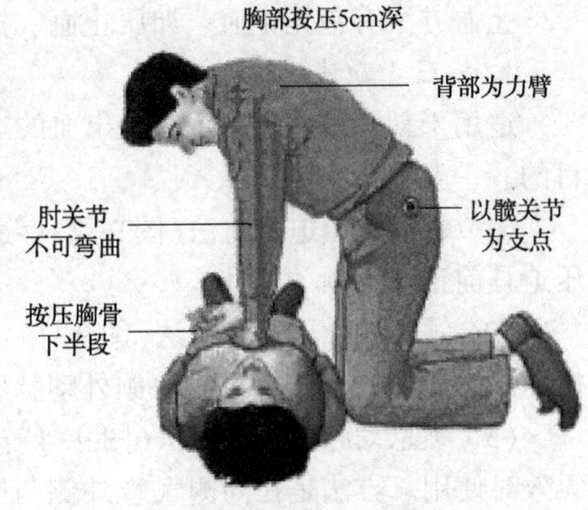

图 9-1 胸外心脏按压

按压幅度：使胸骨下陷至少 5cm，而后迅速放松(放松时双手不要离开胸壁)，反复进行。(原因是通过增加胸廓内压力以及直接压迫心脏产生血流。通过按压，可以为心脏和大脑提供重要血流以及氧和能量)

按压时间：放松时间=1：1

按压频率：至少 100 次/min；胸外按压：人工呼吸=30：2

按压过程中努力减少中断(除一些特殊的操作，如建立人工气道或者进行除颤)，操作 5 个循环后再次判断颈动脉搏动及呼吸，判断时间不超过 10s，如已经恢复，进行进一步生命支持；如颈动脉搏动及呼吸未恢复，继续上述操作 5 个循环后再次判断，直至高级生命支持人员及设备的到达。

心肺复苏停止操作的条件：

① 伤患已恢复自主呼吸与心跳；

② 有其他人接替心肺复苏的工作；

③ 运送到达医院或急救中心；

④ 抢救者已精疲力竭无力抢救；

⑤ 医生到达宣布伤患已死亡。

四、外伤止血法

血是生命的源泉，现场救护要迅速采用一切可能的方法止血，有效止血是现场救护的基本任务。

人体血量 5000~6000mL。血液从损伤的血管流出叫出血。流血量过多往往会引起休克和心跳停止而造成死亡。因此，救护人员必须熟悉出血种类，熟练地掌握止血技术，迅速准确地做好止血工作，以便有效挽救伤员生命。

出血种类大致分为内出血和外出血两大类。

内出血是深部组织和内脏损伤，血液流入组织内或体内，形成脏器血肿或积血，从外表看不见，只能根据伤员的全身或局部症状来判断，如面色苍白、吐血、腹部疼痛、便血、脉搏快而弱等来判断。

外出血是受到外伤后血管破裂，血液从伤口流出体外。外出血有三类：

(1) 动脉出血，血色鲜红，呈喷射状；

(2) 静脉出血，血色暗红，缓慢流出；

(3) 毛细血管出血，血色鲜红，呈片状渗出，一般不易找出出血点，常可自动凝固而止血，危险性小。

止血方法有包扎止血、加压止血、指压止血、加垫屈肢止血和止血带止血等。

1. 指压止血法

适用于动脉出血。用手指在出血的近心端，把动脉紧压在骨面上，达到迅速和临时止血目的。

（1）颞动脉压迫止血法（图9-2）：适用于同侧头顶部及颞部出血，方法是用拇指或食指压迫耳前正对下颌关节处。

（2）颌外动脉压迫止血法（图9-3）：适用于同侧腮部及颜面部出血，方法是用拇指或食指在下颌角前约1.8cm处，将颌外动脉压于下颌骨上。

（3）颈总动脉压迫止血法（图9-4）：适用于同侧头面部及颈部大出血，而采用其他方法无效时使用。方法是在同侧气管外侧与胸锁乳突肌前缘中点之间将颈总动脉压在第6颈椎处，控制出血。

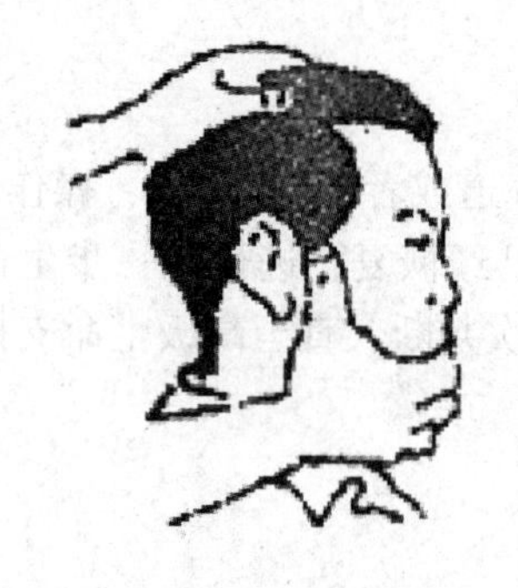

图9-2　颞动脉压迫止血法

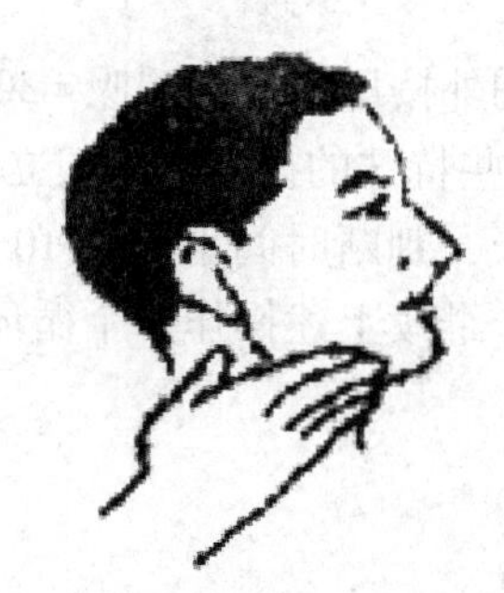

图9-3　颌外动脉压迫止血法

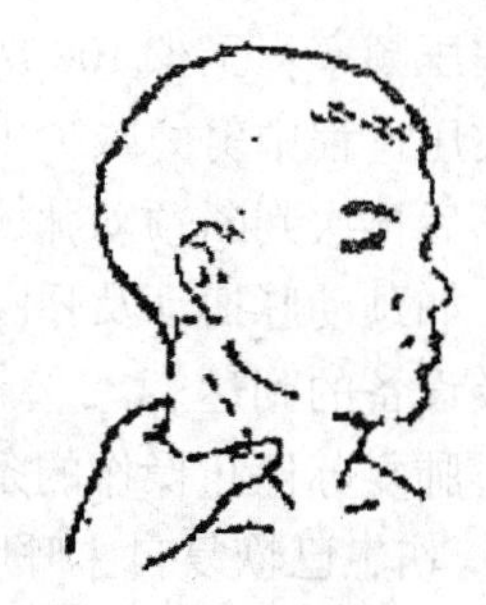

图9-4　颈总动脉压迫止血法

（4）锁骨下动脉压迫止血法（图9-5）：适用于腋窝、肩部及上肢出血。方法是在锁骨上凹动脉跳动处，四指放在伤员颈后，以拇指向下方压向第一肋骨。

（5）肱动脉压迫止血法（图9-6）：适用于手、前臂及上臂下部的出血。方法是在上臂中部肱二头肌肉侧沟处用拇指压向肱骨干上。

（6）尺、桡动脉压迫止血法（图9-7）：适用于手部出血。方法是在手腕横纹上方内、外两侧桡、尺二动脉搏动处，将其分别压于桡、尺二骨上。

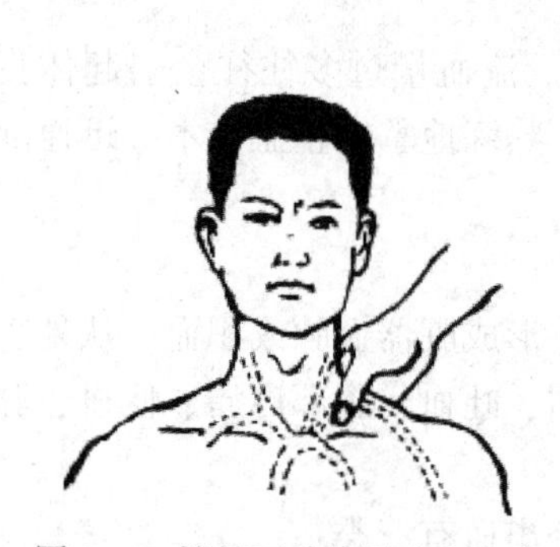

图9-5　锁骨下动脉压迫止血法

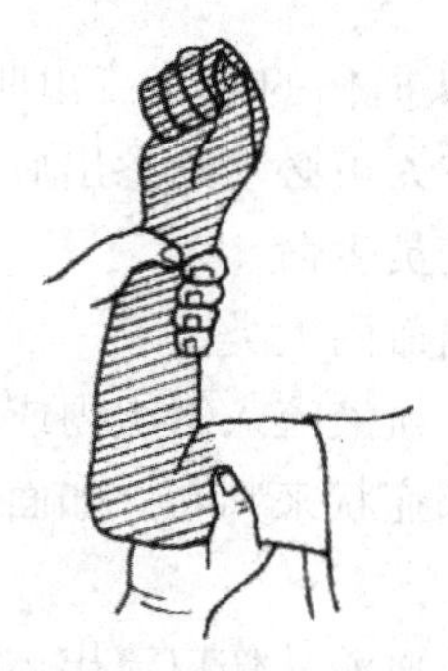

图9-6　肱动脉压迫止血法

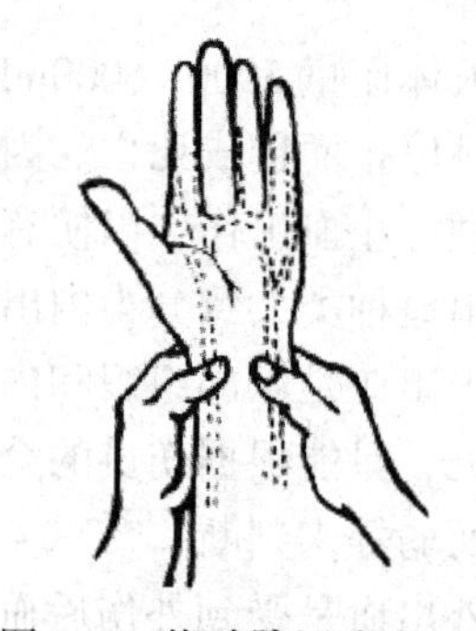

图9-7　桡动脉压迫止血法

（7）股动脉压迫止血法（图9-8）：大腿及其以下动脉出血。自救时可用双手拇指重叠用力压迫大腿上端腹股沟中点稍下方的强大的搏动点（股动脉），将股动脉向后压于股骨上。互救时，可用手指或手掌用力将股动脉压在股骨上。

（8）足胫前、后动脉压迫止血法（图9-9）：适用于足部出血。在足内踝处胫前、胫后动脉搏动处分别将二动脉压迫在内踝与跟骨之间和足背皮肤皱纹中间处。

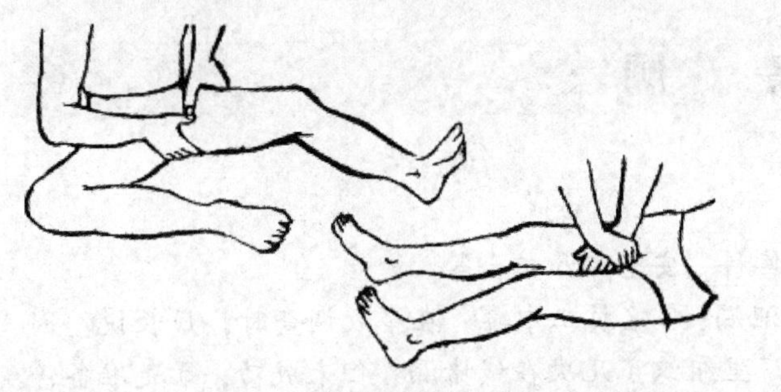

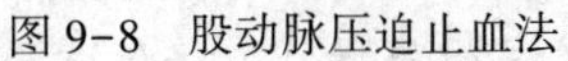

图9-8　股动脉压迫止血法

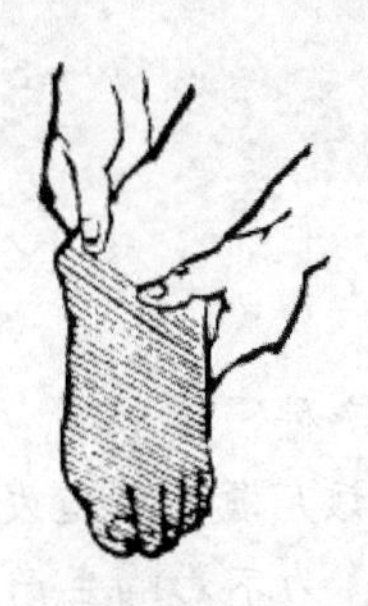

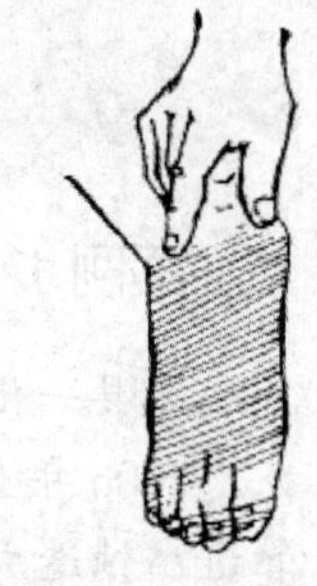

图9-9　足胫前、后动脉压迫止血法

2. 包扎止血

包扎要注意保护伤口，优先包扎头部、胸部、腹部伤口以保护内脏，然后包扎四肢伤口、固定骨折，骨折固定能减少骨折端对神经、血管等组织结构的损伤，同时能缓解疼痛。先固定颈部，然后固定四肢，操作要迅速、平稳，防止损伤加重。尽可能佩戴个人防护用品，戴上医用手套或用几层纱布、干净布片、塑料袋替代。

（1）加压包扎止血（图9-10）：主要适用于小动静脉、毛细血管出血。止血时先将消毒纱布垫敷于伤口处，用棉团、纱布、毛巾等折成垫子，置于其上，然后包扎起来。如伤处有骨折时，须另加夹板固定。伤口内有碎骨存在时不用此法。

（2）加垫屈肢止血（图9-11）：适用于前臂或小腿出血，在没有骨折及关节损伤时，可将一块厚棉垫、绷带或布类垫置于肘窝或腘窝处，屈肘或屈膝包扎固定。颈部大出血也可采用伸臂包扎止血法。

（3）止血带止血（图9-12）：四肢动脉大出血，用一橡皮带或一紧束带在出血部位的近心端扎紧，使血流受阻，达到止血的目的。

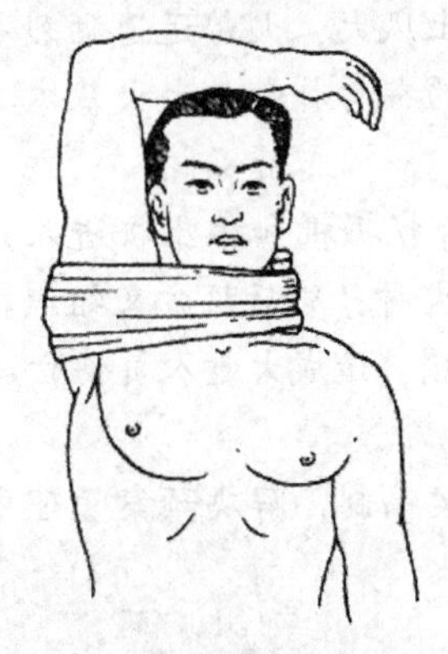

图9-10　颈部大出血伸臂加垫止血法

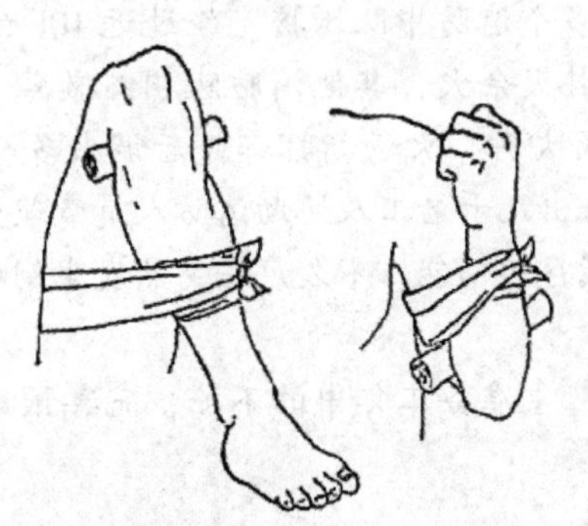

图9-11　加垫屈肢止血

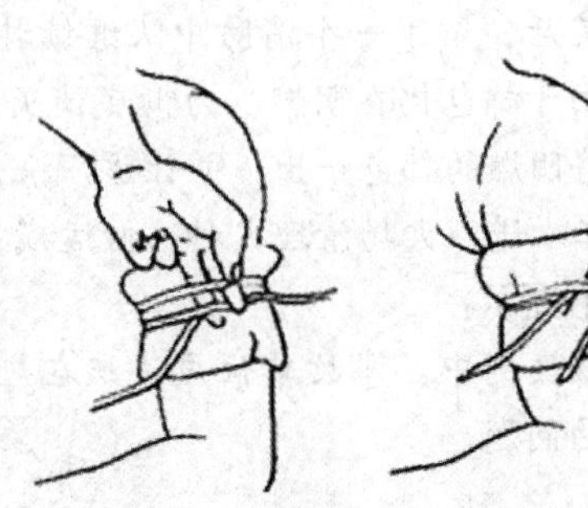

图9-12　橡皮止血带止血法

止血带使用注意事项：

① 止血带不要直接扎在肢体上，先在止血带与皮肤之间加布，保护皮肤以防损伤。

② 止血带可扎在靠伤口的上方，一般上肢在上臂的上1/3部位，下肢在大腿的上1/3部位。

③ 扎止血带后，应作明显的标记，注明扎止血带的时间。尽量缩短扎止血带的时间，

总时间不要超过 3h。止血带每 50min 放松一次，每次 2～3min，避免止血时间过长，肢体远端缺血坏死。

案　例

案例 1

某县一化工厂有生产科、技术科、销售科、安全科和工会等。

2006 年 5 月 3 日，该厂氨气管道发生泄漏，3 名员工中毒。在事故调查时，厂长说：因管道腐蚀造成氨气泄漏，为不影响生产，厂里组织了几次在线堵漏，但未成功，于是准备停车修补；生产副厂长说：紧急停车过程中，员工甲未按规定程序操作，导致管道压力骤增、氨气泄漏量增大，采取补救措施无效后，通知撤离，但因撤离方向错误，致使包括甲在内的现场 3 名员工中毒。

员工甲说：发现泄漏后没多想，也没戴防护面具就进行处理，再说厂内的防护面具很少而且很旧了，未必好用；

员工乙说：当时我是闻到气味，感觉不对才跑的，可能是慌乱中跑的方向不对，以前没人告诉过什么情况下该往哪儿跑、如何防护，现在才知道厂里有事故应急救援预案。

小提示：

应该认识在应急准备工作中的不足，完善预案编制和预案管理中存在的问题，加强班组应急救援预案的培训学习。

案例 2

某厂工人在新扩建的库房内安装消防设施，安装过程中，不慎造成电线短路，引起库内棉堆突然冒烟起火。由于现场工人不会使用灭火器，火势迅速蔓延，辖区消防中队接到报警后迅速出动。然而厂区无消防栓，消防车要到几公里以外取水，加上风大，火势迅速猛烈蔓延至楼上各层，当地政府紧急调集多个消防中队增援。经过近 10h 的奋勇扑救，大火基本扑灭。其后，留下一个消防中队继续扑灭余火，其他消防队相继撤离。

由于棉包仍在阴燃，为彻底消灭火种，火场指挥部先后调来多台挖掘机和推土机进入厂房，将阴燃的棉包铲出，并让该厂派出几十名工人协助消防人员清理火种，随后厂方又组织数百名工人进入火场清理火种、搬运残存的棉包。不久厂房突然发生倒塌，造成大量人员伤亡。

小提示：

该案例中，事故单位应认识在应急准备工作中的不足，完善预案编制，解决预案管理中存在的问题。

复习思考题

1. 简述事故现场应急处置内容包括哪些方面。
2. 急性中毒的现场互救如何进行？
3. 现场急救的搬运方法有哪些？
4. 简述心脏复苏术的步骤。

第三部分

危险化学品企业班组长能力拓展

班组是危险化学品企业实现安全生产的基础，而班组长又是搞好班组工作实现班组安全生产的关键。搞好班组工作，班组长的管理能力和建设能力十分重要。因此，危险化学品企业班组长应掌握提高自身管理能力和建设能力的基础知识，不断提高自身素质和班组安全生产绩效管理水平。本部分班组长能力拓展介绍了提高班组长管理能力和建设能力的基本方法。

第十章　管理能力

本章学习要点

1. 掌握提高班组长影响力的六大技巧；
2. 掌握常见的激励方式；
3. 掌握沟通的技巧。

第一节　班组长的影响力

一、班组长影响力的提高

任何班组都不能缺少班组长，而且班组长的领导能力会直接影响到班组的生产效率，甚至会导致企业的业绩下滑。班组长想要开发自己的领导能力，一个很重要的因素就是必须具备一定的影响力。

（一）影响力的概念及作用

影响力：是一种在人际交往中所表现出来的影响和改变他人心理状态的行为的能力。

作用：有利于班组长与工人沟通；有利于班组长权力的有效发挥。

（二）提高影响力的六大技巧

（1）君子先行其言而后从之；

（2）拥有丰富的经验；

（3）正确的人生观和价值观；

（4）积极的工作态度；

（5）不要伤害下属的自尊心；

（6）及时表扬下属。

二、班组长素质的提升

班组长要搞好班组管理，必须具备职业道德、技术业务、组织管理、文化知识、安全知识等方面的基本素质。

（一）职业道德素质

班组长的职业道德素质，是班组长的最基本素质。班组长的职业道德素质应包括：①强烈的事业心；②要有原则性和民主意识；③要有高尚的情操。职业道德素质与班组长所需具备的其他素质结合在一起，使班组建设的基础更加坚实。

（二）专业技术素质

班组长的专业技术素质，是指班组长对完成班组的生产（工作）任务应具备的专业知识。

班组长要熟悉本工种的基础理论知识，熟悉本工种的各种基本操作技能，熟知班组所有工具设备的性能，并能正确使用、维护、保养和保管。此外，随着技术和信息的快速发展，企业技术更新越来越快。因此，班组长还要对本企业的技改更新和国外引进的新设备、新技术、新工艺有较快的消化吸收能力，班组长要成为职工心目中的“小专家”。

（三）组织管理素质

班组长是企业的“兵头将尾”，是生产现场的“管理者”。班组长在直接从事操作的同时，主要是组织推动组员完成生产工作任务，这就是人们称班组长为“管理者”的理由。因此，班组长应具备以下组织管理的素质：

一是明确目标，有完成任务的坚定信念；

二是努力学习，不断提高自己的组织管理能力；

三是深思熟虑，有正确的处理问题能力；

四是身先士卒，一身正气，具有团结班组成员的凝聚能力；

五是满腔热情，具有开拓改革的创新能力。

（四）文化知识素质

班组长的文化知识素质，是指班组长应具备一定的文化知识水平。文化知识素质主要包括文化水平、知识结构和实际经验等方面内容。随着企业科技含量越来越高以及管理科学的广泛应用，对处在生产第一线的班组长的文化知识要求将越来越高。班组长要努力提高自己的文化知识，一般要从以下几个方面入手：

一是提高自己的学历水平，要树立雄心壮志，争取岗位成才，自学成才；

二是使自己的知识结构更趋合理，班组长既要具备广泛的一般性知识，使自己有开阔的视野，又要努力掌握专业知识，使自己成为管理的“内行”；

三是把自己学到的知识，创造性运用到生产、管理实践中去，积累丰富的工作经验，不断提高分析和解决问题的能力。

（五）班组长的安全素质

安全知识是做好安全工作的基础，它是通过大量的事故教训总结出来的规范化知识体系。近年来，国家花费了大量的精力制定了一些关于安全方面的法律、法规，这是国家在企业安全生产方面的大政方针。地方、行业主管部门也相应地制定了一些实施细则及具体规定。如何运用这些法律、制度、规定来指导企业的安全生产工作，班组长应从微观方面(即班组建设)来学习，领会、运用这些法律、法规，在保证班组成员安全的前提下，组织好安全生产工作。企业内部为适应安全生产的个体需要，参照国家的法律、法规，制定了一些切合本单位实际情况的规章制度，这是为企业的安全生产规定职工在具体生产作业中必须遵守的规章制度。班组长必须熟知涉及本班组的规程、制度，并把这些规章制度运用到实际生产中去，结合本班组的实际情况，经常组织职工学规程、学制度，并分清所在班组内的特殊工种、要害工种、危险工种，促使职工遵章作业，真正发挥这些规章制度的作用，以保证班组安全生产的正常进行。

三、班组长与下级关系处理

（一）学会恩威并施

所谓恩，是亲切的态度和优厚的待遇，其中态度尤为重要。除此之外，还要关心下级的生活和工作，尽量帮助他们解决困难，如果发现下级出现了差错，应立刻指出并且告诉他们改进的方法，不允许对方讨价还价，要让下级对你产生敬畏的心态。

（二）学会称赞下属

称赞下属，可以在众目睽睽之下，也可以在私底下进行鼓励和表扬。但是，要注意避免在众人面前夸赞下级时有可能会给对方带来一些麻烦和困扰，结果适得其反。

（三）学会倾听下属的意见

（1）尊重别人的讲话；

（2）换位思考；

（3）学会激励；

（4）不要急于下结论，应该把理解看作沟通双方的互动交流。

倾听还存在着以下4个致命伤：听而不闻、先说再听、鸡同鸭讲以及一心二用。

案　　例

李勤是一家工厂新上任的班组长，他的工作能力非常强，手下共有8名工人。有一次，车间主任来视察工作，把李勤班组中的工人叫来开会，并且询问他们对新晋升的班组长是否满意。车间主任的话刚一落地，小李就开口了："李组长的工作能力很强，但是太强势了，每次给我们安排任务和做指导，都是风风火火地下命令，没有我们说话的余地。"小李刚说完，小黄接了口："是啊，非但如此，我们在遇到什么问题和李组长沟通时也是这样，他根本不问我们的意见，而是我们刚说一半就打断我们，告诉我们应该怎样做，其实他根本没有理解我们的意思。"话音刚落，其他的人也都纷纷附和起来。

车间主任听完之后，安抚了众人。事后，车间主任把李勤叫来，问他："你的手下反映你和他们关系处理得不好，是怎么回事？"李勤听完之后很委屈地说："主任，不是我和他们关系处理不好，而是他们的能力都太弱了，每次和他们讲，他们都听不明白，还总抱怨我没讲清楚。"

小提示：此时就是考验班组长组织能力与领导下属能力的时候了，如果与下属的关系处理不好，必然会影响到工作的进度。因此，通过一些方法和手段来处理好与下级的关系是十分必要的。

第二节　班组长的激励能力

一、运用期望效应来激励下属

班组长如果想让班组成员发展得更好，就应该向他们传递积极的期望。期望对于人有巨大的影响。

（一）激励效应的实际运用

（1）对班组成员投入感情；

（2）培养班组成员的信心；

（3）赞美班组成员。

(二) 学会用赞扬来激励下属

善于调动员工的积极性，而最有效的办法就是赞美下属。一定要做到及时、诚恳和具体。

二、常见的激励方式

激励，是班组长在进行管理工作中必不可少的一种手段，而激励也有许多技巧和方法，只有掌握了这些技巧，我们才能做到有效激励，激起员工的工作热情。

(一) 满足员工的成就感

(1) 增强下属的自信心；

(2) 改变对员工的态度；

(3) 学会欣赏员工；

(4) 给下属挑战的机会；

(5) 营造一个轻松舒适的工作环境。

(二) 给下属提供合适的岗位

班组长如果想要激发班组成员更多的潜在力量，就必须为班组成员找到适合他的工作。

三、巧妙地借用激励来化解管理难题

有些员工目中无人、狂妄自大、对班组长不尊重，而这些不尊重班组长的员工，无非是有所倚仗：有背景、有能力、想跳槽。

(一) 有背景的员工

对于有背景的员工，要了解他们的背景情况，适当处理好关系。

(二) 有能力的员工

高学历、掌握核心技术、经验丰富，或者是工厂元老。

(三) 想跳槽的员工

“身在曹营心在汉”的员工不顾班组的利益，只要对他有好处，他们就会选择“人往高处走”，而且，这些人中有相当部分也是身怀绝技的精英。

四、解决方案

通过分析我们发现，这三类员工都有一个共同点：他们都有很强烈的占有欲，不容易满足，所以才会表现得与众不同，因为他们需要给管理者留下深刻印象，获得班组长注意，以此获得更多的利益和满足感。

(一) 有背景的员工

若即若离，注意尺度，而且要注意，如果他们犯了错误，决不能姑息纵容，否则难以服众，并且会给我们带来无穷的麻烦。

(二) 有能力的员工

多找他们谈心，与之成为朋友，保持良好的关系，不要以班组长的身份压迫他们。

(三) 想跳槽的员工

掌握一定的原则，承诺一定要兑现。在平时时刻注意员工的情绪，如果对方去意已定，那么就要做到善始善终，在有必要的情况下，可以让他们提前离开公司，不要让他们引起班组震荡。

案　例

徐明是一个设备组的副组长，当初在竞选组长的时候他以一票之差输给了现在的组长高伟，因此，他十分不服气，在日常工作中处处找组长高伟的麻烦，而且扬言在下次班组长竞选的时候一定要把高伟拉下马来。很快，徐明的话传到了高伟的耳朵里，但是高伟却丝毫不生气，而且每次见到徐明依然一脸笑容地向他打招呼，这让很多员工十分费解。

有一天，班组成员小王和高伟一同去打饭，在食堂的时候他们听到了徐明又在谈论下次班组长竞选的事情，此时，小王忍不住开口对高伟说："组长，为什么徐明每次说要抢您的位置您都不生气？还对他和颜悦色的。"高伟笑了笑："这你就不懂了，徐明是个工作能力很强的人，而且是咱们班组唯一一个掌握新型技术的人，现在他不过是说要抢我的位置而已，我为什么要生气？从另一方面来说，我如果打击他，处罚他，那么他肯定会产生消极情绪，这样对我、对班组、对他，都不是一件好事，因此，我需要谦让他，而且他心中一直想超越我，打败我，有了这个目标，他的工作就会更有热情了，而培养他这个目标，鼓励他这个目标，也是对他的一种激励啊。"小王听完佩服地对高伟伸出了大拇指。

小提示：激励是一种十分高明的管理手段，而能否运用好激励直接决定了一位班组长的管理能力，一位好的班组长一定是一位善于激励的人。因此，班组长应该在平时多学习积累一些激励下属的知识，并且运用到实践中去。

第三节　班组长的沟通能力

一、沟通与协调的基本原则

（一）沟通的基本模式

人们的讲话模式分为三种，分别是：成年人的理性沟通、小孩子般任性沟通和父母般命令式沟通。

班组长在与人沟通时，一定要时刻掌控自己和对方的情绪以及状态，引导双方都能进入理性沟通、有效沟通，这样才能把时间和精力充分利用起来。

（二）沟通的六大步骤

（1）事前准备。

（2）确认需求。确认双方的需求，明确双方的目的是否是一致的。

（3）阐述观点。即如何发送你的信息，表达你的信息。

（4）处理异议。沟通中的异议就是没有达成协议，对方不同意你的观点，或者不同意对方的观点，这个时候应该如何处理。

（5）达成协议。就是完成了沟通的过程形成了一个协议，实际在沟通中，任何一个协议并不是一次工作的结束而只是沟通的结束，意味着一项工作的开始。

（6）共同实施。

（三）重视面对面的沟通与协调

发达的通信工具无法呈现你与下属、同事面对面倾谈时的心意神情。通过面对面交谈，班组长既可以更多地直接了解对方的信息，又可以加深与下属的情感交流。

（四）沟通协调应持续进行

多数班组职工是通情达理的，只要班组长勤于和善于与他们交流、沟通，把他们当知心人看待，把工作做到家，班组成员一定能够理解。

二、巧妙处理好与上司及同事的关系

（一）与上司相处的技巧

（1）掌握说话的态度；

（2）不要说一些不适宜的话；

（3）巧妙转达意见和建议。

（二）与同事相处的技巧

（1）不要说同事的闲话；

（2）要有良好的心态；

（3）和同事保持适当的距离。

三、班组中特殊情况的处理

（一）如何处理严重违反规章制度的员工

（1）事先要让员工知道组织的行为规范；

（2）训诫要讲究实效性；

（3）训诫要讲究一致性；

（4）训诫必须对事不对人；

（5）训诫时应当提出具体的训诫理由；

（6）以平静、客观、严肃的方式对待员工。

（二）如何帮助上司化解突发事件

尽最大努力去帮助上司保全面子，缓解当时的情况。当遇到突发情况上司惊慌失措的时候，应该先做一些前期处理……这样即使没有成功地保全上司的面子，上司也会心存感激。

（三）如何帮助上司化解突发事件

（1）要明确员工的情绪来源；

（2）可以采取的有效措施。

四、说服能力的提升

具有说服力的班组长，一般都是拥有高度表达能力的人，然而表达能力并非只是交际能力，而是可以在最短的时间让对方清晰地领会到自己的思想的能力。

（一）说服中容易出现的五种错误

（1）不要只是单纯地指出对方的错误，而是要一并提出解决的方案。

（2）对员工或者是其他人有看法，最好直接向其本人提出。

（3）不要在班组成员面前为自己可能存在的过失找理由、找借口。

（4）永远不要威胁手下员工和给别人下最后的通牒。

（5）切忌猜测他人的动机。

（二）说服他人的三大原则

（1）对事不对人；

（2）多提建议少说教；

（3）注意和理解对方的感受。

案　例

华师傅是厂里的老员工，由于他经验丰富，为人宽厚，后来被选为班长。他在担任班长之后，确是尽心尽力地带领自己的班子，把自己的一身本领全部传授给了手下的员工。但是突然有一天，华师傅发现他手下的一个小徒弟在操作的时候，没有按照规定的方法操作，于是华师傅就走过去帮助这个小徒弟修正了操作手法。但是没过多久，这位小徒弟又开始违规操作，华师傅无奈，也不好意思大声训斥这位小徒弟，只好一次又一次地过去帮助他修正动作，但是小徒弟还是屡教不改。

后来这件事被车间主任发现了，车间主任严厉地批评了那位小徒弟，让他清楚了安全生产的重要意义，小徒弟不得不保证自己以后再也不会这样做了。

小提示：班组长在管理工作中可能会遇到各种各样性格的员工，但一味地忍让不好意思不敢大胆管理是不行的。

复习思考题

1. 什么是影响力？
2. 常见的班组激励方式有哪些？
3. 班组沟通的步骤有哪些？

第十一章 建设能力

本章学习要点

1. 了解团队建设方法；
2. 掌握班组建设类型及途径；
3. 掌握班组文化建设的主要内容。

第一节 团队建设

团队建设管理很重要，任何一项业务都不能由一个人独立完成。因此，加强团队建设与管理具有不可替代性。

一、什么是团队

团队就是由两个或者两个以上的相互作用、相互依赖的个体，为了特定目标而按照一定规则结合在一起的组织。它是由员工和管理层组成的一个共同体，该共同体合理利用每一个成员的知识和技能协同工作，解决问题，达到共同的目标。

团队应该有一个既定的目标，为团队成员导航，没有目标这个团队就没有存在的价值。

二、团队特点

(1) 团队以目标为导向。
(2) 团队以协作为基础。
(3) 团队需要共同的规范和方法。
(4) 团队成员在技术或技能上形成互补。

三、团队的 5P 要素

团队有几个重要的构成要素，总结为 5P。

1. 目标(Purpose)

团队的目标必须跟组织的目标一致，此外还可以把大目标分成小目标具体分到各个团队成员身上，大家合力实现这个共同的目标。同时，目标还应该有效地向大众传播，让团队内外的成员都知道这些目标，有时甚至可以把目标贴在团队成员的办公桌上、会议室里，以此激励所有的人为这个目标去工作。

2. 人(People)

人是构成团队最核心的力量，2 个(包含 2 个)以上的人就可以构成团队。目标是通过人员具体实现的，所以，人员的选择是团队中非常重要的一个部分。在一个团队中可能需要有人出主意，有人定计划，有人实施，有人协调不同的人一起去工作，还有人去监督团队工作的进展，评价团队最终的贡献。不同的人通过分工来共同完成团队的目标，在人员选择方面要考虑人员的能力如何，技能是否互补，人员的经验如何。

3. 定位(Place)

定位包含两层意思：

(1) 团队的定位，团队在企业中处于什么位置，由谁选择和决定团队的成员，团队最终应对谁负责，团队采取什么方式激励下属。

(2) 个体的定位，作为成员在团队中扮演什么角色。制订计划还是具体实施或评估。

4. 权限(Power)

团队当中领导人的权力大小跟团队的发展阶段相关，一般来说，团队越成熟，领导者所拥有的权力相应越小，在团队发展的初期阶段领导权是相对比较集中。团队权限关系的两个方面：

(1) 整个团队在组织中拥有什么样的决定权。比方说财务决定权、人事决定权、信息决定权。

(2) 组织的基本特征，比方说组织的规模多大，团队的数量是否足够多，组织对于团队的授权有多大，它的业务是什么类型。

5. 计划(Plan)

计划的两层面含义：

(1) 目标最终的实现，需要一系列具体的行动方案，可以把计划理解成目标的具体工作的程序。

(2) 提前按计划进行可以保证团队的进度顺利。只有在计划的操作下，团队才会一步一步地贴近目标，从而最终实现目标。

四、如何搞好团队建设

针对班组实际，加强团队建设与管理，应该做好以下几点：

1. 班组长要注重自身素养的提高，做好团队建设与管理的“头”

班组长负责班组的各项安全生产目标的实现，并带领团队共同进步。他既是管理者，又是执行者；既是工作计划的制订者，又是实施计划的带头人。要做好这支团队的领头羊，不仅要用平和之心客观公正地对待班组的每件事和每个人，更重要的是全面提高自身素质。

2. 打造班组团队精神，建立明确共同的目标

打造团队精神，首先要提出团队目标，抓好目标管理。目标的一致性是团队建设的基石，一个班组只有在其所有成员对所要达到的整体目标一致的肯定和充分的认同基础上，才能为之付出努力、最终共同实现目标。因此，建立一个明确的目标并对目标进行分解，同时通过组织讨论、学习，使每一个人都知道自己所应承担的责任、应该努力的方向，这是团队形成合力、劲往一处使的前提。

3. 准确定位每个人的角色

准确的角色定位，是团队建设重要砝码。事实上无论是一个企业、一个部门、一个小组想要共同创造出优良绩效，对于每一个个体都会做出一个准确的定位。让每个人都能发挥应有的作用，能尽到应尽的职责。

4. 抓规范，抓执行，营造积极进取团结向上的工作氛围

衡量一个班组管理是否走上正轨的一个重要标志就是制度、流程是否被班组员工了解、熟悉、掌握和执行，是否有监督和保障措施。让员工熟悉、掌握各类制度、流程，不但是保证工作质量的需要，也是满足班组发展和员工快速成长的需要。事实证明，没有一套科学完整、切合实际的制度体系，管理工作和员工的行为就不能做到制度化、规范化、程序化，就会出现无序和混乱，就不会产生井然有序、纪律严明的团队。

5. 用有效的沟通激活团队建设，建立良好的工作氛围

沟通是维护团队建设整体性的一项十分重要的工作，也可以说是一门艺术。如果说纪律是维护团队完整的硬性手段的话，那么沟通则是维护团队完整的软性措施，它是团队的无形纽带和润滑剂。沟通可以使团队建设中上情下达、下情上达，促进彼此间的了解；可以消除员工内心的紧张和隔阂，使大家精神舒畅，从而形成良好的工作氛围。因此，作为各单位负责人必须要保持团队内部上下、左右各种沟通渠道的畅通，以利于提高团队内部的士气，为各项工作的开展创造“人和”的环境。

6. 用好考核激励机制，互相激励，不断激发员工进步

绩效考核是一种激励和检验。它不仅检验每个团队成员的工作成果，也是向团队成员宣示企业的价值取向，倡导什么，反对什么，所以，它同样关系到团队的生存和发展。班组员工相互间的激励是团队建设的精髓，更容易在心与心之间产生共鸣、达成默契，从而形成团结、向上的整体工作氛围。相互间的配合、帮助、激励会使我们更容易攻克难关和通向成功。

第二节　六型班组建设

一、班组建设类型

（一）学习型班组

学习型班组是指能够积极主动、持续有效地进行学习，不断完善运作方式，提高运作效率的班组。学习型班组要牢固树立“终身学习”的理念，以提高职工综合素质、培养技能人才为目标，不断完善班组学习环境，努力营造学习氛围；建立健全学习制度与激励机制，促进和激发职工学习热情；广泛开展岗位大练兵和技术比武活动，提高职工岗位竞争能力和操作技能，把班组建设成为职工刻苦学习、增强技能、提高素质的“人才摇篮”。

（1）有明确的学习计划和目标，并有效落实。

（2）深入开展员工培训，形成全员学习的浓厚氛围。

（3）良好的学习环境，坚持开展岗位各种练兵活动。

（4）班组员工必须熟练掌握本岗位相关业务技能。

（5）以提高班组全员素质为基础，搭建完善的学习平台，广泛开展组织各类生产、安全、操作技能的知识培训。

（6）鼓励职工在各岗位生产中的经验交流，开展生产安全、操作技能的知识培训活动。树立互助学习典型。

（7）加强生产中理论与实践的结合，培养一个勤学苦练、技能超强的学习型班组。

（二）安全型班组

（1）安全生产无任何事故。

（2）严格执行落实各项安全作业规程，严格执行各项规章制度。

（3）认真组织开展班组各种安全活动。

（4）懂本岗位相关安全知识，安全意识强。

（5）以维护职工安全健康为保障，做到布置工作、检查工作、处理隐患“三到位”。

（6）在工作中做到班前检查、班中检查、班后复查“三坚持”，努力把班组建设成为安全措施到位、全员健康意识强、安全生产无事故的班组。

（三）清洁型班组

（1）工房、工作台、设备、设施装置等工作场所清洁卫生，现场施工、操作达到规范要求。

（2）推行文明检修，正常监护监督，做到工完料净场地清。

（3）严格控制所有废弃物，按要求妥善处理。

（4）按规定穿(佩)戴个人防护用品，有效预防职业病的发生。

（四）高效型班组

高效型班组具体是指按照上级下达的生产计划和要求，文明、科学组织生产，节支降耗，强化班组核算，严格控制成本，按时、高效、保质、保量完成生产任务和各项工作任务的班组。高效型班组要以坚持量质并重、效率优先原则，通过严抓工程/产品质量、提高劳动效率、节约开支、减少浪费、降低成本，努力把班组建设成为优质、高效、节约的高效型班组。高效型班组创建主要包括质量效益、效率效益和成本效益等方面。

（五）创新型班组

（1）从班组实际出发，创新班组管理，提高工作效率。

（2）用新思路、新方法解决处理工作中的矛盾和问题(工艺、日常、检修、技改)。

（3）在班组管理中有建树，能持之以恒做好分内工作。

（4）鼓励职工对企业生产管理进行有效合理化建议。

（5）树立职工的创新意识、改革意识，积极开展小发明、小革新、小创造等活动，培养职工的创新型能力、推动优秀创新成果的转化。

（6）通过对生产工序、工作环节、重点岗位流程的持续改进，减少流程波动和不增值环节，努力将车间班组建设成为勇于攻关、发明创造、超越生产目标的创新型车间班组。

（六）和谐型班组

（1）培育和创建班组特色文化，充分发挥班组员工主观能动性。

（2）民主管理制度健全，班务公开落到实处，员工的知情权、参与权和监督权得到保障。

（3）深入开展班组思想政治工作，员工精神面貌良好，自觉遵守职业道德规范，无违规违纪行为。

（4）关心关爱员工同事的工作学习和生活，做到尊重人、理解人、关心人、帮助人。

（5）使班组成为一个团结和谐的集体，体现大家的温馨。

（6）以建设和谐环境为目标，加强企业文化建设，为职工排忧解难，扶危济困。

（7）组织员工进行积极健康的文化活动，增强职工队伍的大局意识、整体意识、团队意识，提高协同作战能力。

(8) 努力形成职工关系融洽、工作协调、互助互爱的良好氛围，促进劳动关系和谐稳定，努力把班组建设成为爱岗敬业、团结互助、包容共进、政务公开的和谐班组。

二、班组建设的途径

(一) 学习型班组建设途径

(1) 班组要制定切实可行的学习型班组创建方案，建立健全学习制度和激励机制。

(2) 要不断改善班组学习环境，努力营造学习氛围，逐步加强班组职工的学习自觉性，而且能互帮互学，共同进步。

(3) 要突出抓好班组全员安全培训，在积极选派人员参加企业组织的安全资格培训的同时，充分利用班前班后会培训开展班组自主安全培训。

(4) 以师徒帮教、职业技能鉴定、职业技能竞赛等工作为抓手，不断提高职工技能水平。

(5) 班组长和班组成员应通过多种形式提升学历水平。

(6) 班组长督促班组成员通过企业搭建好的网络学习平台，进行集中学习或自学。

(7) 班组长应该积极参加企业组织的班组长管理能力提升方面的培训。

(二) 安全型班组建设途径

(1) 要坚持安全生产方针，结合实际，创造性地开展班组安全生产经营活动。

(2) 严格执行技术标准、工作程序和操作规程，以实现“零事故”为目标，认真落实班组岗位责任制，严格遵守劳动纪律。

(3) 切实加强风险预控管理，全员参与危害识别、风险评估，制订和采取控制措施，提高应急反应和处置能力。

(4) 对班组“三违”实行“四全”(全员、全方位、全过程、全天候)综合治理，把反“三违”纳入安全生产责任制之中。

(5) 要在班组中推行安全短板管理，全面查找、补齐、补强班组生产作业中“人、机、料、法、环”存在的短板。

(6) 严格执行“手指口述”安全确认工作法，促进班组成员安全行为养成，主动预知生产过程中的危险并采取合理方法进行规避。

(7) 开展以整理、整顿、清扫、清洁、素养、安全为核心的班组 6S 现场管理。

(8) 有效发挥班组长班组安全第一责任人的作用，班组长要在班前进行安全预想前提下安排当班安全工作，要坚持执行开工前安全确认制度并在班中开展安全巡查和监督，要坚持班后对当班工作及安全情况进行总结与评价。

(三) 清洁型班组建设途径

(1) 确定清洁型班组建设工作内容。

(2) 确定清洁型班组建设工作标准。

(3) 明确每个班组员工在清洁型班组建设工作中的职责范围。

(4) 每日检查班组成员清洁工作完成情况并进行考核打分。

(5) 树立创建班组清洁优美环境的理念。

(四) 高效型班组建设途径

1. 质量效益方面

(1) 强化制度管理，要明确规定班组成员在工作中的具体任务、责任和权利，做到一岗一责制，将质量监督工作做到事事有人管、人人有专责、办事有标准、工作有检查，职责明确、功过分明。

（2）班组质量管理目标的制定要切合实际，要在企业、车间总体目标的指导下，形成个人向班组、班组向工段/车间层次管理。

（3）质量管理目标的分解要着重于展开和逐个落实，班组的各项质量管理工作都能够简便化、统一化、正规化地展开，对具体目标要做到量值数据化。

（4）目标确定、分解后必须着重加强相互之间的责任感，激发班组全员潜在的积极性、主动性、创造性，努力实现班组质量管理方法科学化、内容规范化、基础工作制度化。

（5）班组必须有确定的质量管理体系，即组织网络保证、物质措施保证等。

（6）要加强班组质量管理培训，班组长要充分认识到做好班组质量管理培训是自己的“分内事”，是推动企业生产发展的内动力，要通过多种形式开展班组质量管理培训。

（7）要抓好质量现场管控，必须把影响质量的因素（即人、机、料、法、环）有机地结合起来，只有通过高标准、严要求、勤检查等手段搞好班组的现场质量管理，才能确保生产质量。

2. *效率效益方面*

（1）加强班组劳动组织管理，制定使用最优的班次配备及岗位定编，劳动组织和劳动定额管理能与工作环境、作业方式、工序安排等相适应，做到人尽其力。

（2）要合理地安排工作工序，能够正确处理主要工序和次要工序的关系，尽可能地采取平行交叉作业，提高各工序的工时利用。

（3）班组要制定符合本班组实际的提高劳动生产率的措施并在生产经营过程中予以应用。

（4）加强班组职工的教育与培训，通过提高劳动者的素质进而提高劳动生产率。

（5）鼓励技术革新，以新材料、新工艺、新技术为突破口提高设备使用效率、缩短生产时间、降低职工劳动强度。

3. *成本效益方面*

（1）要分解落实成本指标，针对班组自身的生产特点，把相对抽象的业绩指标、成本指标转化成可控的、操作性强的工艺操作指标和看得见、摸得着的产量、运行时间等指标，然后落实到每个班组成员。

（2）要完善计量工作，包括水、电、原材料等的计量工作，确保成本计算准确。要制定合理的消耗定额，要参考同行业的水平，结合本企业实际进行分析确定。

（3）把教育和引导职工“树立精益意识、自发主动实践”作为切入点。通过动员会、座谈会、推介会等形式，把精益化的理念、目标、方法、成效传递给班组每一位职工，激励职工参与到精细化管理中来。

（五）创新型班组建设途径

（1）要强化岗位技能的传承，通过提升班组整体的技能和文化水平，为创新型班组的创建打好基础。

（2）要注重班组创新文化的培育，增强创新的主动性，要鼓励班组职工广开言路，拓展思路，凝聚智慧，用创造性的思维方式立足本职岗位，开展创新活动。

（3）要注重创新平台的搭建，积极培养职工的首创精神，完善班组创新成果奖励机制，对开展创新活动、创新项目取得成效好的班组和个人给予一定的奖励。

(4) 要统筹协调发挥团队作用，集体攻关配合完成创新难题。要按照创新内容组建团队，将创新课题相同、创新方向相近的人聚集在一起，让他们用集体的力量去攻关同一个难题，实现力量的集中。

(5) 要持续不断地研究实践班组管理的新模式、新方法，让班组建设这项基础工作与时俱进。

(六) 和谐型班组建设途径

(1) 要把班组民主管理的形式、内容、时间和要求用制度规定下来，以保证民主管理在班组得以实施。要建立记录制度，把班组民主管理工作的开展情况记录齐全，有据可查。

(2) 要经常发动职工围绕生产任务的完成和技术难题的攻关献计献策，研究挖潜措施，组织技术攻关，提高经济效益，把班组职工的聪明才智发掘出来、集中起来，去化解生产经营工作中的难题。

(3) 要坚持班务公开，重点是对出勤、工分、绩效、工资、福利、评优选先等职工较为关注的事项，使班组每个成员对各自和相互间所做出的业绩与报酬都能了解，并有发表意见的途径和机会，从而激励职工奋发进取，争做贡献。

(4) 要及时了解班组职工的思想动态和家庭情况，在班组大力推进“六必谈”“六必访”活动(六必谈：职工受到批评处分必谈、职工人际关系紧张必谈、职工岗位变动必谈、新工人上岗必谈、职工完不成工作任务必谈、职工发生“三违”必谈；六必访：职工家有婚丧嫁娶必访、职工家庭发生矛盾必访、职工本人和家属生病住院必访、职工家庭困难必访、职工缺勤旷工必访、职工本人和家庭发生重大变故必访)。

(5) 要以加强班组队伍凝聚力为主要载体，组织职工开展喜闻乐见的文化娱乐活动，创建具有凝聚职工精神内涵和价值取向的班组文化体系。

(6) 班组要从自身特点出发，积极探索班组民主管理的工作机制。开展好班组民主生活会、班组学习讨论、合理化建议征集等活动，提高职工参与班组管理的积极性。

第三节 文化建设

班组文化建设是企业文化管理的重要内容，其对于培养班组成员爱企情怀、培养班组成员优良品德、班组精神，有着至关重要的作用。

班组文化建设应积极宣传人类一切优秀文化成果和科学技术知识，并注重班组文化活动场所建设，扎实开展班组社会主义、集体主义教育、学标兵等活动，以教育和引导班组成员形成崇尚科学、倡导文明、健康向上的生活情趣和良好的文化氛围为目的，增强班组成员爱企、爱岗的主人翁意识，自觉抵制杜绝极端个人主义、腐朽思想以及不良生活习惯等影响，从而营造出班组文化建设的良好的内外部环境。

一、班组文化建设的原则

1. 理念先进原则

班组文化是班组的统领性思想，是指导班组管理与行为的指南。因此，班组文化要具有先进性，必须符合当代先进、科学的理念和思想。比如：以人为本，安全第一。

2. 服务目标原则

班组文化是根据工作目标的要求和班组的工作、人员特点等而形成的适合于本班组的特色文化，应贴合班组的实际工作要求，并服务于班组工作目标；应依据班组的特点，确立如服务、管理、安全、质量等理念。

3. 全员参与原则

班组文化建设必须全员参与，由大家共同提炼班组文化理念、设计文化看板等，只有全员参与，才能真正地称之为“班组文化”。

4. 重在落实原则

班组文化不是简单的编词造句，班组文化建设必须与班组管理结合起来，将文化理念要求落实到班组管理制度上，落实到班组日常文化宣贯上，落实到日常标杆塑造上，将文化与管理融为一体。

二、班组文化建设的主要内容

（1）班组文化建设要全面贯彻富有时代气息的现代企业理念。

班组文化建设必须结合实际，依据班组的特点，确立如管理、安全、质量等理念，才能形成具有班组特色的理念体系。

（2）班组文化建设必须与企业发展战略目标相一致。

班组文化建设应该与企业的总体发展战略目标保持一致，服从于企业发展战略目标。以“人本管理”思想为指导，服务是宗旨，安全是基础，管理是重点，科技创新是灵魂，经济效益是中心，全面落实科学发展观，建设企业一流、领先的班组。

（3）班组文化建设应大力发扬体现行业特征的优秀班组精神。

班组精神，是班组成员共同价值观的集中体现，它是班组在长期生产经营实践中所形成的被班组全体成员所认同和自觉遵守的群体意识，是班组生存以及发展的动力源泉。因此，班组精神是班组文化建设的核心内容。

班组长应发动全体班组成员，通过开展各项班组文化建设活动，总结和提炼班组在长期生产经营实践中所形成的价值观念，并大力培养和发扬体现行业特征的优秀班组精神。

（4）树立良好的班组形象。班组形象是班组的信誉，是班组通过多种方式在社会上赢得的社会大众与班组成员的整体印象与评价。所以，班组文化建设应该全力树立良好的班组形象。

① 全力塑造恪尽职守、敬业守纪的员工形象。

切实培养班组成员良好的政治思想素质，纠正不文明之风，使班组成员具有良好的职业道德素质以及技术业务素质，从而树立良好的班组员工形象。

② 大力创造和保持班组整洁优美的环境形象。

班组文化建设要关心员工生活，重视班组生产以及生活环境的建设。坚持文明作业、文明生产，保持优良秩序，创造优美的班组环境，确保搞好班组优质生产。

③ 积极营造班组科学文明与健康向上的文化氛围。

遵循寓教于文、寓教于乐的人文思想，积极组织和开展具有较高文化艺术品位、内容丰富、形式多样的班组文化活动以及业余文体生活，陶冶员工的思想道德情操，培养班组成员的群体竞争意识以及自我实现意识，实现班组凝聚力。

三、班组文化建设的四个阶段

必须意识到班组文化建设是一个长期的过程，需要不断耕耘、不断强化，逐渐内化为员工的习惯。班组文化建设一般来说会经历以下四个阶段：

1. 认知阶段

这个阶段是对班组文化认知和了解的过程，在融入班组的过程中，通过班组的文化手册、文化看板以及班组长、老同事的言传身教，逐渐认知和了解班组所强调的价值观和行为习惯。在认知阶段，班组文化建设的主要工作是丰富班组文化的物态载体，清晰呈现班组的文化内涵，同时，加强班组文化的日常宣贯。

2. 认同阶段

受到外界和环境的影响，逐渐地接受和认同班组文化，主动地与班组文化理念要求靠近，并以此约束自己的行为。在这个阶段，班组文化建设的主要工作是通过标杆影响、评价引导、奖惩导向等方式，强化班组文化的落实。

3. 习惯阶段

逐渐地从被动接受到主动接受，将文化理念融入自己的行为中，成为自己潜意识的行为习惯。同时，班组员工也成为班组文化的守护者和传承者。

4. 创新阶段

班组文化建设也不是一劳永逸的，随着环境的变化、管理的发展，班组的文化建设也需要与时俱进，班组文化是一个不断创新和发展的过程。班组文化的建设和培育是一项长期工程，在这个过程中，可能还会出现班组成员的价值观念由于环境的影响因素而出现反复，这更增加了班组文化建设的难度，因此，班组文化建设需要常抓不懈。

四、班组文化的理念系统

班组文化理念建设就是一个重新界定、规范的过程，将班组文化中优的部分进行提炼、总结和固化，而将其中劣的部分去除掉；同时基于管理理念的发展和班组自身发展的需要，进行有益文化的补充，简单来说就是一个“存优、去劣、补益”的过程。通过班组理念层面的建设，班组员工首先在理念层面，对班组追求什么、倡导什么、反对什么达成共识。

1. 班组文化理念建设的内容

班组文化理念建设包括核心主文化和要素子文化两大部分。

(1) 班组核心文化理念系统

主要包括：

① 班组口号：班组核心理念的表达；

② 班组使命：班组“为什么而存在”的根本思考；

③ 班组宗旨：班组如何实现使命的根本主张；

④ 班组目标：班组实现使命的愿景和梦想；

⑤ 班组哲学：班组走向卓越的思维方式；

⑥ 班组价值观：班组经营的成功法则；

⑦ 班组精神：班组走向卓越的精神支柱。

(2) 班组要素子文化

主要包括以下部分内容，每个班组需要根据自身的管理目标和业务特点，选择几项关键要素，进行文化理念建设。

① 班组安全理念；

② 班组学习理念；

③ 班组绩效理念；

④ 班组质量理念；

⑤ 班组成本理念；

⑥ 班组团队理念。

2. 班组文化的表现

班组文化的表现系班组文化外在表现形式和载体，是卓越班组优秀文化成果和文化渗透的工具。包括班组的LOGO、班组名片、班组之歌、班组影集、班组文化墙、班组文化故事集，等等。

3. 班组文化培育系统建设

建设班组文化培育系统，就是建设文化的催化机制、文化的管理环境，搭建文化的推进平台，策划系列的文化推进活动。如：文化环境氛围的建设、每日一反思、每日一对标、文化风暴会、文化学习会、文化标杆人物塑造、文化故事征集与宣讲，以及星级班组评选等。

五、如何做好班组文化建设

(1) 要加强对班组文化建设的指导。健全组织是班组文化建设的基础，要从不同的侧面和角度共同为加强班组文化建设做扎实的工作。同时要建立长效管理机制，制订班组文化建设管理办法和制度，确保班组文化建设工作持续、健康发展。

(2) 班组长要带头践行企业文化理念。

(3) 班组长要带头参与到企业文化建设中。改变班组长长期处于单纯直线型管理模式，充分发挥班组长管理职能，才能使班组成员积极性、主动性调动起来，才能有效建立班组文化建设的思想平台。

案　例

案例1：某化工公司安全型班组评比表(表11-1)

表11-1　某化工公司安全型班组评比表

序号	项目	内容	标准	分值	备注
1	事故管理 40分	班组安全相关事故控制情况	相关人身、设备、操作、交通等安全事故的控制率为0	一票否决制	
2	生产安全管理 20分	相关安全考核项目	根据班组绩效考核标准的相关条款进行实施	汇总班组每天违规违纪行为	班组绩效考核
3	隐患排查整改 20分	政府部门、集团、化工公司各项检查，班组自查自纠情况	安全、设备、跑冒滴漏生产设施设备隐患整改率	处理条数/检查总数/计划率 95%/总分	

续表

序号	项目	内容	标准	分值	备注
4	安全活动20分	相关安全培训活动的组织、人员参与、纪律情况、笔试10分	班组人员考试合格率达95%以上	不合格1人次1分	班组绩效考核
			班组人员考试合格率达80%~94%	不合格1人次2分	
			班组人员考试合格率达80%以下	不合格1人次3分	
		安全活动竞赛10分	相关竞赛班组第一名	10分	班组绩效考核
			相关竞赛第班组二名	0分	
			相关竞赛第班组三名	-5分	

案例2：某化工企业管理者行为文化的内容

① 管理者形象

政治坚定，业务精良，勤于思考，开拓创新，率先垂范，廉洁奉公，公道正派，联系群众，忠于职守，政绩突出。

② 形象标准

思想解放，观念创新，政治坚定，促进和谐，实现科学发展观。

刻苦钻研，精益求精，有较高的工作水平和较强的工作能力。

遵章守纪，秉公办事，原则性强，敢于向不良现象作斗争。

脚踏实地，忠于职守，求真务实，办实事，办好事。

作风正派，品德优良，廉洁自律，不奢侈浪费。

识大体，顾大局，吃苦在前，勇挑重担，克己奉公。

案例3：某化工企业员工行为文化的内容

① 员工形象

品行端正，敬业爱岗，工作勤奋，技术过硬，文明礼貌，遵章守纪。

② 形象标准

爱厂如家，有主人翁责任感，积极参与企业民主管理。

服从领导听指挥，遵章守纪，有良好的道德观念。

工作积极主动，踏实肯干，保质保量、按时完成生产工作任务。

遵守操作规程，维护保养好设备，做到安全生产、文明生产。

钻研技术，一岗多能，好学上进，勇于创新，提高生产效率。

团结互助，见义勇为，树立新风尚。

服装整洁，举止端庄，言行文明。

复习思考题

1. 团队特点有哪些？
2. 班组建设类型有哪些？
3. 如何做好班组文化建设？

附录　课时安排参照表

项目	内　容	学时
第一部分　危险化学品企业班组安全基础知识	第一章　班组长与安全生产	2
	第二章　班组长应具备的安全生产法律法规知识	4
	第三章　班组安全管理	4
	第四章　班组反“三违”与职工安全行为养成的要求	2
第二部分　危险化学品企业班组现场安全管理实务	第五章　作业现场安全管理措施	8
	第六章　班组岗位安全管理要求	6
	第七章　班组作业现场安全管理工作	8
	第八章　作业现场危险有害因素辨识与风险控制	4
	第九章　危险化学品事故现场处置与急救	4
第三部分　危险化学品企业班组长能力拓展	第十章　管理能力	2
	第十一章　建设能力	2
复习考试		6
合计		52

参　考　文　献

[1] 国家安全生产监督管理总局宣传教育中心编. 危险化学品企业班组长安全培训教材[M]. 北京：团结出版社. 2014.

[2] 任晓静编. 化工企业班组长实战手册[M]. 北京：化学工业出版社，2017.

[3] 白忻平，嵇建军等编. 中国化工集团公司班组长安全培训通用教材[M]. 北京：化学工业出版社，2011.

[4] 余志红编. 危险化学品企业班组长安全读本[M]. 北京：化学工业出版社. 2013.

[5] 杨剑，胡俊睿编. 班组长安全管理培训教程[M]. 北京：化学工业出版社. 2017.

[6] 崔政斌编. 班组安全建设方法100例新编[M]. 北京：化学工业出版社. 2006.

[7] 孙玉叶主编. 化工安全技术与职业健康[M]. 北京：化学工业出版社. 2017.